测绘地理信息科技出版资金资助

地磁室内定位与导航

Geomagnetic Indoor Positioning and Navigation

黄鹤　邱冬炜　著

测绘出版社

·北京·

内 容 简 介

地磁室内导航是一种新型的全天候、全天时、全地域的自主导航方式,具有导航误差不积累、无源化定位、干扰性小、零辐射、成本低等主要特点,可广泛应用于各种室内场所,如大型商场、厂房、医院等,能有效解决全球卫星导航“最后一公里”的瓶颈问题。本书主要根据笔者多年来的研究成果和国内外地磁导航技术领域的最新进展撰写而成。本书系统、详细地阐述了地磁导航技术领域研究的最新成果理论和实践的相关内容,介绍了地磁导航发展背景及其关键技术、导航原理、传感器的误差标准及补偿、载体磁场分析、地磁精准匹配算法、室内地图构建及导航等,并对各种算法进行了实验验证。

本书可以作为测绘、地理信息系统、遥感与对地观测、地理国情监测等相关领域的研究生、科研人员、教师和高年级本科生的研究与参考用书。

图书在版编目(CIP)数据

地磁室内定位与导航 / 黄鹤, 邱冬炜著. -- 北京 :
测绘出版社, 2023.6
ISBN 978-7-5030-4183-9

Ⅰ. ①地… Ⅱ. ①黄… ②邱… Ⅲ. ①地磁导航
Ⅳ. ①TN96

中国国家版本馆 CIP 数据核字(2023)第 119041 号

地磁室内定位与导航
Dici Shinei Dingwei yu Daohang

责任编辑　侯杨杨　**封面设计**　李　伟　**责任印制**　陈姝颖

出版发行	测绘出版社	**电　话**	010－68580735(发行部)
地　址	北京市西城区三里河路 50 号		010－68531363(编辑部)
邮政编码	100045	**网　址**	www.chinasmp.com
电子信箱	smp@sinomaps.com	**经　销**	新华书店
成品规格	169mm×239mm	**印　次**	2023 年 6 月第 1 次印刷
印　张	12.75	**字　数**	250 千字
版　次	2023 年 6 月第 1 版	**印　刷**	北京捷迅佳彩印刷有限公司
印　数	001－600	**定　价**	78.00 元

书　号　ISBN 978-7-5030-4183-9

前　言

随着数据业务和多媒体业务的快速增加，人们对定位与导航的需求日益增大，尤其是在复杂的室内环境中，如机场大厅、展厅、仓库、超市、图书馆、地下停车场等，常常需要确定移动终端或其持有者、设施与物品在室内的位置。另外，复杂环境下的室内定位在智能家居、地下救援等方面具有重要的应用前景，因此，室内定位的研究在一定程度上还可以提高生活质量，保护生命与财产安全。但与室外环境相比，室内环境受定位时间、定位精度及室内复杂环境等条件的限制，目前比较完善的室外定位技术还无法在室内得到很好的利用。

近年来，地磁导航技术得到快速发展。它是无源定位技术的一种，即利用被动传感器采集的地磁场信号进行地磁标准图的制定，以作为目标定位的参考地图。地磁导航相较其他导航方式主要具有以下优势：可以实现无源自主导航，充分利用天然存在的地球矢量场，不会有额外的地理信息泄露，具有较好的隐蔽性；地磁测量不受位置与时间影响，可以在高空或者陆地任意时间段内进行，体现出全天时、全地域的优良特征；不会随着时间累积产生定位误差，可以和惯性导航系统结合形成新式组合导航；具有多维特征信息，不仅能利用幅值也可以与方向信息相结合，存在一定潜在价值。因此，地磁导航在工业、航天航空等诸多领域发挥着无法替代的作用。高精度磁传感器技术、地磁场异常建模技术及组合导航理论的完善都会极大地促进地磁导航技术的发展，这对国家军事安全和民用市场经济具有重要的现实意义。

本书是笔者在多年从事移动定位研究的基础上总结取得的研究成果，并结合当前国际、国内室内定位方面的最新进展撰写完成的。本书比较系统地研究了当前地磁室内定位与导航技术的原理、实现方法，以及有关该技术的最新研究成果，比较充分地反映了当前地磁室内定位与导航的最新研究状况。

本书由 7 章构成。第 1 章简要介绍了地磁场、地磁要素及地磁图、地磁定位的历史与发展；第 2 章介绍了几种当今研究领域比较热门的室内定位技术，如无线定位技术，包括三角测量、红外室内定位技术、超声波室内定位技术、射频识别室内定位技术、蓝牙室内定位技术、ZigBee 室内定位技术、超宽带室内定位技术等，同时还简单介绍了指纹定位技术的原理，以及室内定位技术的应用领域；第 3 章介绍了地磁场影响因子与基准图的建立，描述了室内地磁特征、地磁传感模块、硬铁改正及干扰因素、室内地磁数据采集系统、航迹推算，以及地磁基准图的建立；第 4 章主要阐述了地磁导航匹配算法，具体对地磁匹配的基本原理进行了推算和总结，同时还介绍了常见的地磁匹配算法和室内环境下粒子滤波算法的仿真与结果分析；第 5 章主要介绍了室内定位的辅助定位方法，对辅助定位及室内用户行为模式进行了针对性的分析，对行为识别算法进行了系统的研究和总结，并对辅助定位方法在智能手机端传感器所采集数据的处理结果进行了分析；第 6 章介绍了室内地图构建的方法，对室内地图构建的现状及特点进行了系统的描述，并分析了现在室内地图构建存在的主要问题，同时也对室内地图构建过程中使用的方法和主要软件进行了简单的介绍，最后对国内外室内地图数据标准的侧重点进行了简单说明；第 7 章对本书的主要研究内容及成果进行了总结。

总之，本书在内容安排上特色鲜明，以地磁室内定位与导航问题为主线，以复杂环境下的目标定位问题为背景，从参数化定位到非参数化定位、从室内定位理论到室内定位实现，系统全面地介绍了地磁室内定位与导航的理论和关键技术，并给出了具有代表性的地磁室内定位与导航系统及其典型应用示例。本书的另外一个特点是在反映本领域研究现状的基础上，注重定位理论和实际相结合。

笔者虽然力图在本书中展现地磁室内定位与导航领域的主要进展，但由于复杂环境下基于位置服务的定位理论和算法等方面的研究，特别是地磁室内定位与导航方面的研究进展十分迅速，再加上笔者水平有限，难以全面、完整地对当前的研究前沿和热点问题进行一一探讨，书中难免存在疏漏与不当之处，敬请读者批评指正。

目　录

第1章　绪　论

§1.1　地磁场

地球的磁性是地球内部的物理性质之一。地球是一个大磁体，在其周围形成磁场，即表现出磁力作用的空间，也称作地磁场[1]。它与一个置于地心的磁偶极子的磁场很近似，这是地磁场的最基本特性。地球磁场的磁极和地理上的南、北极方向正相反，而且与地球南、北极并不重合，两者之间有一个 11°左右的夹角，叫磁偏角[2]。此外，由于地磁场是由地球外核内部融化的铁合金运动产生的，所以地球磁场的磁极位置不是固定的，它有一个周期性变化。地磁场强度很弱，这是地磁场的另一特性，在最强的两极其强度不到 1×10^{-4}T，平均强度约为 0.6×10^{-4}T，而它随地点或时间的变化就更小，常用 γ 表示，即 1×10^{-9}T 作为磁场强度单位。

地磁场是从地心至磁层顶空间范围内的磁场，是地磁学的主要研究对象。人类对于地磁场的早期认识，来源于天然磁石和磁针的指极性。地磁的北磁极在地理的南极附近；地磁的南磁极在地理的北极附近。磁针的指极性是由于地球的北磁极（磁性为 S 极）吸引着磁针的 N 极，地球的南磁极（磁性为 N 极）吸引着磁针的 S 极。这个解释最初是英国人吉尔伯特于 1600 年提出的，他所做出的地磁场来源于地球本体的假定是正确的，这已被德国数学家高斯运用球谐函数分析法所证实。地磁场南北极漂移是现实存在的，只不过移动得十分缓慢。通过对岩石的研究发现，在过去的几十万年间地磁场会在不规则的时间段内发生南北极偏转，而磁极的偏转会在岩石中留下记录。这些记录对于古地磁学家非常宝贵，他们可以通过这些计算过去的地磁场。

地磁的磁感线与地理的经线是不平行的，它们之间的夹角叫作磁偏角。中国古代著名的科学家沈括是第一个注意到磁偏角现象的科学家。

地球的基本磁场可分为偶极子磁场、非偶极子磁场和地磁异常几部分[3]。偶极子磁场是地磁场的基本成分，其强度约占地磁场总强度的 90%，产生于地球液态外核内的电磁流体力学过程，即自激发电机效应。非偶极子磁场主要分布在亚洲东部、非洲西部、南大西洋和南印度洋等几个地域，平均强度约占地磁场的 10%。地磁异常又分为区域异常和局部异常，与岩石和矿体的分布有关。

地球磁场变化可分为平静变化和干扰变化两大类型。平静变化主要是以一个太阳日为周期的太阳静日变化，其场源分布在电离层中。干扰变化包括磁暴、地磁亚暴、太阳扰日变化和地磁脉动等，场源是太阳粒子辐射同地磁场相互作用在磁层和电离层中产生的各种短暂的电流体系。其中：磁暴是全球同时发生的强烈磁扰，持续时间为1～3天，幅度可达10 nT；其他几种干扰变化主要分布在地球的极光区内。除外源场外，变化磁场还有内源场。内源场是由外源场在地球内部感应出来的电流所产生的。将高斯球谐分析用于变化磁场，可将这种内、外场区分开。根据变化磁场的内、外场相互关系，可以得出地球内部电导率的分布。这已成为地磁学的一个重要领域，叫作地球电磁感应[4]。

地球变化磁场既与磁层、电离层的电磁过程相联系，又与地壳上地幔的电性结构有关，因此，在空间物理学和固体地球物理学的研究中都具有重要意义。

1.1.1 地磁场主要指标

1. 地磁场坐标

在地球任何位置的磁场都可以用一个三维向量表示，测量磁北极方向最简单、最基础的方法是利用指南针来确定。磁北极与地理北极间的夹角称为磁偏角 D。面向磁北方向，地磁场总强度与水平面的夹角称为磁倾角 I。磁场强度 F 与在磁体上施加的力成正比。通常利用 X(北)、Y(东)、Z(下) 坐标来表示磁场。

2. 地磁场强度

地磁场的强度用磁感应强度 B 来表示和测量，单位通常为高斯(Gs)，但是在实践中通常利用纳特斯拉(nT)来表示地磁场强度(1 Gs=100 000 nT)，纳特斯拉也被称为伽马(γ)。磁感应强度 B 的国际通用单位是特斯拉(T)。地磁场强度范围为25 000～65 000 nT(0.25～0.65 Gs)。相比起来，强力冰箱磁铁的磁感应强度大约为0.010 T(100 Gs)[5-6]。

描述地磁场强度轮廓的地图称为等磁力线图。2010年世界地磁模型所示地磁场强度从两极到赤道逐渐降低。磁场强度最小的区域为南美洲附近的南大西洋异常区，磁场强度最大的区域为加拿大北部、西伯利亚南、澳大利亚及南极洲海岸。

3. 磁倾角

磁倾角是地球表面任一点地磁场总强度的矢量方向与水平面的夹角。将一个具有水平轴的可旋转磁针内部质量制作得完全均匀对称，使其在磁屏蔽空间中自然地保持水平；观测时使其水平轴与当地磁子午面垂直，这时磁针指北极N所指的方向即为地磁场总强度的矢量方向，它与水平面的夹角即为当地的磁倾角。一般情况下，北半球的磁倾角为正，南半球的磁倾角为负。将磁倾角为零的地点连接起来，此线称为磁倾赤道，与地球赤道比较接近。

4. 磁偏角

磁偏角为地球表面任一点磁子午圈与地理子午圈的夹角。根据规定，磁针指北极N向东偏则磁偏角为正，向西偏则磁偏角为负。磁偏角是指磁针静止时，所指的北方与真正地理子午圈北方(真北)的夹角。地图上通常会标注磁偏角信息或是存在一个等值线图表示磁北极与真北之间的关系。

历史上最早提出磁偏角的是我国宋代科学家沈括,他于11世纪末所著的《梦溪笔谈》中记述用天然磁石摩擦钢针可以指南,并指出:“然常微偏东,不全南也。”这是世界上关于磁偏角的最早发现。欧洲人发现磁偏角是在1492年哥伦布海上探险的途中,比沈括晚400多年。

5. 磁极

磁极的位置可以从两方面定义:地方和全球。从地方角度定义磁极,可通过测量磁倾角来确定,即将磁场方向全部为垂直的一个点定义为磁极。北磁极的地球磁场倾角为90°(向上),南磁极为-90°(向下)。南、北两极点各自在南、北极漫游且并不完全对立,它们会迅速地迁移,北磁极曾被观测到以每年40 km的速度运动。在过去的180年间,北磁极逐渐往西北方迁移。从1831年的布西亚半岛的阿德莱德角到2001年的雷索卢特湾,已经迁移了约600 km。磁赤道是磁倾角为零的线(磁场是水平的)。

全球地磁场定义是基于一个数学模型。如果画一条线穿过地球的中心,当它与磁偶极子平行时与地球表面相交的点称为南、北磁极点。如果地球的磁场是完美的偶极,地磁极点及磁倾角将重合,并且指南针将指向它们。然而地磁场有着明显的非偶极性,因此,两种极点并不重合且指南针也不会指向地磁极点。

1.1.2 地磁场的探测与分析

1. 地磁场探测

地磁场由德国数学家高斯于1835年首次测量,自此之后地磁场曾被多次测量,测量结果显示在过去的150年间地磁场强度衰减了10%。地球磁场探测卫星及其他卫星利用三轴矢量磁力仪探测地球磁场的三维数据。政府有时会建立一个专门从事地球磁场测量的部门,也会创建许多地磁观测站,这些观测站通常属于国家地质调查系统的一部分,如英国地质调查局的埃斯克代尔缪尔(Eskdalemuir)气象站。观测站可以对地磁活动进行测量及预报,如对有些可能影响通信、电力和其他人类活动的地磁异常进行预报。国际实时地磁观测网络建立于1991年,它由分布在世界各地的100多个地磁观测站组成,并且记录和发布它们测量到的地球磁场数据。为了能够及时检测出由潜艇等金属物体造成的磁场异常,军方也对国家的地磁场进行监控,通常这些地磁异常探测器被安装在飞机上或者被以拖曳的形式安装在水面舰艇上,如英国的Hawker Siddeley Nimrod海上预警机。商业上,地球物理勘探公司也使用地磁探测器识别矿体造成的自然磁场异常。

2. 地壳磁异常

地磁场的理论分布是变化的,而实际上测得的地磁场强度与理论磁场强度是有区别的，这种区别称地磁异常，又称磁力异常或磁异常。它主要由地壳内磁性不同的岩石受地磁场磁化而产生的附加磁场而产生。一般把地磁异常按面积大小分为大陆性异常、区域性异常和局部异常。

磁力仪可以探测出含铁的物体或某些种类的石结构引起的微小地磁异常。早期利用地磁异常探测潜艇使得地磁探测技术得到了发展。玄武岩是一种由海底火山岩组成并富含铁的强磁性矿物，它能够改变本地磁场读数。这种干扰是在18世纪由冰岛的水手观测到的。更重要的是，因为磁铁的存在反映出了玄武岩的磁特性，这些磁性变化提供了另一种研究深海海底的方式。当新形成的岩石冷却后，这种磁性材料记录下了地球的磁场。

3. 生物磁场

海龟、鲸鱼、候鸟等众多迁徙动物均能走南闯北，每年可旅行几千千米，中途往往还要经过汪洋大海，但是还能精确测定位置。科学家们发现，海龟能通过地球磁场和太阳及其他天体的位置来辨别方向。但对于迁徙中的海龟来说，仅有“方向感”是不够的，它们还需要一张“地图”，用于明确自己的地理位置，最终到达某个特定的目的地。美国北卡罗来纳大学查珀尔希尔分校的肯洛曼研究小组发现，绿海龟对不同地理位置间的地磁场强度、方向的差别十分“敏感”，它们能通过地磁场为自己绘制一张“地图”。对于牛和野生鹿，当它们身体朝向南北方向时较放松，但当它们在高压线附近时会感到紧张，研究人员相信是磁场使它们产生以上反应。通过调查研究发现，非常微弱的电磁场会干扰欧洲知更鸟和其他使用磁场导航的鸟类，但电线和手机信号都不会对鸟类产生影响。发表在《自然》杂志上的研究揭示，影响鸟类的罪魁祸首为2 kHz至5 MHz之间的频率信号，如广播信号和某些普通电子设备信号。

§1.2 地磁要素及地磁图

1.2.1 地磁要素

地磁要素是表示地磁场方向和大小的物理量。地表某点的地磁场强度是个矢量，用 $\boldsymbol{T}$ 表示。研究这个矢量的参考坐标系选择如下：坐标系的原点 O 位于研究点；x 轴指向地理北；y 轴指向地理东；z 轴垂直向下，指向地心。在此坐标系中，矢量 $\boldsymbol{T}$ 在水平面的投影 $\boldsymbol{H}$ 与 x 轴的夹角（即 $\boldsymbol{T}$ 的方位角），称为磁偏角 D。矢量 $\boldsymbol{T}$ 的倾角（与水平面的夹角），称为磁倾角 I。矢量 $\boldsymbol{T}$ 在坐标系 xOy 水平面上及沿水平面和各坐标轴的投影 $\boldsymbol{H}$、$\boldsymbol{X}$、$\boldsymbol{Y}$ 和 $\boldsymbol{Z}$ 分别称为水平分量（$\boldsymbol{H}$ 分量），北向分量（$\boldsymbol{X}$ 分量）、东向分量（$\boldsymbol{Y}$ 分量）和垂直分量（$\boldsymbol{Z}$ 分量）。磁偏角、磁倾角、磁场总强度 $\boldsymbol{T}$ 及各个分量，统称为地磁要素。地磁要素随时间而不断发生变化。

地磁要素常用的有7个，但确定某一点的磁场情况只需要3个要素，确定一个向量只需要3个独立的分量就够了。如图1.1所示，O为测点，在直角坐标系中Ox指地理北，Oy指地理东，Oz垂直向下。$\boldsymbol{T}$为地磁场总强度；$\boldsymbol{H}$为$\boldsymbol{T}$在水平面内的投影，称为水平强度或水平分量；$\boldsymbol{X}$为$\boldsymbol{H}$在Ox轴上的投影，称为北向强度或北向分量；$\boldsymbol{Y}$为$\boldsymbol{H}$在Oy轴上的投影，称为东向强度或东向分量；$\boldsymbol{Z}$为$\boldsymbol{T}$在Oz轴上的投影，称为垂直强度或垂直分量；D为$\boldsymbol{H}$偏离Ox轴即偏离地理北的角度，称为磁偏角，$\boldsymbol{H}$向东偏为正。各地磁要素数值之间关系如表1.1所示。

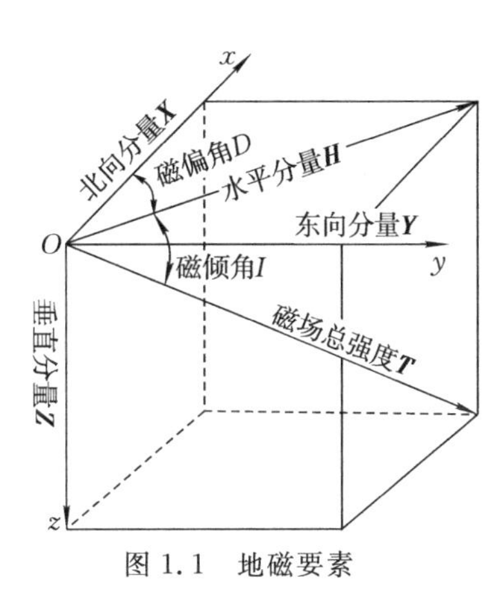

图1.1　地磁要素

表1.1　地磁要素间数值关系

$X = H\cos D$	$Y = H\sin D$	$Z = H\tan I$
$H^2 = X^2 + Y^2$	$T^2 = H^2 + Z^2$	$T^2 = X^2 + Y^2 + Z^2$
$H = T\cos I$	$Z = T\sin I$	$X = T\cos D\cos I$
	$Y = T\sin D\cos I$	

因此，7个地磁要素之中只需选3个作为独立分量，其余各要素都可以由它们推算出来。例如，可以测定球坐标系的$\boldsymbol{T}$、D、I，或柱坐标系的$\boldsymbol{H}$、D、$\boldsymbol{Z}$，或直角坐标轴上的$\boldsymbol{X}$、$\boldsymbol{Y}$、$\boldsymbol{Z}$。野外一般测量$\boldsymbol{H}$、D、I或$\boldsymbol{T}$、$\boldsymbol{H}$、D，而地磁台一般记录$\boldsymbol{H}$、D、$\boldsymbol{Z}$或$\boldsymbol{X}$、$\boldsymbol{Y}$、$\boldsymbol{Z}$。地磁要素$\boldsymbol{T}$、$\boldsymbol{H}$、$\boldsymbol{X}$、$\boldsymbol{Y}$、$\boldsymbol{Z}$的单位过去常用γ表示，$1\gamma = 10^{-9}\,\mathrm{T} = 1\,\mathrm{nT}$。

1.2.2　地磁图

地磁图是表示地球基本磁场各要素数值及其在地球表面分布和变化规律的等值线图。它是根据区域内各地磁台的观测数据编绘的，常用的地磁图有磁偏角、磁倾角、垂直分量及水平分量等几种。因地磁要素的数值是逐年变化的，所以地磁图每隔若干年要重新编绘一次。地磁图上一般都注明编绘图件的时间及各要素的年变化率曲线，以便获得某个时间的地磁要素的准确数值。对于某时某地的地磁要素，一般多以等值线方法表示磁偏角、磁倾角、水平分量和垂直分量。欲求其他时间的数值，需附加长期变化改正数，即相应地点年变率数值，再乘所求时间与已知地磁要素时间之间隔的年数所得值。在研究天文、气象、通信、导航等方面问题或综合研究大区域的地球物理学时，经常需要磁场强度方面的基本资料。异常磁场图是对地球磁场局部变化较剧烈部位的表示。利用地磁图是地质工作者常用的一种找矿方法或手段。

1. 地磁图分类

地磁图可分为基本磁场图、正常磁场图和异常磁场图[6]。基本磁场图是根据各个测点归算的测量资料绘制的地磁图。它不仅反映地磁场在地面上的趋势变化,还反映地磁场在地面上的异常变化。中国和其他许多国家都出版基本磁场图。只要地磁资料精度较高,测点分布比较合理,而且密度适当,就能绘制出比较准确的基本磁场图。正常磁场图主要根据地磁场模型绘制,有时也可以通过多次光滑基本磁场图的等值线和等变线得到,即把地磁场中来自地球浅层的部分资料滤掉,只剩下来自地球深部的部分,因此,它的等值线是光滑的。异常磁场图根据各个测点的异常值绘制而成。

根据地磁图表示地理范围的大小,地磁图又可分为区域地磁图和世界地磁图。

2. 地磁图编绘方法

编绘地磁图时,要根据用途选择适当的投影,根据地磁测点的密度和地磁资料的精度,选取适当的比例尺和等值线的间隔。编绘地磁图的方法主要有两种:一种是图解法,另一种是解析法。图解法主要用来获得基本磁场图和异常磁场图,它是用内插法寻找等值点,并在误差范围内适当地描绘光滑的等值线,从而得到等值线图。解析法根据地磁场模型绘制地磁图,根据地磁场的泰勒多项式模型,绘制局部地区的正常磁场图,根据地磁场的球谐模型,绘制全球范围的正常磁场图。

3. 我国绘制的地磁图

从1950年开始,我国先后测量及编绘出版了1950.0、1960.0、1970.0、1980.0、1990.0、2000.0及2010.0中国地磁图,作为国家标准地磁参考图,广泛应用于国防、民航、矿产、测绘等相关领域和部门,为其提供具有价值与检验意义的标准地磁场参考数据。

§1.3 地磁定位的历史与发展

1.3.1 地磁定位的历史

人类很多发明创造的灵感都来源于自然界,可以说大自然在人类科学技术发展的过程中功不可没,地磁定位也不例外。自然界有不少动物都在利用地球磁场到达它们想要去的地方,鸟类利用磁场进行远距离飞行是最好的实例证明[7-10]。人类在很久以前就意识到了鸟类的导航特质,历史记载可以追溯到4000年前的古埃及。从达尔文时期开始,相关研究人员就试图解释鸟类的导航能力。文献表明,鸟类的导航系统主要就是依赖地球磁场。除此之外,蜜蜂、海龟和鱼等动物都在依靠地球磁场导航。不同的磁场信息使用方式并不相同,地球这个巨大的磁性载体为这些动物充当指南针的角色,决定主方向,而例如总强度、某一位置的场分量和磁偏角等这些磁性参数则算是它们的导航系统确定具体位置的那一部分。也就是说,地磁场只能确定目的地的大概范围,那其他视觉或嗅觉的线索则有助于精确定位到目的地。以视觉辅助工具为例,在一个给定的时间,太阳相对于地平线的夹角就提供了一条重要的线索,研究证明,鸟类就在利用这一信息来导航。

地磁导航具有自主性强,隐蔽性好,不被地形、气候和位置等条件束缚,可进行全地域及全天候导航的特点。这些优点使地磁匹配导航成为国内外非常热门的科学,其中焦点当属地磁室内定位,目前已经可以实现在智能手机上借助室内地磁数据进行室内定位。

1. 生物的地磁导航

1)蝴蝶与蝾螈的地磁导航行为

动物为了生存,必须适应环境,因此它们的生物周期也必须精确地与生存的地理环境及位置配合。不妨大胆假设,许多动物都是利用地磁环境的资讯辨识生存场所。经由许多科学实验的佐证,确实如此。潜隐在动物体内的内生指南针装置,常常供远距迁徙时导航使用,甚至可以与最现代化的科学导航设备相匹敌。例如:帝王蝴蝶可以从北美洲哈得孙湾穿越加勒比海直航南美而不会迷航;一种生长在极区的燕鸥,夏天可以在北极冰帽上孵卵,而后再飞越 17 600 km 到南极区避寒;有些蝾螈长度不过数寸,巢穴深处地面之下,却可以挣扎着跨越美国加州崎岖的山径,跋涉至 48 km 外营生,然后再返回它们家乡的溪流繁殖。

2)针对蜜蜂与信鸽的地磁导航实验

弗里施是第一位探索生物地磁导航问题的科学家。他因 20 世纪 40 年代对蜜蜂舞蹈的研究而获得 1973 年的诺贝尔奖。依据他的研究,蜜蜂在天气晴朗时依赖太阳光的角度与它们的时感导航;在阴天或满布林荫时,则另外有一套极化光侦测系统。令人惊奇的是,当担任斥候的工蜂发现花丛时,会向巢中的工蜂振翅起舞,并利用太阳光与垂直于地心方向(即重心方向)间的夹角,传达花丛方位的讯息。不过,弗里施也注意到,即使在乌云密布的天气,既无法利用太阳光的角度,也无法利用极化光时,蜜蜂仍然能够在食物与蜂巢之间自由往返。显然,它们必定还有另一套备用的导航系统。

后来发现,信鸽也具有像蜜蜂那样的能力。1953 年,克拉默推断鸽子除了对陆上沿路的视觉记忆标记外,在它们的体内必然也有一个指南针的装置。这从它们被释放,在低空绕行一周后,便立即自然而有信心地、昂首振翅顺利地朝着一定方向归航可以看出来。不久,又发现它们与蜜蜂也有同样的侦测太阳光角度的指向装置。不过,鸽子还另有一套本领,它们可以在阴天安全无误地飞行。因此,1947 年耶格利在《应用物理学期刊》中提出,鸽子可能有“磁感”,会利用地磁场作为导航之用,如同人类使用指南针那样。他曾经做了一些不够充实的求证实验,譬如,把鸽子放在各式各样的电磁场中,看看它们是否有不舒服的感觉。其他的学者，包括耶格利在内，也曾在鸽子的头部或翼下绑上一块小磁铁进行试验，但都没有发现这会使它们的飞行行为模式产生任何显著的变化。

仅有少数几位研究人员，更进一步证实了这个问题。德国法兰克福动物研究所的佛鲁姆在20世纪50年代后期，注意到关在笼中的欧洲种知更鸟，在搬运途中似乎一直朝着它正常迁徙的西南方向。这时，它们根本看不见太阳、星星或任何陆地上常见的标记。佛鲁姆的同事梅克尔后来发现：若利用钢质笼子来隔离地球磁场，它们便不再那样老是朝向某一个特定方向了；若利用电流线圈改变环境磁场的方向，则更容易误导它们的飞行方向。此结果后来在印度的颊白鸟实验中也获得了证实。

直至1971年，康奈尔大学的基顿认为，如果鸽子真有磁感的话，它的磁感可能会被太阳指向装置所掩盖。如此，则可以用来解释前文中所述，当磁铁绑在鸽子身上时，在晴朗的天气下并不会有导航错误的事发生。于是，当阴天时在鸽子身上绑上磁铁后，果然发现鸽子迷航了。

为了研究任何天气对生物的磁性干涉现象，基顿特别为鸽子制作了一副透明的隐形眼镜，让它们戴上后，到纽约州北部的山区再释放。隐形眼镜可模拟多云的天气，阻止它们对太阳光角度与极化光的感测。另外，再在鸽子头上绑上强度为1 Gs的磁石，终于，这些鸽子找不到回家的路了。如果这些流落异乡的鸽子仅戴上隐形眼镜而不绑磁石，它们仍会无误地向西南飞行240 km回到康奈尔大学所在小镇(Ithaca)上空，然后在空中兜圈，越兜越小，越兜越低，最后像直升机那样稳定地着陆。

不幸的是，基顿在此实验后去世。后来由纽约州立大学的沃尔科特、格林与普林斯顿大学的古尔德继续合作，他们在鸽子的身上绑上极小的电磁线圈，可以任意改变所加磁场的形式与极向。结果发现若线圈所产生的南极朝上，鸽子仍然可以归航，若北极朝上，则鸽子越飞离家越远，因而肯定了鸽子是以磁北极为导航的参考点。大约在同一时期，两位德国的科学家林道尔与马丁对50万只蜜蜂的舞蹈加以分析后，发现它们体内有一个"磁性检误"(magnetic error)装置——用来校正磁北极与真正地理北极间的角位差。它们甚至于还可以在舞蹈时引入角度偏差，以改正科学家在巢的周围故意加置的、由人工定向线圈所产生的磁偏向。由此，可以获得一个结论，即鸟类与蜜蜂体内都具有磁导航系统。

依据最近的研究，蝾螈的磁导航系统要比鸽子的敏锐好几倍。因此，两栖类的归航也不需要任何自然光线及其他常用标志的识别，即使用人工磁场去干扰体内的磁感装置，它们也很快会适应，并继续正确地循着较微弱的地磁场方向前进。

3)生物地磁导航的原理

现在要探讨的下一个问题是，这样一个磁导航系统在生物体内究竟是如何运作的。1975 年,当时还是研究生的布莱克莫尔,因宣称某些细菌(位居所有细胞生命中最次等)也同样具有磁感而震惊了生物界[11-13]。他研究马萨诸塞州鳕鱼角的盐生沼泽时,在显微镜抹片上观察到有一种细菌老是朝着南北方向移动。不久,他便在马萨诸塞州剑桥市附近发现了磁菌,即一种对磁场具有反应能力的细菌。他的发现是在麻省理工学院的磁力研究室中完成的,当地的磁北极方向是略微的透过地面而朝向地平线的下方。科学家开始领悟并确认这种细菌是为了繁殖而必须深入泥沼中,可是它们太小,身体的重量不足以克服周遭水分子扰动所产生的阻力,而无法向下沉入泥水之中。自此以后,科学家又在巴西的里约热内卢与新西兰发现一种会自寻南极的微生物,于是,磁菌的存在获得了更进一步的证实。不久,布莱克莫尔的电子显微镜图片展示了惊奇的生物结构:每一个细菌体内都有着一串好像宝石般的、呈直线排列的磁性微晶体,每一个微晶粒的周围覆有一层薄的膜,因此各自形成一个独立的磁性界域,即使其中最小的一粒晶体,仍然可能是一个小小的磁石。

a)探索动物头部的磁感器官

布莱克莫尔对磁菌的发现,激发了古尔德试着从鸽子和蜜蜂体内找寻相似的磁性结晶体。可是,如果使用电子显微镜的话,即使只从蜜蜂那样小的脑中去发现这样微小的结晶,也可能要花上好几辈子的时间。古尔德采用一种超导量子测磁仪检视这种小昆虫,希望先发现磁性的组织部位以后,再做解剖定位,他曾经从蜜蜂头部一直找到腹部。与此同时,沃尔科特与格林也对 24 只鸽子的头部进行检测,他们所用的只是非磁性探针与小刀。经过了冗长而艰苦的工作以后,终于在鸽子头部左右侧,脑与头壳的骨板之间,充满着神经的一小片 1～2 cm 的组织上,找到一点微小的磁性沉淀物。这一小点的组织中含有黄色的结晶,其中储有铁质的蛋白混合物,显示鸽子像细菌一样,能合成自己所需要的矿石结晶体。

新的发现产生了更多新的问题。磁感器在细菌、蜜蜂、鸽子这样广泛种属的动物中存在,那么在生物的演化上,究竟代表什么深义呢?据统计,到目前为止,发现体内具有磁感器的动物,已有 27 种之多,其中还包括了 3 种灵长类的动物。那么,是否意味着地球生命从一开始便已有某种磁感器官,而往后的自然演化只是促使某些动物的这种磁感功能更完美?或者,在另外的一些动物中,因为已发展出更好的导向器官而不再需要它?又是否所有动物都有同样的磁感器官,它们是否也具有同样的功能?神经系统又是如何从这些磁感结晶体中读出所需要的资讯,再把它转译成方向呢?究竟动物所要感测的是地磁场的哪一个分量呢?这一连串的问题,吸引研究者们越来越深入地研究下去。

基顿观察鸽子飞航行为模式时,还注意到一些奇特行径。当鸽子利用太阳光指向而依赖视觉飞航时,出发前总是先在空中绕行一圈,找出方向后向西飞行;一直到安大略湖的上方,再朝向 Ithaca 的北方飞行;直到看不见陆地后,再做 90°转向至左方;然后沿着经线回航 Ithaca。基顿对此现象无法做出适当的解释。有一次,他问一位物理学家:“是否鸽子的航线跟地磁场力线有着某一种方式的配合?”那位物理学家解释说:“不!磁场力线只是一种科学家惯用的符号而已,以便于表示磁场的局部分布,譬如,在铁矿附近的异常情况,事实上,力线完全是虚构的。”因此,上述鸽子利用地磁导向所做的这种不走直线的奇特飞航行径,是否为了躲开航线上地面下因铁矿所导致的局部不规则磁场以避免迷航,成为研究者们进一步探究的问题。

b)人大脑中的磁感组织

大多数人最感兴趣的是在人类自己的大脑里面,是否也有这种磁感器官或组织存在呢?

1979 年 6 月 29 日,英国曼彻斯特大学的一位年轻研究员贝克,带领一批高中学生乘坐巴士,在靠近英格兰利兹附近的巴纳堡开展了一次有趣的生物导航之旅。所有学生头上都戴着一个金属环,其中一半学生所戴的内藏磁石,另一半学生所戴的内藏黄铜条,但金属环外表看起来一样,受测者事先以为都是内藏磁石。另外,每人还戴了耳罩等隔音装置,再蒙上黑眼罩,与外界声光世界完全隔离。然后,学生们斜靠下,集中注意力,经过了有计划的一段距离绕行,到达某一地点后停下,再让每位学生估计其所面对的方向与学校之间的指南针角度,并把它记在卡片上(仍蒙着眼罩用手写);之后,再有计划地绕行一段距离,到达另一地点后,再次让每位学生估计方向,也记在卡上。事后,将所有卡片加以分析后,发现戴黄铜条头环的学生所记下的方向有相当的可靠度,而戴磁石环的则没有。

古尔德与他普林斯顿大学的同事埃布尔后来又试着重复前述贝克的“学生生物导航实验”,但是未能成功。后来经贝克评审,认为受测者的方向感极可能受到地球磁暴,或是巴士内部微弱的磁场梯度及(或)普林斯顿附近有较大电磁环境的干扰。

贝克与他的同事马瑟后来又做了一项经过改进后的简单磁感实验。他建造了一间特殊的无磁性干扰且又经过光线隔离的木屋,受测者坐在木屋中的一张无阻力的旋转椅上,蒙上眼睛和耳朵。经过好几次的转动以后,实验要求受测者估计出他们所面对的方向,经过一番一贯性的统计分析以后,有 150 个以上的受测者估测相当成功(原资料未说明一共多少位受测者及如何分析)。因此,贝克相信他已证明了人类的确也同样具有磁感。贝克臆测,磁感展现时的最佳情况是在无意识状态下保持对方向的警觉,但又不可过分专注而失去对觅食、求偶、寻找庇护等的注意力。

1983 年,贝克与他的同事又做了一些“有选择性的磁性隔离”实验。依据测量的结果,认定在人类头部筛骨骨窦,也就是两眼当中鼻子后方头部中央的海绵状骨中,靠近松果腺与脑下垂体附近,有一种磁性沉积物存在。有趣的是,早在 20 世纪

70年代初期,美国陆军的一位顾问——捷克生物物理学家哈尔瓦利克在他所做的选择性磁性隔离实验中,也曾注意到同一组织位置。除此之外,他还注意到另一个位置,即肾上腺,它蕴含着一种动物的能力。

c)生物磁感组织的证实

1984年,由夏威夷大学动物学家沃克尔所带领的一个小组,从黄鳍鲔鱼与支奴干鲑鱼头部的同一块筛骨的骨窦中,分离出一些单磁域的磁感结晶。由结晶的形状知道它们是由活机体所合成的磁晶,并非经由地质学上的过程所形成的。这些在充满神经纤维末端的磁性组织上的结晶也排列成链状,与磁菌体中所见到的极为相似。每一个晶体看似固定,其实可随外加磁场而略微自由转动。经过仔细计算后发现,这些磁晶链对地磁场方向的感测,可达到数弧秒的方向精度,相当于地表面几百尺的距离。这个计算结果与该小组早先从活鲔鱼归航研究中测算所得的数字,具有极佳的关联性。上述这些翔实的研究工作已明确提示:所有的脊椎动物头部筛骨骨窦区域中,都有一个相似的磁感器官。贝克怀疑经由这个器官,或许还可把生物周期所需的定时线索,从地磁的微脉动中传送给松果腺。

2. 人类历史上的地磁导航

指南针作为一种指向仪器,在我国古代军事、生产、日常生活、地形测量上,尤其在航海事业上,都发挥过重要的作用。最早的指南针是用天然磁体做成的。早在2000多年前的战国时期,人们利用磁石指示南北的特性制成了指南工具——司南。经过长时间的发展,现在的指南针已经有了各式各样的形式,如图1.2所示,当然原理都是一样的。

有文字记载的人类最早利用指南针导航是在公元11世纪的中国,我们祖先用他们的智慧在人类发展史上留下浓墨重彩的一笔。宋代沈括在他的《梦溪笔谈》中就详细描述了磁石的性质、金属磁化方法和指南针的制作,并最早描述了磁偏角现象。到了明代,郑和用指南针导航,7次下西洋(1405—1433年)到达了南洋诸岛和非洲东岸。中国发明的指南针大约在12世纪经阿拉伯传到欧洲,但是直到16世纪,欧洲人才对磁偏角进行了首次测量。在1700年,根据航海罗盘记录,世界上第一张地磁图由哈雷制作完成,它的整张图覆盖了大西洋和部分太平洋。在之前的航海中,海员们一直在用波特兰型海图,如图1.3所示,通过该图和指南针的配合,用指南针纠正航向,从而到达目的地。波特兰型海图是14—17世纪世界上最早的海洋地图,是用布满放射状的方位线绘制而成的,航行者借助这些方位线和罗经仪,可以随时测定船在海洋上的方向;图上还详细绘出海岸线、海湾、岛屿、海角、浅滩、沿海山脉及有助于航海的地物,确保准确判断在海洋上的方向。其主要内容包括岸形、岛屿、礁石、水深、航标、灯塔等。有了此海图,船只便不易搁浅。波特兰型海图装订成册,其中最著名的是1375年的《加泰罗尼地图集》。但是,波特兰型海图也有缺点,由于早期的绘图人员并不知道磁偏角的存在,图上所画的海岸线实际上已经变形，只不过海员们是按直线航行，在航行区域相对不大(如地中海)的情况下，航向上的误差在可控的范围内。

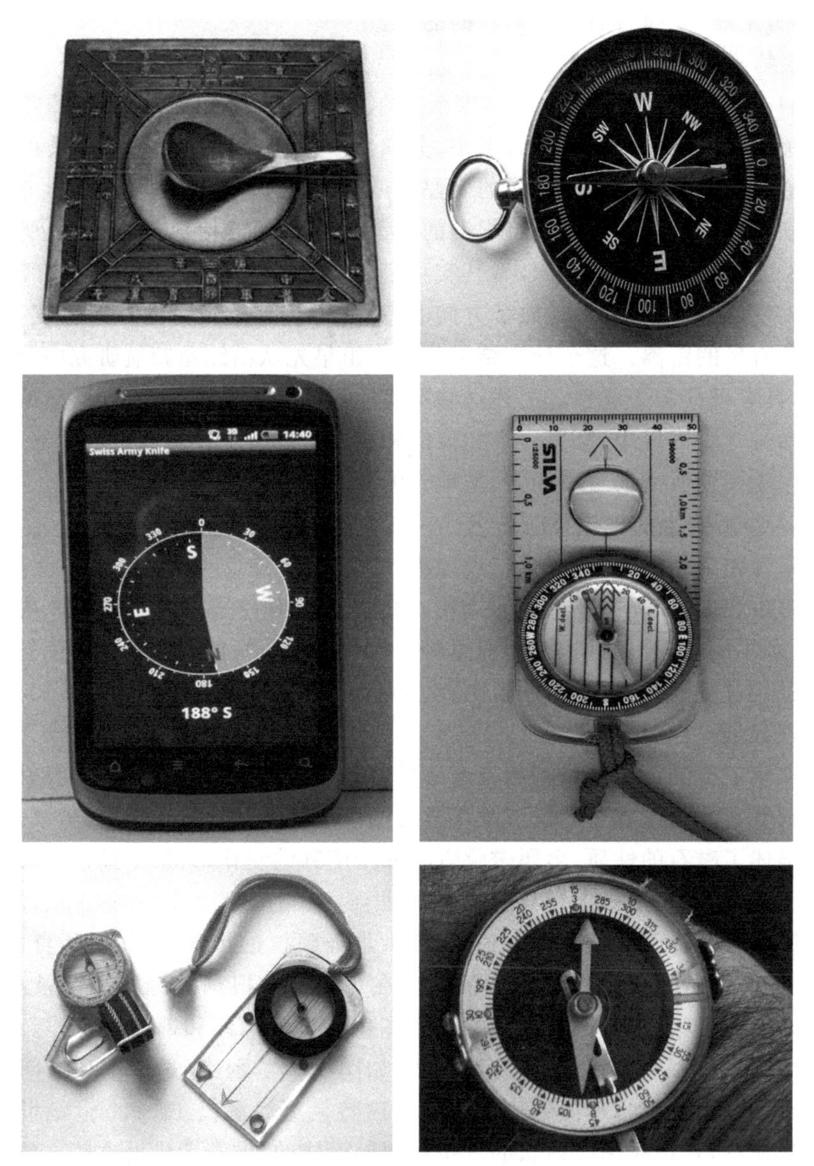

图 1.2　各式各样的指南针

1.3.2　地磁定位的发展

地磁场是地球的基本物理场，地球周围空间的物体都处于地磁场中。利用磁传感器可以测量地磁场的各要素，包括磁场总强度、东向分量、北向分量、垂直分

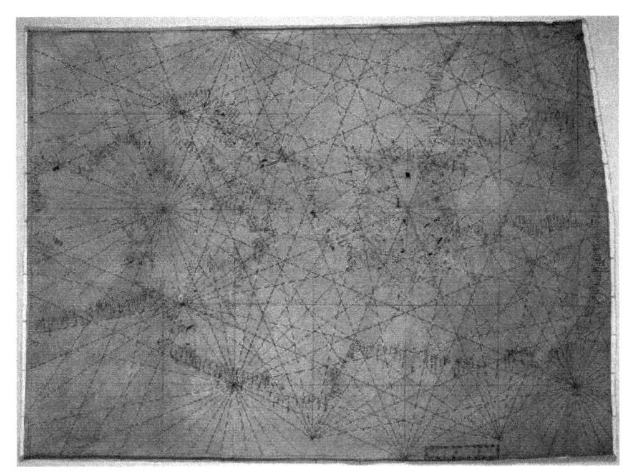

图 1.3 波特兰型海图

量、磁偏角、磁倾角及磁场梯度。地磁场具有全天时、全地域和短期稳定性等特征，并且在不同方位具有不同的磁场要素，故可将其作为导航场。地磁导航(geomagnetic navigation)[14-15]就是利用地磁场的特征进行导航的新方法，近年来得到了迅速发展。地磁导航同重力导航、地形导航一样，是一种自主、隐蔽的导航技术。地磁导航的一个重要特点是当前估计状态与过去无关，即误差不随时间积累。当把地磁导航与惯性导航组合并应用于水下潜艇导航时，可校正惯性导航系统的时间积累误差，提高惯性导航系统的精度，对潜艇的军事应用具有重要意义。

地磁匹配定位算法的本质是数字地图匹配，相关匹配算法是数字地图匹配的有效算法[16-17]。在地磁导航中该匹配算法自适应实时构造基准数据序列，并以豪斯多夫距离作为相关判断准则。为了提高算法实时性，相关研究提出了预匹配和精匹配相结合的改进措施。在预匹配过程中，由于地磁数据具有离散性，将搜索步长定为一个基本网格单元，并与序贯相似检测原则相结合，这样可快速排除非匹配区，筛选得到精匹配所需要的可行区域。在精匹配中，引入双线性插值法对地磁场原始数据进行加密内插以提高匹配精度。最后利用地磁场数据进行仿真试验，结果表明在一定条件下该相关匹配算法对地磁导航具有适用性。

在现代社会，计算机、通信及数据处理技术发展迅速，关于现代导航定位的技术呈多样化趋势。航空、航天及航海领域广泛应用全球定位系统(global positioning system,GPS)导航、多普勒导航及惯性导航等主要导航技术。为大幅提高导航系统的可靠性及精度，人们开始研究、应用各种新型导航方法，如地形匹配、重力场匹配等。目前所掌握的关于导航定位的方法，还不能够实现全天候和全地域，需要通过一定的辅助导航方法进行完善。例如：GPS尽管具有非常高的导航定位精度及广阔的覆盖面积，但因为其卫星信号较弱，抗干扰能力差，同时，在特殊情况中，会屏蔽其导航信号而使信号无法被接收；应用广泛的惯性导航系统虽然在自持性方面表现良好，但一直无法克服导航的累积误差，所以仍要通过其他辅助导航方法来校正;地形匹配导航系统还需要考虑到地形、气候及季节等因素的影响。而作为新兴的导航方法,地磁导航可以在一定程度上克服传统导航方法的缺陷,其发展与研究前景非常广阔。

地磁场作为天然物理坐标系,与重力场具有类似的属性,都是属于地球的基本物理场。在经度、纬度及高度各异的情况下,所指示的磁场大小和方向也不同。另外,磁场的特征信息非常多,有磁场强度、三轴分量等 7 个变量,为导航匹配提供了丰富的信息。目前,地磁导航开始陆续应用于海、陆、空等领域。这主要是因为地磁场的数学模型和数据库逐渐丰富,同时,接连出现了各种性能优异的地磁传感器,它们具有更高的灵敏度、更强的可靠性、更小的形态,以及更低的价格等优势。此外,在滤波和信息融合技术、算法方面也有了较为成熟的经验。因此,地磁导航确实对推动现代导航技术有着重要的意义。地磁场是基于空间位置的一种函数、矢量场。原理上来说,磁场矢量与近地空间中每一点具有唯一对应性,这为地磁导航提供了充分的理论依据。与其他导航方法相比,地磁导航具有如下优点:地磁场可以在任何季节、气候及地理位置(如高空、水下等)被检测到,可以进行全天候、全地域的导航;在地磁实测过程中,地磁导航属于无源导航,因此可以使载体具有良好的隐蔽性,在测量地磁场的过程中,不会产生泄漏的电磁信号,这一点使其具有极其重要的军事价值;因为地磁导航是匹配导航定位算法,它不会受时间累积误差效应的影响,可以及时校正由惯性器件产生的累积误差,所以非常适合与惯性导航进行信息融合,共同组成组合导航系统;地磁场是具有矢量方向的磁场,它的大小由幅值及方向信息决定,因此,相比于地形匹配、影像匹配,地磁匹配为导航提供了更多有价值的参考信息。基于这些特点,国内外有一大批专家和学者正深入研究地磁导航的方法及其应用。

1. 国外研究概况

地磁导航能够得到深入研究,得益于磁场测量仪技术的突破,以及人们在地磁场研究中取得的成果。专家和学者精确地描述了地磁场,并准确地测量地磁场的具体矢量值,希望借此可以找到基于地磁匹配方向的新型导航方法。与其他的导航方法相比,近代地磁导航算法很晚才起步。到 20 世纪 60 年代,美国 E-systems 公司给出了以地磁异常场为基础进行等值线匹配的 MAGCOM 系统。那个时候,并没有相关的实验验证,因为没有人实地测量过具体的地磁数据。到了 20 世纪 70 年代,人们开始实地测量地磁数据,苏联 Ramenskoye 公司利用之前已经获得的实测地磁数据对 MAGCOM 导航方法进行了离线实验,并取得了成功。到 20 世纪 80 年代,来自瑞典的 Lund 学院以轮船作为研究对象,对地磁导航的有效性进行了实验验证。该实验先测量地磁强度数据,然后按照已有地磁图与测量数据进行人工对比,确定轮船当前所在的方位,并从两个磁传感器分别得到其输出值,计算差值后除以它们之间的距离,得到轮船当前运行的速度。1982 年,美国研制出一款地磁定位系统,实现了在水下进行无人运载的工作。12 年后,美国解决了在水下进行定位和导航的问题,获得了关于水下的运载体地磁定位系统方面的专利。到了 21 世纪,在应用地磁进行导航定位方面,美国加大了研究力度,投入高达数十亿美元的巨额资金。在技术保密性方面,他们封锁了地磁导航技术,以及和该技术紧密联系的磁传感器技术,同时,他们也一直在对全球的地磁场数据进行测量、标定及修正。2003 年下半年,在美国国防部下达的军事关键技术研究相关列表中就出现了地磁数据参考导航系统。由他们研发出的纯地磁导航系统,其导航的精度为:在地面和空中进行定位时,其精度优于 30 m(CEP);在水下进行定位时,其精度优于 500 m(CEP)。同时,美国通过 E-2 飞机在高空作业,完成了地磁场数据的测量,这表明美国已经把地磁场信息应用在导弹的实验过程中。美国国家航空航天局戈达德航天中心及美国许多大学在水下的地磁导航方面做了大量的研究,也进行了相关的地面实验。2006 年,戈登堡把地磁导航系统应用到飞机飞行过程中,进行了以地磁场图测速定位方法为基础的研究和实验。他使用了精度很高的磁通门磁力计进行了地磁三维信息的测量,随后与标准地磁场图的三维矢量进行匹配,最终得到了比较精准的导航信息。

俄罗斯很早就专门设立了研究所,目的是分析地磁场匹配制导的技术。研究人员把地磁场的强度设成特征量,通过磁通门传感器及地磁场的等值线进行制导方式的匹配,并做了大量的实验。例如:在通过变轨方式进行导弹制导的过程中,将这个导航技术应用在了新型的 SS-19 导弹中,希望以此与美国反弹道导弹的拦截系统进行对抗;实际飞行中,SS-19 导弹飞入大气层以后,在稠密大气层中沿着地磁等高线进行飞行,而不按抛物线轨迹进行飞行,这一飞行模式很大程度上提高了导弹突防能力,使美国自身的导弹防御系统没办法对俄军导弹飞行弹道的轨迹进行有效预测。又如,俄罗斯在海空拦截导弹方面,安装了 16 个磁通门的传感器,通过形成 8 对差动式的磁场梯度传感器,组成一个基于磁场梯度的传感器阵,在 8 个方向分别进行导弹地磁场情况探测,只要磁场梯度传感器探测出关于磁场异常的情况,就表明在拦截导弹周围空间里出现了目标,此时,即刻引爆拦截导弹,炸毁在爆炸范围内的所有目标。

法国研制了一种基于地磁场的炮弹制导系统。法德研究所科技处主任伊曼努尔·多里亚特认为地磁场一直维持恒定,可以通过使用地磁场传感器测量地磁场方向的变化,其测量精度可达平方厘米级,因此,具有极强的抗干扰能力。这项技术的研究始于 1997 年,实验证明地磁场能够作为恒定的标准。5 年之后,他又转向对卡尔曼滤波器的相关研究。滤波器能够在极短时间里,对大量地磁场信号进行处理。应用这种滤波器的导弹在 2004 年进行了试射。

土耳其将"地磁异常探测系统"应用于 CN-235 型号的海上巡逻机,并将这种巡逻机分别装备给海军及海岸警卫队。装备在巡逻机上的"地磁异常探测系统"可以对各个情况下地磁场的变化及其出现的异常现象进行辨别，如因潜艇在周围而干扰地磁场并造成地磁场出现异常的现象等。在海上巡逻和监视的过程中，通常将它安装于机尾。

到了20世纪90年代，来自康奈尔大学的Psiaki等学者首先给出了通过使用地磁场相关理论来确定卫星轨道的想法，于是，地磁导航逐渐变为航天器导航板块里的一个新方向。再之后，Psiaki领导其研究团队在以地磁测量为基础的导航方法方面进行了更深层次的探究，随即发表了数篇很有价值的论文。在美国国家航空航天局戈达德航天中心，Deutschmann和Bar-Itzhack领导了另外一个研究地磁导航技术的研究团队。1995年，他们基于地磁矢量的信息及扩展卡尔曼滤波器制定了卫星导航的方案。后来，该小组为确定卫星的轨道和姿态，把磁强计的信息及别的敏感器信息进行结合。许多专家和学者陆续对以磁强计为基础的自主导航方法产生了浓厚的兴趣，同时，提出了许多新型地磁导航算法。

2. 国内研究概况

在我国，地磁导航也是专家、学者一直研究的重要问题。近些年来，我国在微电子、新型材料、新型工艺及计算机科学技术等方面取得了重大的突破，随之而来的，是关于地磁场测量及地磁导航技术飞速发展的新时期。

从测量磁场强度来看，我国成功研制出了HC-90氦光泵磁力仪，该仪器有着高达0.002 5 nT的灵敏度，其南北方向的工作跨度达到了1 700 km以上，其采样率为2～10次/秒；而另一款光泵磁力计的灵敏度更是高达0.000 3 nT，采样率也提高至10次/秒以上。这两款仪器均能够在世界所有地区(甚至覆盖南北极及赤道等地区)进行应用，并持续进行24小时的工作；在有一些场合(如潜艇、舰船及地质勘探等)，对应变能力的需求并不苛刻，它们足够适应需求；如果对响应速度要求比较高，这两种仪器就不能满足需求，如飞机、导弹等高速飞行的载体。因此，为了研究更优性能的地磁传感器，需要把高分辨率和高响应速度两种特性都考虑进去。目前的研究主要是基于非晶体材料，中国在这方面尚处于初级阶段，而欧美、日本等发达国家和地区在这个领域已经取得了突出的成果。

我国自20世纪50年代开始，就致力于地磁图测绘的研究及地磁场模型的建立工作，并且每隔10年，由中国科学院地质与地球物理研究所公布中国新一代地磁图模型及地磁场模型。至2005年，改由中国地震局地球物理研究所接管该项任务。目前，该研究所每5年会公布一次最新的国家地磁图，该图已陆续应用在石油定向、水平钻井等方向。同时，我国在相关海域对磁场进行了精密的探测与调查，目前已结束了数据的归纳与整理内容，这为中国即将进行的基于地磁导航技术的研究奠定了坚实的基础。

在地磁匹配导航方面，2002年，国防科技大学的胡小平、田菁及吴美平等在卫星定轨的问题上，使用地磁导航方法对其进行了研究及仿真，其仿真结果获得了一般精度的轨道参数。天津航海仪器研究所的刘飞等在地磁导航、惯性导航结合的组合导航方法方面开展了相关研究。西安测绘研究所的彭富清等基于地磁模型及地磁场的分析,对将地磁场应用于导航中的想法及可行性的问题进行了深入研究。中国科学院地质与地球物理研究所的安振昌等研究了地磁场模型建立及相关问题。

西北工业大学的董坤等将三轴磁强计应用到飞行器上,使其感知所处位置的地磁场强度矢量;同时,以国际地磁场模型为参考,利用滤波算法估计飞行器当前所处位置,得到其位置的信息。2004 年,中国航天科工集团第三研究院三十五研究所的李素敏、张万清选择了在北京郊区 250 m×250 m 的较小区域里,通过平均绝对差法对地面测量得到的关于地磁场强度的数据进行了匹配运算,得到的分辨率能达到 50 m。空军工程大学的郭庆等针对由单一特征量匹配导航方法所引起的区域性不可靠问题,给出了利用自适应多维特征量进行匹配的算法。

2007 年,西北工业大学的晏登洋等在惯性与地磁导航方面进行了仿真实验,该方法把磁偏角及磁倾角当作匹配参数来完成地磁图匹配,得到粗位置信息,再通过地磁场模型算出地磁场强度,进而得到精确的位置信息,该方法具有较高的稳定性。2009 年,海军大连舰艇学院的朱鹏磊等对于在巡航导弹中应用地磁匹配技术的问题进行了研究,分析了它的限制因素。国防科技大学的研究人员利用国土部门给出的航测数据进行了地磁导航方法方面的研究,并完成了跑车实验。

3. 主要发展方向

1)水下地磁导航技术

潜艇作为未来信息化战场上的一种主要战略威慑武器,要求其具备高度的自主性与隐蔽性,因此,要求潜艇采用高精度导航系统来保证。例如:美国俄亥俄级导弹核潜艇采用静电陀螺惯性平台及惯性与重力匹配组合导航系统,定位精度 0.2 海里/天,重调周期 10~14 天。但是,世界其他国家的高精度惯性导航技术与美国差距较大,尚无成熟的静电陀螺。大多数国家水下导航技术手段有限,仅能采用惯性导航、惯性与星光导航、惯性与卫星导航等手段,而采用惯性与星光导航、惯性与卫星导航要求潜艇定时浮出水面接收信号,增加了潜艇的暴露概率,降低了隐蔽性。鉴于现有的水下导航系统不能全面满足潜艇导航的需要,研制一种适用于潜艇、隐蔽性好、抗干扰能力强、自主式的导航系统十分必要。由于地磁场是地球固有的矢量场,根据地磁场球谐函数模型,地球上每一点的磁场矢量与其所处的经纬度和离地心的高度一一对应。因此,只要能够测定潜艇所在位置的地磁场特征信息,就可确定出其所在位置。这就是利用地磁进行导航定位的基础。所谓地磁匹配定位,即将预先选定区域的某种地磁场特征值,制成参考图并储存在潜艇上的计算机中;当潜艇通过这些地区时,地磁传感器实时测量地磁场的有关特征值,并构成实时图;实时图与预存的参考图在计算机中进行相关匹配,确定实时图在参考图中的最相似点，即匹配点，从而确定出潜艇的精确实时位置。影响地磁匹配定位精度主要有两个方面原因：一是如果沿地磁特征信息不明显方向进行匹配，就会降低匹配定位精度；二是潜艇航行的动态性也会降低地磁匹配精度[18]。这就需要引入辅助信息来提高地磁匹配精度。

由于惯性导航系统具有高动态性、自主性并具有全维导航信息，将地磁匹配定位与惯性导航系统组合，可以建立较为理想的潜用导航系统。主要原因首先是地磁测量具有良好的隐蔽性。隐蔽性是潜艇作战的主要特点，是潜艇生命力和战斗力的基本保证。然而，目前各类导航定位系统除惯性导航以外，几乎都是非自主式的且隐蔽性差。惯性导航系统虽然非常适合潜艇使用，但存在着误差积累，需要其他辅助测量手段进行校正，这些手段往往会牺牲潜艇的隐蔽性。而地磁测量和匹配定位可以达到连续隐蔽校正的目的。其次，惯性与地磁组合导航系统具有较全面的导航功能，不仅可以确定潜艇姿态、航速、航向，还可以确定舰位，而且误差不随时间积累。再次，惯性与地磁组合导航系统具有可靠、全天候、中高精度、连续导航的特点。

惯性与地磁组合导航系统的特点，将使潜艇的工作和作战模式发生巨大变化。例如：核潜艇装备该类系统可以在相对较短的时间（24 小时）内完成航行准备，在初始航行阶段实现对惯性导航系统的精确对准和标定；潜艇在离开码头后无须暴露在水面进行惯性导航重调作业，能够确保系统在始终隐蔽潜航中的导航精度，从导航功能上满足潜艇执行作战任务的全程隐蔽性要求。

由于地磁信息具有无源、稳定、与地理位置对应等特点，利用好地磁信息成为备受关注的一种提高惯性导航系统性能的新技术途径。地磁导航技术克服了纯惯性导航系统在潜艇中应用时，需要定期浮出水面接受 GPS 等标定基准的暴露性作业带来的危险。由于微电子技术、新材料、新工艺和计算机技术日新月异，使得地磁测量技术发生了根本性的变化，水下地磁导航相关技术也得到迅速发展。2003 年 8 月，美国国防部军事关键技术名单里提到地磁数据参考导航系统。美国国防部的文件称他们所研制的纯地磁导航系统的水下定位精度优于 500 m (CEP)。美国国家航空航天局戈达德航天中心和有关大学对地磁导航开展了研究，并进行了大量的地面试验。同时，国外正在建立更高精度的地磁信息图并重点研制高精度的地磁传感器，以进一步提高导航精度，为水下地磁导航技术发展奠定基础。俄罗斯的新型机动变轨导弹 SS-19 采用地磁等高线制导系统，可实现导弹的变轨制导，以对抗美国的反弹道导弹拦截系统。SS-19 导弹进入大气层后，不是按抛物线飞行，而是在稠密大气层中沿地磁等高线飞行，使美国导弹防御系统无法准确预测来袭导弹的飞行弹道轨迹，从而大大增强了导弹的突防能力。我国研制的磁力仪，灵敏度和采样率高，南北工作跨度大，能够适应世界任何地区（包括覆盖南北极及赤道海域），并连续 24 小时工作，在世界上处于领先地位。在地磁图方面，我国在相关海域的磁场精密探测航空调查也取得了一定成绩。中国科学院地震研究所在地球变化磁场干扰的滤波技术研究中取得重大突破，通过建立地磁干扰模型，对地磁异常信息进行滤波，以确定地震信号。这也推动潜艇残留磁场干扰的补偿技术、潜艇装备的抗电磁干扰能力有了较大提高。我国针对地磁匹配定位技术及组合导航技术的研究也有相当成就，初步验证了静态地磁匹配定位的可行性和精度。与无线电导航和卫星导航系统不同，地磁导航是一种自主导航技术，具有隐蔽性好和精度高的特点。惯性与地磁组合导航系统算法的研究与应用，可延长潜艇重调周期，提高潜艇的远程导航精度与导航自主能力，提高战略核潜艇的隐蔽性，强化战略核潜艇的核威慑作用和生存能力，增强对敌威慑能力，具有重大的军事意义。目前，关于水下地磁导航的许多关键技术还处于探索阶段。但是，高精度地磁传感器技术的应用，以及地磁干扰建模技术、地磁传感器配置探测技术、地形匹配方法、组合导航理论等[19-20]方面的突破，将大大促进水下地磁导航系统关键技术的研究与应用，进而促进地磁导航技术的发展与应用。

2)室内地磁定位技术

想象一个人处在一个完全陌生的建筑楼内的情景，如图 1.4 所示。如果处在一个比较熟悉的环境，想要确定自己在建筑里的具体位置，那他根据生活经验就可以知道。但是如果他是一个初次到访的人，对周围环境完全不熟，那他会怎么确定自己的位置呢？定位就是一个确定自己当时的位置，然后找到去其他地方路线的过程。在室内的场景中，定位涉及确定人所在的走廊是哪一个，在走廊里走了多远，以及在哪个房间等信息。知道这些信息可以防止在一栋大型建筑中迷路，也避免在行走的过程当中偏离既定的路线。

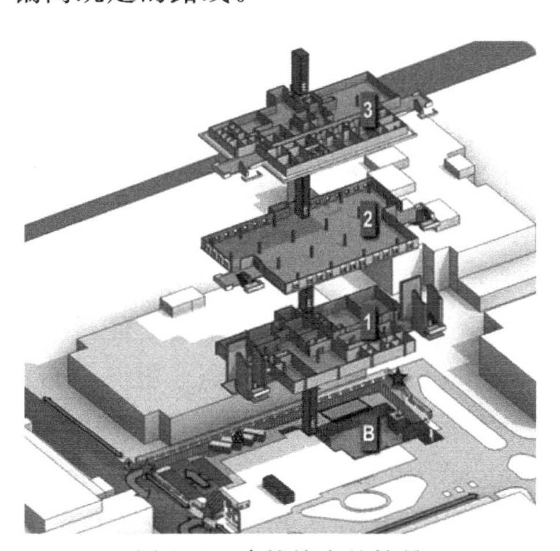

图 1.4　建筑楼内的情景

GPS 的出现为室外定位导航提供了非常大的便利。GPS 技术本身存在一个问题，就是多路径效应和信号干扰，导致 GPS 信号在建筑物内严重衰减，使其不能在室内使用。基于这个原因，室内定位系统的设计在一段时期内并没得到重视。

基于 Wi-Fi 的室内定位系统[21-22]需要无处不在的无线连接环境，设备相对昂贵，而且信号不稳定，波动比较大。基于位置的服务（location based services, LBS）[23-25]是由一些手机网络为移动手机用户提供当前位置信息的服务。这种服务的提供方从手机内置的 GPS 芯片获取手机用户当前的位置，或者借助最近的信号塔，根据信号强度和三边定位原理来确定手机用户当前的位置。LBS 用单个基站确定手机位置的精度在 100 m 左右，这远远不符合室内定位精度的要求。

唯一可以在室内应用并且可以自主导航的室内定位方法是航位推算法。这是一个基于已知的初始位置，根据前进方向、速度、时间等相关信息确定一个人位置的过程。这种定位方式由惯性导航系统提供，以微机电系统技术为基础。微机电系统由用户随身携带，包含一个加速度计、指南针、气压计和陀螺仪。这种定位方式的主要问题就是会有方向和加速度的累积误差，随着时间的推移，误差累积越大，导致的位置误差就会越大，因此，为了保证定位精度，需要频繁地校准传感器。而对于普通人来说，单独携带一个传感器可能不太方便，于是人们研究更方便随身携带的传感器——通常称为“可穿戴式传感器”。虽然，很多室内定位系统已经被开发出来，有基于 Wi-Fi、RFID、蓝牙、超声波[26-28]等基础设施的，也有可穿戴式传感器，但是没有一个解决方案是被普遍接受的。

因此，需要找到一种简单的、利用基础设施少、便于使用室内定位系统的设备，能够为任何类型用户提供位置信息服务，并且其应具备相应的传感器以估计位置，另外还必须满足方便、适用性高的要求。基于移动手机的智能多媒体推广使相关研究人员重新思考了这些设备的应用能力，不再受限于语音通信。大多数类型的手机都带有加速度计、麦克风和磁传感器。这些传感器都是独立的，不会相互影响。利用这些内置的传感器，可以开发各种应用程序，智能手机的用途不会仅限于通信。利用智能手机进行地磁室内定位就是一个很好的应用。

芬兰企业 IndoorAtlas 期望借由有效发挥智能手机内置磁力计的功能，并透过其基于云端的地磁地图服务，为用户提供精确度达到 1 m 的室内定位服务。IndoorAtlas 成立于 2012 年，在亚洲已经小有名气，最著名的是在 2014 年的首轮投资获得中国搜索引擎巨擘百度的 1 000 万美元投资，使百度在中国独家使用其室内导航技术。2015 年，IndoorAtlas 与韩国商业服务平台供货商 SKPlanet 签署 300 万美元的合作协议。最近，它还与日本主要的因特网入口网站 Yahoo! Japan 签署了全新的合约。IndoorAtlas 商务长 DanielPatton 介绍该公司的技术时强调：“这种技术十分简单，因为现代化的建筑物都有一种独特的磁场特征。”建筑物的结构和材料与地磁场互动，使每一个楼层都会产生一张独特的磁力图。这张磁力图一旦被记录并储存于云端，就可以用来精确地查找和追踪个人在室内的位置。今天的磁力计已经具有足够的灵敏度来完成这一任务了。IndoorAtlas 的平台即服务（platform as a service，PaaS）提供了开发人员设计室内地理定位地图服务和绘制新位置(如果需要的话)所需的所有内容。图1.5为利用IndoorAtlas工具开发的建筑物磁力图谱。

图1.5　建筑物磁力图谱

目前,基于地磁定位的地图应用程序(App)已能用于iOS手机操作系统中,这意味着拿出iPhone或iPad,就能利用IndoorAtlas公司发布的最新成果进行室内定位导航了(图1.6)。该技术的一个重要特征是不用任何额外硬件设施,IndoorAtlas App就能实现在一幢建筑中1.8米范围内的精确定位,不需要蓝牙信号或Wi-Fi连接。它就像GPS的接班人,在GPS失灵时大显身手。终端用户在室内使用它时,感觉和在户外使用GPS非常相似。在国内,北京识途科技有限公司也已经正式宣布成功研发全球领先的地磁室内定位技术,定位精度平均为1～3 m。据称,该技术初次识别正确率和反应速度都远超国内外同类竞争对手。

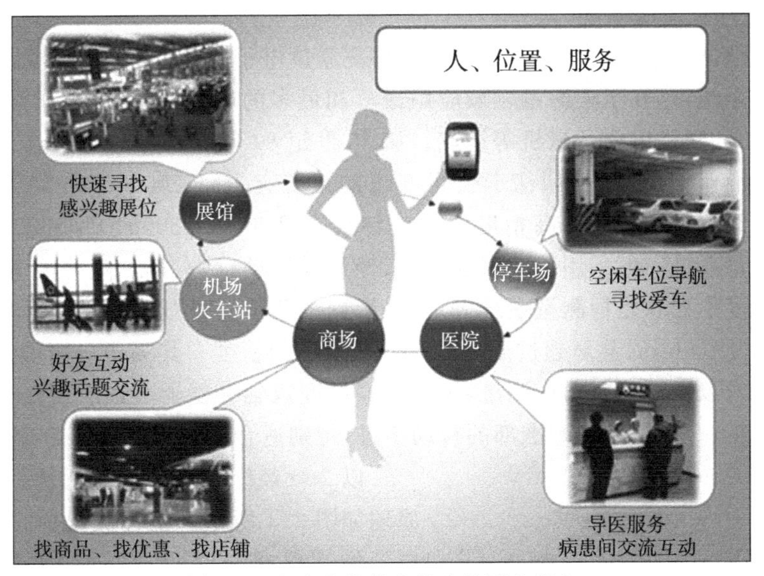

图1.6　室内定位技术带来的诸多服务

地磁技术很好地解决了前面提到的其他室内定位方法存在的问题。首先,地磁室内定位不需要预先铺设信号源,硬件投入成本为零;其次,地磁信号稳定性好,定位精度高;再次,无论苹果还是安卓手机都开放了地磁传感器的开发接口,基于智能手机的地磁定位软件可以跨平台使用。当然,不可否认,地磁定位存在非常高的技术门槛,在全球范围内掌握地磁室内定位技术的公司屈指可数。

第2章　室内定位技术

随着科学技术的发展，测绘行业涉及的范围和领域日趋扩大。室内导航及定位等相关研究正随着这个趋势的发展，引起了更多科研人员的兴趣。目前室内定位技术大致可分为两大类，即无线定位和指纹定位。

§2.1　无线定位技术

2.1.1　三角测量室内定位技术

三角测量系统[29-31]的原理是通过角度测量（直接或间接）来求出空间点的三维坐标，实际原理是通过角度来解算三角形。采用这一原理的测量系统主要有经纬仪测量系统和数字摄影测量系统。

1. 经纬仪测量系统

经纬仪测量系统是由多台（至少2台）高精度电子经纬仪构成的空间角度前方交会测量系统，是在工业测量领域应用最早和最多的一种系统，由电子经纬仪、基准尺、接口和联机电缆及微机等组成。从20世纪80年代开始，许多厂家都相继推出了多个商业化的系统，如徕卡公司推出的系统有RMS2000、ManCAT、ECDS3和AxyzMTM等，采用的高精度电子经纬仪有T2000、T3000、TM5000系列等。经纬仪测量系统一般采用手动照准目标、经纬仪自动读数、逐点观测的方法，因此自动化程度不如球坐标测量系统，但在几米到十几米测量范围内的坐标精度可达到0.02～0.05 mm，甚至超过激光跟踪测量系统的精度。其测角采用静态绝对度盘编码技术以实现绝对角度测量，仪器的高精度双轴补偿器可以实现竖轴的纵横向误差改正，马达可控制照准部的自动步进，特别适合工业测量领域的应用。

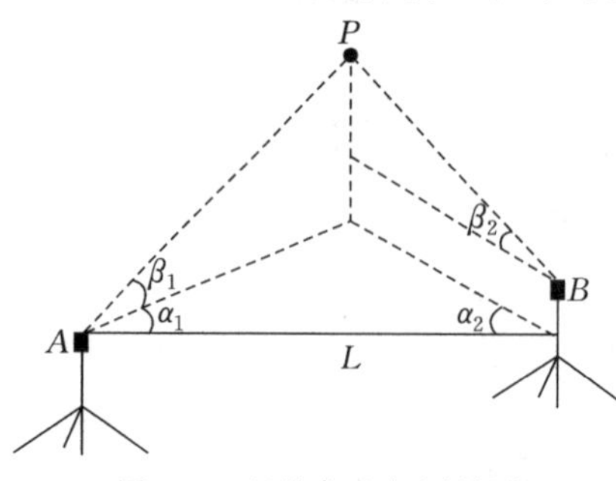

图2.1　经纬仪坐标测量原理

以2台经纬仪测量系统为例，坐标测量原理如图2.1所示。坐标测量前，确定2台电子经纬仪在空间统一坐标系（测量坐标系）中的相对位置和姿态，称为系统定向，这项工作一般由计算机引导完成。系统定向完成后，即可进行实时坐标测量。2台经纬仪观测同一点可获得2个水平角和2个垂直角的数据，再经数据处理可最终得到测点的三维坐标。与球坐标测量系统不同，由于有一个多余的角度观测量，因此，可以对测量结果进行质量控制，从而保证测量结果的可靠性。

坐标测量前要进行仪器间的系统定向是经纬仪测量系统的特点和难点，因为系统定向的精度直接影响坐标测量的精度。系统定向有两种方法：一是采用基于大地测量控制网平差的互瞄法；二是基于摄影测量的光束法平差技术[32-33]。互瞄法定向可以互瞄内觇标或外觇标，但要求经纬仪严格整平，以保证各仪器间的竖轴相互平行；而光束法平差技术实际上是模拟相机的姿态，故不需要整平经纬仪即可进行定向和三维坐标测量。通过对已知长度尺子的测量可获得测量系统的尺度。下面简要介绍一下多台仪器互瞄定向的基本原理。

为方便讨论，仅讨论平面位置的定向问题。对于4台经纬仪而言，假设各台经纬仪间的平面位置关系如图2.2所示。平面坐标系选取以1号仪器中心为坐标系原点，1、2号仪器中心的连线为 x 轴。通过互瞄观测可以得到各仪器中心之间的水平方向观测值 L_{ij}，其中 i 为测站点仪器号，j 为瞄准点仪器号。列出水平方向观测值 L_{ij} 与测站坐标之间的观测方程，经最小二乘平差处理即可得到各点的平面坐标值。

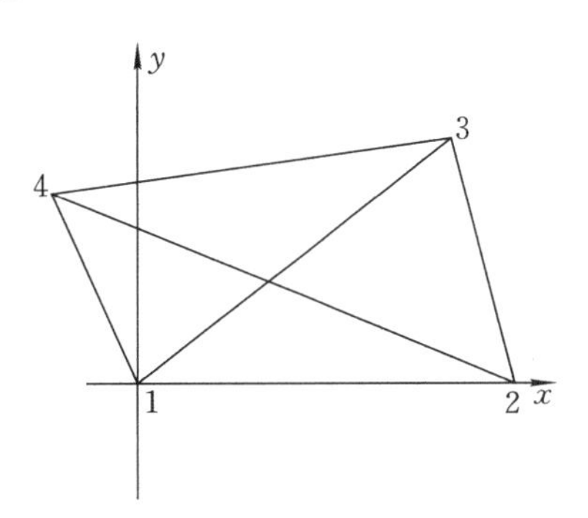

图2.2　4台经纬仪构成的水平网

实际上仪器之间的位置关系是三维的，在水平角测量的同时还观测了仪器中心间的垂直角，构成了所谓的三维网，经三维网平差数据处理可以得到各仪器点的三维坐标。值得一提的是，由于有多余的角度观测量（水平角、垂直角），数据处理完成后还可以计算出测量（定向）结果的精度，因此，可以用来分析和控制定向结果。

电子经纬仪是一种通用的角度测量仪器，可以精确整平，它的望远镜系统特别适用于指导大型设备的安装和调整。另外，T3000A、TM5100A还带有自准直装置的目镜，可应用于工业测量的其他领域（如精密方位传递和准直等），这些特点是其他测量系统所不可替代的。

虽然电子经纬仪已经发展到用马达驱动，但测量系统只能是逐点采集，速度慢。提高采集速度的一个方法是采用能进行面采集的视频经纬仪。视频经纬仪内置有CCD摄像机，通过高精度图像处理，可以同时得到一批点的角度观测值。

2. 数字摄影测量系统

摄影测量在工业测量中的应用一般称为近景摄影测量、非地形摄影测量[34-35]。其发展经历了从模拟、解析到数字方法的变革，硬件也从胶片相机发展到数字（码）相机。数字摄影测量系统的生产厂家和产品很多，如美国GSI公司、挪威Metronor公司等，一般分为单台相机的脱机测量系统、多台相机的联机测量系统，以及摄影基线固定的整体式测量系统等类型。

数字近景摄影测量原理与经纬仪测量原理相类似，它是通过2台高分辨率的数字相机对被测物同时拍摄，得到物体的2个二维数字影像，经计算机图像匹配处理后得到精确的三维坐标。实际上二维影像在像平面坐标系中得到的是二维坐标值(图2.3)，但在摄影测量坐标系(中心投影坐标系)中利用摄影焦距参数可以将像点P'的坐标转换成目标点P的2个角度观测值，其测量原理(包括相机之间的定向原理)和经纬仪测量系统是一致的。由于相机之间无法实现互瞄观测，因此，定向只能采用所谓的光束法平差技术。因为是通过不同位置的相机对多个目标进行同时测量，所以产生了多余的观测量，这就可以解算出相机之间相互位置和姿态的关系。

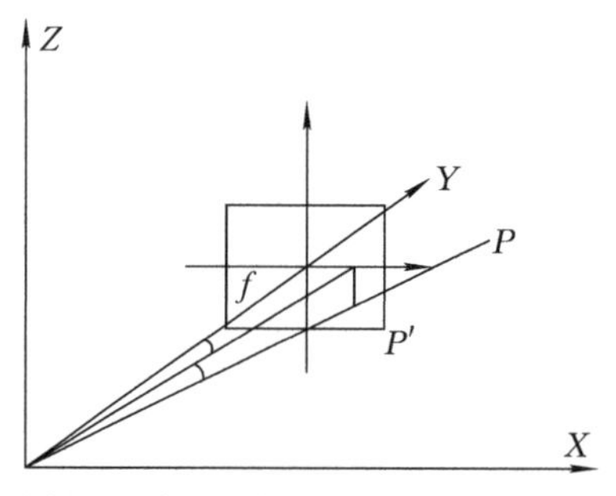

图2.3 摄影测量的坐标系及观测值

对静态目标而言，脱机测量系统可采用单台数字相机，在2个或多个位置对被测物进行拍摄，然后将图像输入计算机(或用图像存储卡拷入)即可进行图像处理，这是一种最为经济的选择。但为了提高图像匹配的精度和速度，需要在物体上贴标志，而且被测点的标志比较讲究，一般采用特制的回光反射标志(retro reflective target)，以便于标志点的识别和自动提取。

2.1.2 红外室内定位技术

红外室内定位有两种：第一种是被定位目标使用红外(infrared radiation，IR)标识作为移动点，发射调制的红外射线，通过安装在室内的光学传感器接收并进行定位；第二种是通过多对发射器和接收器所织的红外线网覆盖待测空间，直接对运动目标进行定位[36-37]。

红外光波长比可见光长，但短于太赫兹辐射。因此，在大多数情况下，红外光是人眼看不见的，使得红外室内定位技术相对于基于可见光的室内定位，具有更少的干扰。

1. 红外室内定位的一般方法

根据基于红外信号的定位系统架构的不同，以及使用红外信号的不同，可以将红外室内定位方法分成3类：①使用一个主动信标；②利用天然的红外成像(即热辐射)；③人造光源。

1)利用主动信标进行室内定位

主动信标的方法是在已知的地点固定放置红外接收器，整个室内空间的位置和移动信标都是未知的。系统的体系结构包括一个为房间进行简单精确定位的接收器,或一个额外的为子房间进行精确定位的有 AOA(Android open accessory,安卓开放配件)功能的接收器[38]。为了实现米级精度或更好的定位效果,基于主动信标的红外跟踪系统必须在每个房间的不同部位配置几个接收器。请注意,红外信号无法穿透不透明的材料,如墙壁和天花板。

早期和最广泛认可的红外室内定位系统之一是活跃的主动标记系统,设计用于房间水平面的人员定位。建筑内的人员戴着主动标记,它以 0.07 Hz 的速度发射出具有独特编码的短红外脉冲信号。该信号由一个固定布设在建筑内部的红外接收器网络所接收。由于主动标记使用的是原点小区(cell of origin,CoO)定位原理,定位精度取决于红外发送器操作范围,精度是 6 m。主动标记的一个主要缺点是它不适用于更新率为 15 s 的实时位置。

2)利用自然红外辐射成像进行室内定位

使用自然红外辐射的定位系统被称为被动红外定位系统[39-40]。传感器在长波长的红外光谱区间(8～15 μm 称为热成像区域)操作时,可以获得周围环境的一个完全被动的自然热辐射图像。因此,它没有必要采用主动红外光源或其他专门的热源。热红外辐射可以用来反映和确定人或物体的温度,而不需要携带标签或任何发射器。现有的热探测器、热相机、宽带探测器(格雷蜂窝小区)、热释电红外传感器等都是用于运动检测,其原理是将电偶转换成电或热梯度的无接触温度测量。但该系统仍然存在一个缺点即太阳的强辐射带来的干扰,它会对被动红外定位方法造成损害。

豪斯蔡尔德和基尔霍夫在 2010 年提出了一种基于被动红外传感器检测人体皮肤热辐射源的定位系统。这种热红外方法利用的是"嗜热菌",这是一个与红外相机相比具有较低分辨率的系列热电偶(即温度传感器元件)。在房间的角落里放置多个传感器,并测量出相对于辐射源的角度,然后经过 AOA 粗略估计出位置信息。通过三角测量,从多个嗜热阵列中确定人的位置。他们通过实验得到的标称精度是分米级。

Ambiplex 在 2011 年时提出了系统的红外光谱"IR · Loc",包括基于自然发出的热辐射的不同定位方案。通过安装在墙壁上的多个传感器来测量热源的入射角,热源的位置可以 50 Hz 的测量频率进行确定。在 10 m 的应用红外工作范围内,标称的定位精度为 20～30 cm。

3)利用人工红外成像进行室内定位

在可见光光谱的操作范围内,基于主动红外光源和红外敏感的 CCD 相机的光学红外室内定位系统,是一种常见的替代光学定位的系统。有学者在 2010 年提出了基于主动红外发光二极管原理,利用红外相机来实现室内定位功能。

众所周知,用于视频游戏控制台的 XBOX Kinect 运动传感装置,就是采用红外摄像头来捕捉连续投射的红外结构光,以获取场景内的三维场景信息。使用者可以同时跟踪 3.5 m 距离范围内辐射频率为 30 Hz 的一个结构框架。在 2 m 的距离范围内，定位精度可达到 1 cm。

红外光谱区域已经通过多种方法应用于人员或对象的跟踪和检测。基于高分辨率的红外传感器系统，人工红外光源检测能够达到亚毫米级精度，而基于主动信标或使用自然红外辐射成像的系统主要用于位置的粗略估计或在一个房间里检测一个人的存在位置。红外室内定位系统的量化性能参数如表 2.1 所示。

表 2.1 红外室内定位系统性能参数

名称	年份	定位原理	标称精度	范围	目标照明	更新率	市场成熟度
Active Badges (Want)	1999 年	原点小区	6 m	可扩展	传输信号	0.1 Hz	产品
Atsuumi	2010 年	偏振光	2%	3 m	照片探测器	—	演示器
Hauschildt	2010 年	到达角	分米级	30 m	自然红外辐射	—	演示器
Ambiplex	2011 年	到达角	20～30 cm	10 m	自然红外辐射	50 Hz	产品
Boochs	2010 年	红外摄像机	0.05 mm	4 m	主动光，LED	—	发展
Lee and Song	2007 年	红外摄像机	分米级	36 m	后反射	30 Hz	发展
AICON ProCam	2011 年	红外摄像机	0.1 mm	车辆	后反射	7 Hz	产品
Hagisonic-StarGazer	2008 年	红外摄像机	厘米级至分米级	可扩展	后反射	20 Hz	产品
Evolution Robotics	2010 年	红外摄像机	厘米级至分米级	36 m	外射投影	10 Hz	产品
Kinect	2011 年	结构光	1 cm	3.5 m	被动	30 Hz	产品

2. 改进的红外织网定位技术

红外线技术已经非常成熟，用于室内定位精度相对较高，但是由于红外线只能实现视距传播，穿透性极差(可以参考家里的电视遥控器)，当标识被遮挡时就无法正常工作，也极易受灯光、烟雾等环境因素影响。此外，红外线的传输距离不长，使其在布局上，无论采用哪种方式，都需要在每个遮挡背后甚至转角安装接收端，复杂的布局使得成本提升，而定位效果有限。红外室内定位技术比较适用于实验室对简单的物体轨迹精确定位记录，以及室内自走机器人的定位。

随着红外室内定位技术的发展，目前应用广泛的方法主要基于由广东财经大学经济与管理实验教学中心 ERP 重点实验室提出的“红外织网”概念。所谓“织网”，就是让通过多对红外发射器和红外接收器交叉组成的探测信号网来覆盖待测空间，完成对运动目标的精确定位。与其他室内定位技术相比，这种技术中运动目标无须增加辅助设备。另外，用户可以根据室内空间的大小来配置红外接收器的数目，其定位精度仍保持良好，较灵活地实现了系统的可扩展性和易部署性。

1)改进的主动红外对射传感器

红外对射传感器是一种广泛用于安防报警产品的传感器。主动红外对射传感器由红外发射器和红外接收器组成。红外发射器用来发射经过调制编码后的脉冲式红外光束，红外接收器用来接收解码脉冲式红外光束，两者相对设置在监控检测区的两端。当有物体进入检测区时，红外光束被物体阻断，红外接收器因脉冲式红外信号被阻断而导致不能正确接收红外信号，即可向控制主机发送报警信号。目前，红外对射传感器可分为单点式和栅状两种。其中，单点式红外对射传感器感应为单条线，感应面积小，当物体通过时，容易出现漏检测；栅状红外对射传感器由多组红外对射传感器构成，感应面积大，对通过物体的检测很准确。如图 2.4 所示，栅状红外对射传感器的右边一条是红外发射条，左边是红外接收条，红外发射管和红外接收管一一对应，当有人或物体进入检测区时会挡住红外信号，接收端红外接收管接收不到信号就可以检测出有物体通过。

如图 2.5 所示，改进的主动红外对射系统由红外发射器 A、红外发射器 B、红外接收器、主机组成。红外接收器、红外发射器 A、红外发射器 B 分别和主机相连，连线包括电源线、信号线、控制线等；主机和外部连接有电源线、报警输出线。其中，红外发射器 A 和红外发射器 B 是由多个大功率红外发射模块组成的广角大功率红外发射器；红外接收器由多条 1 m 长的红外接收条一一串联组成，最长可以串联 30 个红外接收条，即最长可达 30 m，而每条红外接收条里面有 10 个红外接收器，即最小刻度是 0.1 m。

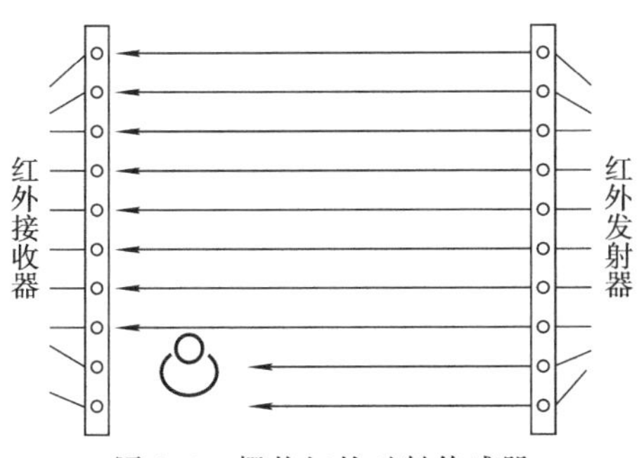

图 2.4　栅状红外对射传感器

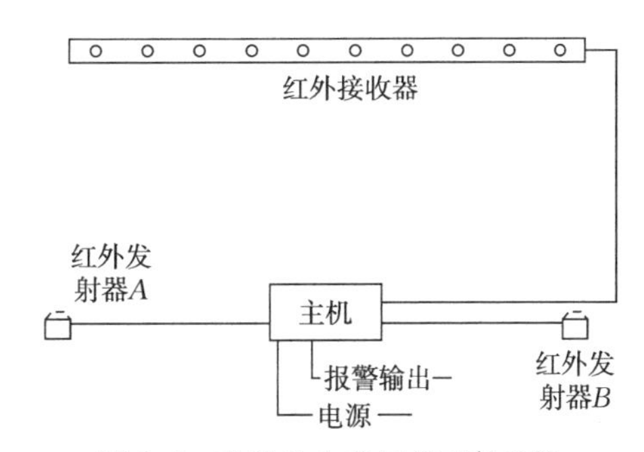

图 2.5　改进的主动红外对射系统

如图 2.6 所示，只要有物体遮挡住红外发射器 A 或红外发射器 B 发射的红外信号，红外接收器就会有一个或多个接收器接收不到信号，于是立即输出有效数据示警。为了加大有效检测区域，使用两个红外发射器，分别安装在两头，图 2.6 中的实线区域就是实际使用的检测区域。

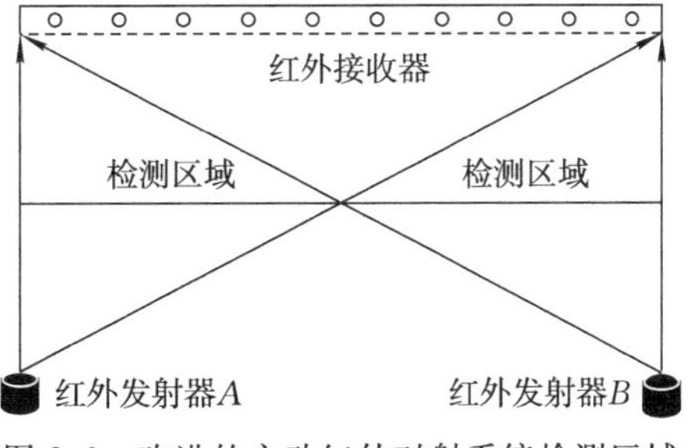

图 2.6　改进的主动红外对射系统检测区域

2)红外织网模型

虽然改进的主动红外对射传感器对室内矩形空间进行检测有盲区,但通过2套改进的主动红外对射传感器,就可以完全覆盖整个室内矩形空间,如图2.7所示。红外织网模型由4个红外发射器、左右2条红外接收条、主机构成。红外发射器发射探测信号,在空间覆盖探测信号网,由红外信号接收条接收探测信号。其中,红外发射器1、红外发射器2发射探测信号,对应的红外接收条B接收;同理,红外发射器3、红外发射器4和红外接收条A对应。

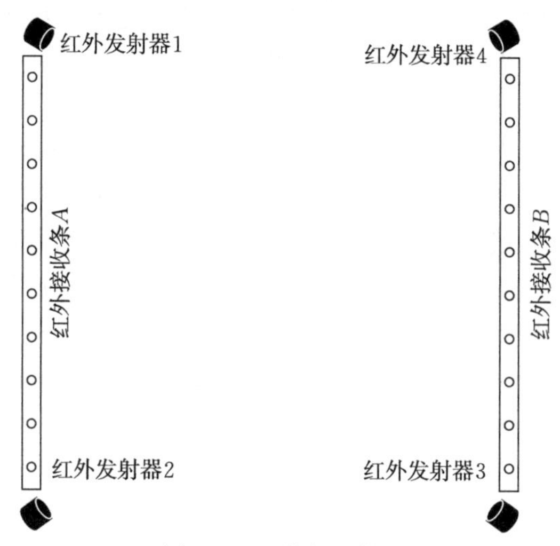

图2.7 红外织网模型

3)红外织网模型几何计算

红外织网模型的几何结构如图2.8所示。

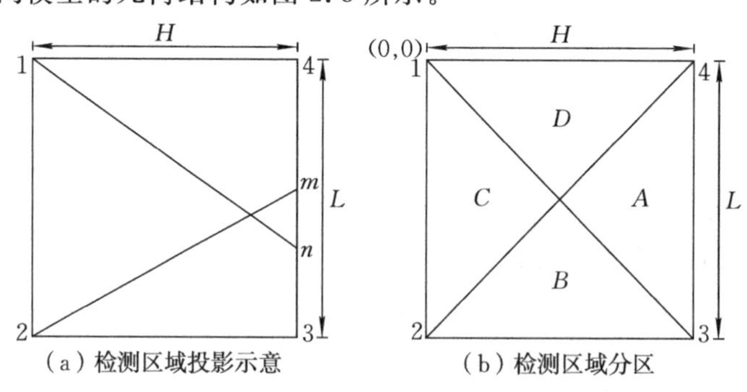

图2.8 红外织网模型的几何结构(检测区域)

如果有人进入检测区域,如图2.8(a)所示,发射器2发射探测信号,经过人体遮挡投影在线段34上面的m、n点,则可对其建立数学坐标来定位移动的人体。定义1点为坐标原点(0,0),线段14的长度是现场环境决定,即已知量H;同理,线段 34 长度为 L，也是现场环境决定，是已知量。利用辅助线通过平面几何即可算出人体位置点的坐标(x,y)。

如图 2.8(b)所示，把检测区域分为 A、B、C、D 等 4 个区间，根据待定位的运动物体进入检测区域的位置不同，分 A、B、C、D 和多区间交界几种情况来计算实际坐标值。

以待定位物体进入检测区域 A 为例。如图 2.9 所示，红外发射器 1 和红外发射器 2 发射信号，相对应的接收条有遮挡，定位于检测区域 A；1 号红外发射器发射信号，红外接收条被遮挡并且遮挡数据为 m，2 号红外发射器的遮挡数据为 n；建立坐标系并作辅助线，可得

$$\frac{m-n}{L}=\frac{H-x}{x} \tag{2.1}$$

$$\frac{m-y}{y}=\frac{m-n}{L} \tag{2.2}$$

由式(2.1)和式(2.2)可以推算出

$$\left.\begin{aligned} x&=\frac{HL}{m-n+L} \\ y&=\frac{mL}{m-n+L} \end{aligned}\right\} \tag{2.3}$$

同理，可以计算出待定位物体进入其他 3 个检测区域的位置信息。

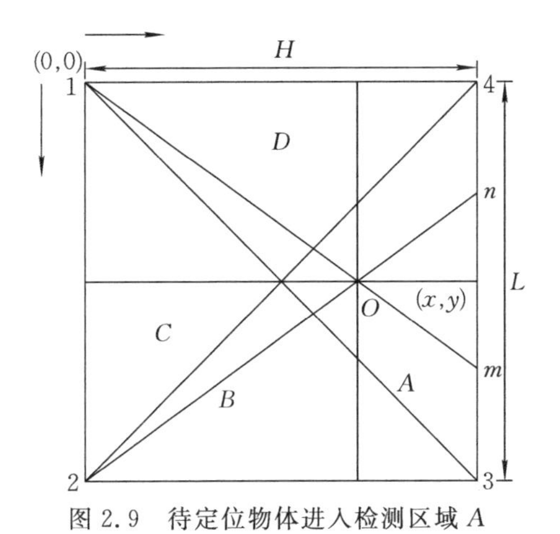

图 2.9　待定位物体进入检测区域 A

2.1.3　超声波室内定位技术

1. 超声波定位的基本原理

随着机器人技术的迅速发展，开发面向家庭的服务机器人已是必然的趋势，其核心问题是如何获取真实有效的机器人位置信息，以及如何利用位置信息实现机

器人的自主运动。如果采用机器视觉、雷达探测等技术，机器人大多需携带多种设备，不但成本高，对计算速度和精度的要求较高，而且获取环境信息有限，很大程度上限制了机器人在室内环境中的广泛应用。超声波装置价格低廉、装置简单、经济实用、工作稳定，因此，具有一定的推广性。

已经获得广泛应用的无线电定位系统的基本原理是通过接收几个固定位置的发射点的无线电波，从而得到主体到这几个发射点的距离，经计算后即可得到主体的位置。超声波定位的原理与此相仿，只不过由于超声波在空气中的衰减较大，它只适用于较小的范围。超声波室内定位系统[41-42]是基于超声波测距系统而开发的，由若干个应答器和主测距器组成。其工作原理为：主测距器放置在被测物体上，向位置固定的应答器发射无线电信号，应答器在收到信号后向主测距器发射超声波信号，利用反射式测距法和三角测量定位等算法确定物体的位置。

超声波通常是指频率超过 20 kHz 的声波，具有指向性强、发射出去后能量消耗比较缓慢、在介质中传播的距离较远等特点，因此，超声波经常被应用于距离的测量。超声波测距的方法有多种，如相位检测法、声波幅值检测法和时间差探测法等。相位检测法是通过测量返回波与发射波之间相差多少相位判断距离；声波幅值检测法是通过看回波的幅度大小判断距离；时间差探测法是通过回波的返回时延判断距离。相位检测法虽然精度高，但检测范围有限；声波幅值检测法易受反射波的影响。

前人在研究超声波定位时，最常用的方法是时间差探测法，又称渡越时间差检测法，即在声速已知的情况下，通过测量超声波回声所经历的时间来获得距离。超声波发射器向某一方向发射超声波，在发射时刻同时开始计时，超声波在空气中传播，途中碰到障碍物就立即返回来，超声波接收器收到反射波就立即停止计时。超声波在空气中的传播速度 $v=340$ m/s，根据计时器记录的时间 t，就可以计算出发射点至障碍物的距离 S，即 $S= vt/2$。时间差探测法测距原理如图 2.10 所示。

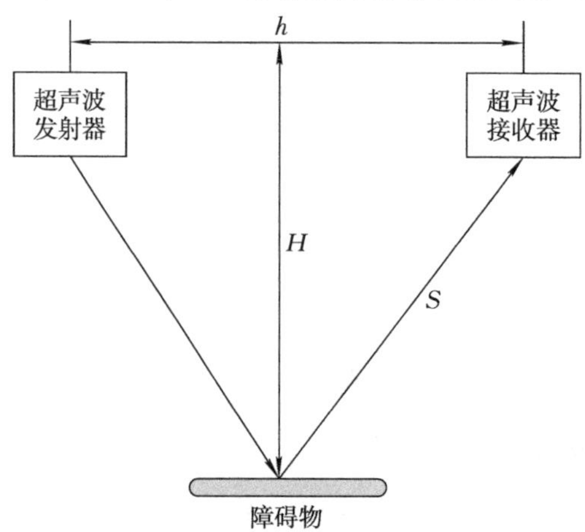

图 2.10　时间差探测法测距原理

超声波在发射之后，由于介质的干扰，它的能量会降低，为了避免这种情况导致误差增大，在实现超声波测距时采用单向测距法。所谓单向测距法，就是由被测物体发射超声波，然后由固定的超声波接收节点接收超声波，根据测量法得到距离值，再结合特定的定位算法计算出被测物体位置。

超声波室内定位整体精度很高，达到了厘米级，其结构相对简单，有一定的穿透性，而且超声波本身具有很强的抗干扰能力。但是超声波在空气中的衰减较大，不适用于大型场合，加上反射测距时受多径效应和非视距传播影响严重，需要大量投资用于配备精确分析计算的底层硬件设施，成本太高。超声波定位技术在数码笔方面已经被广泛利用，海上探矿也用到了此类技术，而在室内定位方面还主要用于无人车间的物品定位。

超声波在空气中的传播距离一般只有几十米。短距离的超声波测距系统已经在实际中有所应用，测距精度为厘米级。超声波定位系统可用于无人车间等场所中的移动物体定位。其具体实现有两种方案。

方案一：在三面有墙壁的场所，利用装在主体上的反射式测距系统可以测得主体到三面墙壁的距离。如果以三面墙壁的交点为原点建立直角坐标系，则可直接得到主体的三个直角坐标，如图2.11所示。

这种方案在实际应用中受到某些限制。首先，超声波传感器必须与墙面基本保持垂直；其次，墙壁表面必须平整，不能有凸出和凹进；再次，传感器与墙壁之间也不能有其他物体。这在很大程度上影响了其实际使用的效果。

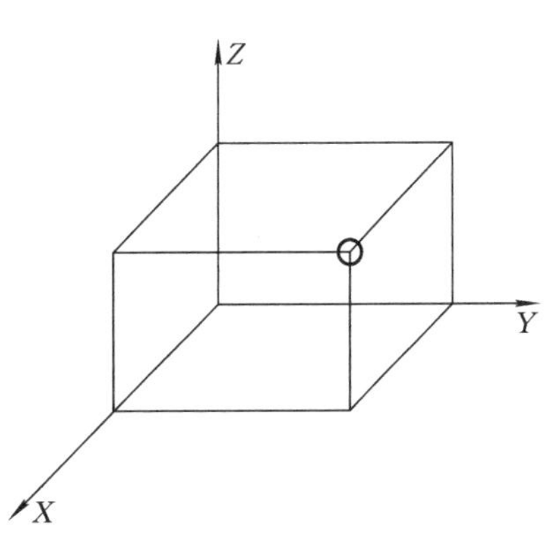

图2.11　利用三面垂直的墙面进行超声波室内定位

方案二：在空间的某些固定位置上设立超声波发射装置，主体上设立超声波接收器（反之亦可），分别测量主体到各发射点的距离，经过计算后便可得到主体的位置。由于超声波的传播具有一定的发散性及绕射作用，这种方法所受的空间条件限制较少。即使在主体与发射点之间有障碍物，只要不完全阻断超声波的传播系统，仍然可以工作。故本书重点介绍这种方法。发射点的位置通常按直角方位配置。以三维空间为例，可在坐标原点及$(X,0,0)$、$(0,Y,0)$三个位置布置发射点，如图2.12所示。

主体坐标(x,y,z)到三个发射点的距离分别为L_1、L_2、L_3，由图2.12可得三角关系为

$$x^2+y^2+z^2=L_1^2 \tag{2.4}$$

$$(X-x)^2+y^2+z^2=L_2^2 \tag{2.5}$$

$$x^2+(Y-y)^2+z^2=L_3^2 \tag{2.6}$$

求解方程可得

$$x=\frac{(L_1^2-L_2^2+X^2)}{2X} \tag{2.7}$$

$$y=\frac{(L_1^2-L_3^2+Y^2)}{2Y} \tag{2.8}$$

$$z=\sqrt{L_3^2+L_2^2-L_1^2-(X-x)^2-(Y-y)^2} \tag{2.9}$$

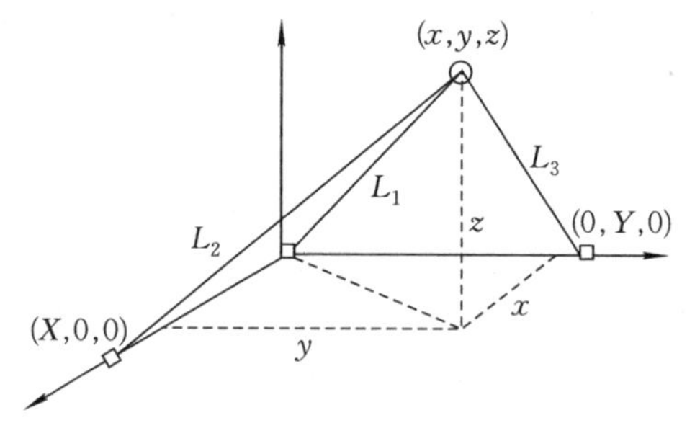

图 2.12 超声波室内定位的距离与坐标换算

对于较大的空间，可以通过在坐标轴方向多布置一些发射点的方法来进行定位。

2. 定位算法

如果想要实现移动机器人的自主运动，必须首先解决机器人的定位问题，让机器人知道自己在哪里，明确自己所在环境的具体方位。只有这个问题解决了，通过机器人遍历室内环境建立地图和路径规划才有意义。因此，在超声波定位系统中选取合适的计算方法计算机器人的位置很重要，如果选取的计算方法合适可以节省计算量。

目前，常用的节点定位算法以定位的方式不同可以分为两大类：基于测距的算法和无须测距的算法。基于测距的算法是通过测量节点间的距离或角度信息，使用三边测量、三角测量或最大似然估计定位方法计算节点位置；无须测距的算法不需要距离和角度信息，而是根据网络连通性等信息来实现节点定位，该类算法有质心法、基于距离矢量计算跳数的算法、无定形的算法及三角形内点的点近似定位算法、基于方向的节点定位算法等。目前，有多种算法可以应用于超声波室内定位，主要为三边测量法、三角测量法、最大似然估计法。

1）三边测量法

三边测量法如图 2.13 所示，已知 A、B、C 三个节点的坐标分别为(x_a, y_a)、(x_b, y_b)、(x_c, y_c)，它们到未知节点 D 的距离分别为 d_a、d_b、d_c，设 D 的坐标为(x, y)。

那么，可以获得一个非线性方程组，即

$$\left.\begin{aligned}\sqrt{(x-x_a)^2+(y-y_a)^2}&=d_a\\\sqrt{(x-x_b)^2+(y-y_b)^2}&=d_b\\\sqrt{(x-x_c)^2+(y-y_c)^2}&=d_c\end{aligned}\right\}\tag{2.10}$$

通过解这个非线性方程组，就可以得到 D 点的坐标 (x,y) 为

$$\begin{bmatrix}x\\y\end{bmatrix}=\begin{bmatrix}2(x_a-x_c) & 2(y_a-y_c)\\2(x_b-x_c) & 2(y_b-y_c)\end{bmatrix}^{-1}\begin{bmatrix}x_a^2-x_c^2+y_a^2-y_c^2+d_c^2-d_a^2\\x_b^2-x_c^2+y_b^2-y_c^2+d_c^2-d_b^2\end{bmatrix}\tag{2.11}$$

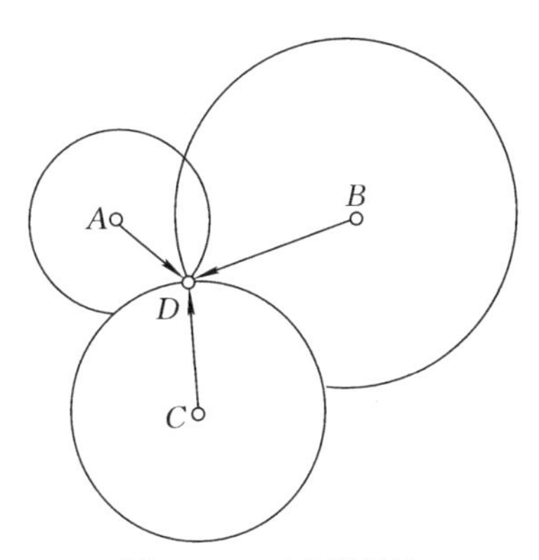

图 2.13　三边测量法

2)三角测量法

三角测量法可以实现定位目标的中心计算，以下为定位算法的具体原理，如图 2.14 所示。已知 A、B、C 三个节点的坐标分别为 (x_a,y_a)、(x_b,y_b)、(x_c,y_c)，未知节点 D 相对于节点 A、B、C 的角度分别为 $\angle ADB$、$\angle ADC$、$\angle BDC$，设 D 的坐标为 (x,y)。

对于节点 A、C 和 $\angle ADC$，如果弧段 AC 在 $\triangle ABC$ 内，那么能够唯一确定一个圆。设圆心为 $O_1(x_{O_1},y_{O_1})$，半径为 r_1，则有 $\alpha=\angle AO_1C=2\pi-2\angle ADC$，并得到

$$\left.\begin{aligned}\sqrt{(x_{O_1}-x_a)^2+(y_{O_1}-y_a)^2}&=r_1\\\sqrt{(x_{O_1}-x_c)^2+(y_{O_1}-y_c)^2}&=r_1\\(x_a-x_c)^2+(y_a-y_c)^2&=2r_1^2(1-\cos\alpha)\end{aligned}\right\}\tag{2.12}$$

由式(2.12)可以确定圆心 O_1 点的坐标和半径 r_1。同理，对 A、B、$\angle ADB$ 和 B、C、$\angle BDC$ 分别确定相应的圆心 $O_2(x_{O_2},y_{O_2})$ 和半径 r_2、圆心 $O_3(x_{O_3},y_{O_3})$ 和半径 r_3。

最后用三边测量法，均可由 r_1、r_2、r_3、$O_1(x_{O_1},y_{O_1})$、$O_2(x_{O_2},y_{O_2})$ 和 $O_3(x_{O_3},y_{O_3})$ 得到 D 的坐标。

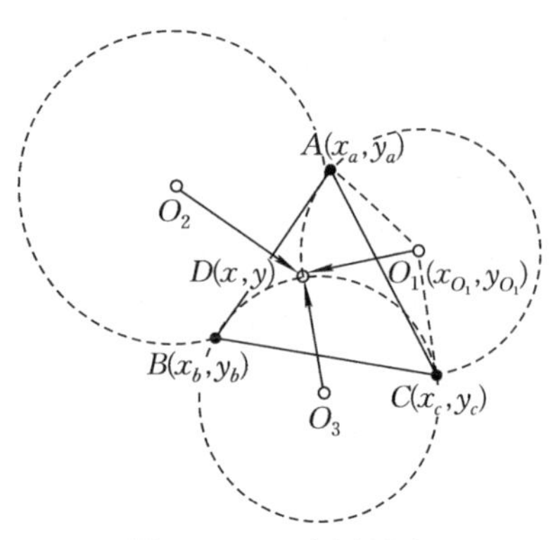

图 2.14　三角测量法

3)最大似然估计法

已知1、2、3等 n 个节点的坐标分别为 (x_1, y_1)、(x_2, y_2)、(x_3, y_3)、…、(x_n, y_n),以及它们到未知节点 D 的距离分别为 d_1、d_2、d_3、…、d_n,设 D 的坐标为 (x, y)。应用最大似然估计法则有

$$\left.\begin{array}{r}(x_1 - x)^2 + (y_1 - y)^2 = d_1^2 \\ \vdots \\ (x_n - x)^2 + (y_n - y)^2 = d_n^2\end{array}\right\} \tag{2.13}$$

从式(2.13)的第一个方程开始分别减去最后一个方程,得

$$\left.\begin{array}{r}x_1^2 - x_n^2 - 2(x_1 - x_n)x + y_1^2 - y_n^2 - 2(y_1 - y_n)y = d_1^2 - d_n^2 \\ \vdots \\ x_{n-1}^2 - x_n^2 - 2(x_{n-1} - x_n)x + y_{n-1}^2 - y_n^2 - 2(y_{n-1}^2 - y_n)y = d_{n-1}^2 - d_n^2\end{array}\right\} \tag{2.14}$$

式(2.14)的矩阵形式为 $\boldsymbol{AX} = \boldsymbol{b}$,其中

$$\boldsymbol{A} = \begin{bmatrix} 2(x_1 - x_n) & 2(y_1 - y_n) \\ \vdots & \vdots \\ 2(x_{n-1} - x_n) & 2(y_{n-1} - y_n) \end{bmatrix}$$

$$\boldsymbol{b} = \begin{bmatrix} x_1^2 - x_n^2 + y_1^2 - y_n^2 + d_n^2 - d_1^2 \\ \vdots \\ x_{n-1}^2 - x_n^2 + y_{n-1}^2 - y_n^2 + d_n^2 - d_{n-1}^2 \end{bmatrix}$$

$$\boldsymbol{X} = \begin{bmatrix} x \\ y \end{bmatrix}$$

用最小均方差估计可以得到节点 D 的坐标估计值,即 $\hat{\boldsymbol{X}} = (\boldsymbol{A}^{\mathrm{T}}\boldsymbol{A})^{-1}\boldsymbol{A}^{\mathrm{T}}\boldsymbol{b}$。

2.1.4 射频识别室内定位技术

1. 射频识别的原理及标准

射频识别(radio frequency identification,RFID)[43-47],又称电子标签(E-Tag),是一种利用射频信号自动识别目标对象并获取相关信息的技术。由于传统的定位技术不能满足室内定位环境和精度的要求,RFID技术所具有的非接触和非视距等优点使其成为室内定位技术的优选。

RFID室内定位技术利用射频方式,通过固定天线把无线电信号调成电磁场,附着于物品的标签上,进入磁场后生成感应电流把数据传送出去,以多对双向通信交换数据达到识别和三角定位的目的(如感应门禁卡和商场防盗系统)。

RFID室内定位技术作用距离很近,但它可以在几毫秒内得到厘米级的定位精度,并且由于电磁场具有非视距等优点,传输范围很大,而且标识的体积比较小,造价比较低。但其不具有通信能力,抗干扰能力较差,不便于整合到其他系统之中,并且用户的安全隐私保障和国际标准化都不够完善。RFID室内定位技术已经被仓库、工厂、商场广泛使用在货物、商品流转定位上。

作为一种将深入影响每个人日常生活的技术,为了实现对世界范围内的物品进行统一管理,同时也为了规范标签及读写器的开发工作,以解决RFID系统的互联和兼容问题,RFID技术规范势在必行。RFID技术的标准化是当前亟须解决的重要问题,各国及相关国际组织都在积极推进RFID技术标准的制定。目前,还未形成完善的关于RFID技术的国际和国内标准。RFID技术的标准化涉及标识编码规范、操作协议及应用系统接口规范等多个部分。其中,标识编码规范包括标识长度、编码方法等,操作协议包括空中接口、命令集合、操作流程规范等。当前RFID技术相关规范主要有欧美的产品电子代码(electronic product code,EPC)规范、日本的泛在识别(Ubiquitous ID,UID)规范和ISO 18000系列标准。其中,ISO标准主要定义标签和读写器之间互操作的空中接口。

2. RFID技术研究

当前,RFID技术研究主要集中在工作频率选择、天线设计、防冲突技术和安全与隐私保护等[48-49]方面。

1)工作频率选择

工作频率选择是RFID技术中的一个关键问题。工作频率的选择既要适应各种应用需求,还需要考虑各国对无线电频段使用和发射功率的规定。当前RFID工作频率跨越多个频段,如表2.2所示,不同频段具有各自优缺点,它不仅影响标签的性能和尺寸大小,还影响标签与读写器的价格。此外,无线电发射功率的差别也会影响读写器的作用距离。

表 2.2 RFID 频段特性

频段	描述	作用距离	穿透能力
125～134 kHz	低频	45 cm	能穿透大部分物体
13.553～13.567 MHz	高频	1～3 m	勉强穿透金属和液体
400～1 000 MHz	超高频	3～9 m	穿透能力较弱
2.45 GHz	微波	3 m	穿透能力较弱

2)RFID 天线设计

受应用场合的限制，RFID 标签通常需要贴在不同类型、不同形状的物体表面，甚至需要嵌入物体内部。RFID 标签在要求低成本的同时，还要求有较高的可靠性。此外，标签天线和读写器天线还分别承担接收能量和发射能量的任务，这些对天线的设计提出了严格要求。当前对 RFID 天线的研究主要集中在研究天线结构和环境因素对天线性能的影响上。

3)防冲突技术

鉴于多个电子标签工作在同一频率，当它们处于同一个读写器作用范围内时，在没有采取多址访问控制机制的情况下，信息传输过程将产生冲突，导致信息读取失败。同时，多个读写器之间工作范围重叠也将造成冲突。根据电子标签工作频段的不同，人们提出了许多防冲突算法。对于标签冲突，在高频(high frequency，HF)频段，防冲突算法一般采用经典的 ALOHA 协议。在超高频(ultra high frequency，UHF)频段，主要采用树分叉算法来避免冲突。这两种标签防冲突方法均属于时分多址访问(time division multiple access，TDMA)方式，应用比较广泛。除此之外，还有人提出了频分多址访问(frequency division multiple access，FDMA)和码分多址访问(code division multiple access，CDMA)方式的防冲突算法，主要应用于超高频和微波等宽带应用场景。

4)安全与隐私保护

RFID 技术安全问题集中在对个人用户的隐私保护、对企业用户的商业秘密保护、对 RFID 系统的攻击防范，以及利用 RFID 技术进行安全防范等多个方面。

3. RFID 室内定位的典型算法

最近几年，人们已经研究出许多适用于 RFID 室内定位系统的算法，总结起来主要有临近法、最小二乘估计法、基于贝叶斯滤波理论的算法。除了上述方法外，还有基于场景分析、卡尔曼滤波、神经网络和最小 M 顶点向量多边形(small M-vertex polygon，SMP)等算法。下面主要介绍一些 RFID 室内定位领域的基于信号强度的经典定位算法。

1)临近法

临近法提供了目标与象征物之间的位置信息。一般来说，这个算法需要密集的天线网格，网格中的每个天线都有已知的位置。当一个移动目标被网格中的一个天线检测到时，就认为目标被该天线所收集；当目标被多于一个天线检测到时，认为目标被接收到最强信号的天线所收集。这种方法相对来说比较容易实施。

假设系统现有 n 个 RFID 阅读器、m 个参考标签和 u 个待定位标签，阅读器在连续工作模式下。定义待定位标签的信号强度矢量为 $\boldsymbol{S}=(S_1,S_2,\cdots,S_n)$，其中 S_i 表示待定位标签在阅读器 i 上的接收信号强度指示(received signal strength indication，RSSI)，$i\in\{1,\cdots,n\}$。对于参考标签，定义相应的信号强度矢量 $\boldsymbol{\theta}=(\theta_1,\theta_2,\cdots,\theta_n)$，其中 θ_i 表示参考标签在阅读器 i 上的 RSSI，$i\in\{1,\cdots,n\}$。对于每个待定位标签 P，$P\in\{1,\cdots,u\}$，定义信号强度均方差为

$$E_j=\sqrt{\sum_{i=1}^{n}(\theta_i-S_i)^2} \tag{2.15}$$

式中，$j\in\{1,\cdots,m\}$。通过 E 值来表示参考标签和待定位标签之间信号距离关系，E 值越小表示参考标签和待定位标签越近。

待定位标签的坐标 (x,y) 可用式(2.16)计算得到。

$$\left.\begin{aligned}\begin{bmatrix}x\\y\end{bmatrix}&=\sum_{i=1}^{k}\omega_i\begin{bmatrix}x_i\\y_i\end{bmatrix}\\ \omega_i&=\frac{\dfrac{1}{E_i^2}}{\displaystyle\sum_{i=1}^{k}\frac{1}{E_i^2}}\end{aligned}\right\} \tag{2.16}$$

当参考标签密度较高时，信号间的干扰也较大，定位误差也较大。

2)最小二乘估计法

该方法实施过程中，一般先要建立关于目标位置的一组超定方程，然后再使用最小二乘估计法求得目标的位置。在基于信号强度的方法中，可用大尺度传输损耗模型建立关于目标位置的方程组。

为了便于描述，采用4个信号阅读器进行位置估计计算，如图2.15所示，可以通过以下步骤估计定位标签的坐标。

(1)使用大尺度路径传输损耗模型和阅读器测量所得 RSSI，计算待定位标签到4个阅读器的几何距离 d_1、d_2、d_3、d_4。

(2)设4个阅读器的坐标为 (x_1,y_1)、(x_2,y_2)、(x_3,y_3)、(x_4,y_4)，待定位标签的坐标为 (x_0,y_0)，可得

$$\begin{aligned}(x_0-x_1)^2+(y_0-y_1)^2&=d_1^2\\(x_0-x_2)^2+(y_0-y_2)^2&=d_2^2\\(x_0-x_3)^2+(y_0-y_3)^2&=d_3^2\\(x_0-x_4)^2+(y_0-y_4)^2&=d_4^2\end{aligned}$$

进一步简化方程组可得

$$x_0m_1 + y_0n_1 = k_1$$
$$x_0m_2 + y_0n_2 = k_2$$
$$x_0m_3 + y_0n_3 = k_3$$

其中

$$m_i = x_{i+1} - x_i$$
$$n_i = y_{i+1} - y_i$$
$$k_i = \frac{1}{2}[(d_i^2 - d_{i+1}^2) + (x_{i+1}^2 - x_i^2) + (y_{i+1}^2 - y_i^2)]$$
$$i = 1,2,3$$

上面线性方程组可表示为

$$\boldsymbol{AX} = \boldsymbol{b}$$

其中

$$\boldsymbol{A} = \begin{bmatrix} m_1 & n_1 \\ m_2 & n_2 \\ m_3 & n_3 \end{bmatrix}, \quad \boldsymbol{b} = \begin{bmatrix} k_1 \\ k_2 \\ k_3 \end{bmatrix}, \quad \boldsymbol{X} = \begin{bmatrix} x_0 \\ y_0 \end{bmatrix}$$

它的最小二乘解为 $\hat{\boldsymbol{X}} = (\boldsymbol{A}^{\mathrm{T}}\boldsymbol{A})^{-1}\boldsymbol{A}^{\mathrm{T}}\boldsymbol{b}$,则 $\hat{\boldsymbol{X}}$ 即为目标位置。

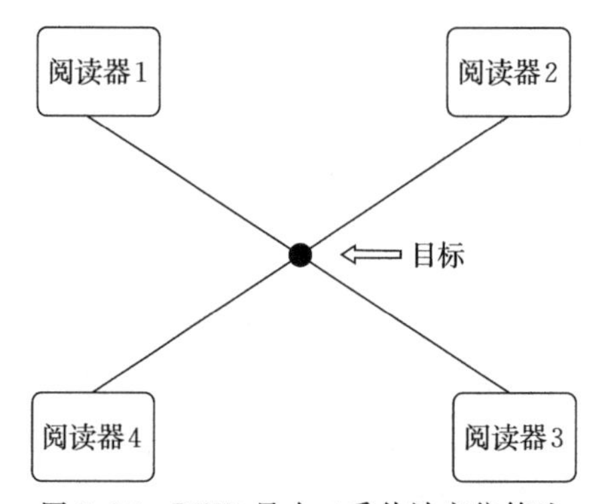

图 2.15 RFID 最小二乘估计定位算法

3)基于贝叶斯滤波理论的算法

该方法首先要建立先验概率模型和后验概率模型。先验概率模型用于在 $k-1$ 时刻预测目标在 k 时刻可能会出现的位置的概率;随后在 k 时刻,由阅读器的测量值建立目标位置的后验概率模型。利用这两个模型最终可求解出目标的位置。

设 $Z_k = \{z_i \mid i = 1,2,\cdots,k\}$ 表示到 k 时刻为止获得的所有测量值的集合,其中 z_i 表示 i 时刻获得的测量值。用 $P(X_k \mid Z_k)$ 表示在已知测量集合 Z_k 的条件下,待定位标签处于 X_k 位置的概率,其中 X_k 代表待定位标签的可能位置。假设测量值之间彼此独立,根据贝叶斯公式便可导出

$$P(X_k \mid Z_k) = CP(z_k \mid X_k)P(X_k \mid Z_{k-1}) \tag{2.17}$$

式中，C 为常数，$P(z_k \mid X_k)$ 表示待定位标签处于位置 X_k 时获得测量值 z_k 的概率，$P(X_k \mid Z_{k-1})$ 表示在未获得 k 时对待定位标签位置的预测概率。

先验概率 $P(X_k \mid Z_{k-1})$ 可通过待定位标签的运动模型描述。室内定位中通常采用的运动模型有两种：一种是整个或某一范围的室内空间的均匀分布概率模型，另一种是高斯分布概率模型。由于标准差 σ 趋于无穷大时，高斯分布概率模型将趋于均匀分布概率模型。为不失一般性，下面讨论中总是使用高斯分布概率模型描述 $P(X_k \mid Z_{k-1})$，即

$$P(X_k \mid Z_{k-1}) = \frac{1}{\sigma_1\sqrt{2\pi}}\mathrm{e}^{\frac{D_1^2}{2\sigma_1^2}} \tag{2.18}$$

式中，D_1 表示待定位标签到某个阅读器的距离；σ_1 表示测量距离的不确定方差，其值与待定位标签的运动模型、室内的噪声环境等有关。

由以上各式便可得到 k 时刻待定位标签在室内空间位置的概率分布函数，定位问题就变为从概率分布函数中求得具有最大概率位置的问题。

2.1.5　蓝牙室内定位技术

1. 蓝牙室内定位原理

随着无线通信技术的迅速发展，智能移动终端设备的普及应用不断创新。同时，智能移动终端设备的普及为无线通信技术的发展提供了广泛的应用空间。例如：无线通信技术为商场的室内定位导航系统的实现提供了保证，其通过对顾客的兴趣进行引导，或有针对性地分析顾客的兴趣，为他们推荐感兴趣的商品，并为顾客指引明确的方向，让顾客在庞大的商场获得方便快捷的购物体验。

蓝牙是一种用于两个设备的短距离无线通信技术[50-51]，由于具有成本低等特点，可以取代传统的电缆，为数据网络和小型外围设备提供方便的连接(图 2.16)。蓝牙 4.0 较之前的蓝牙技术，最明显的是低功耗，即使不关闭蓝牙，手机的待机能力也不会明显减弱。

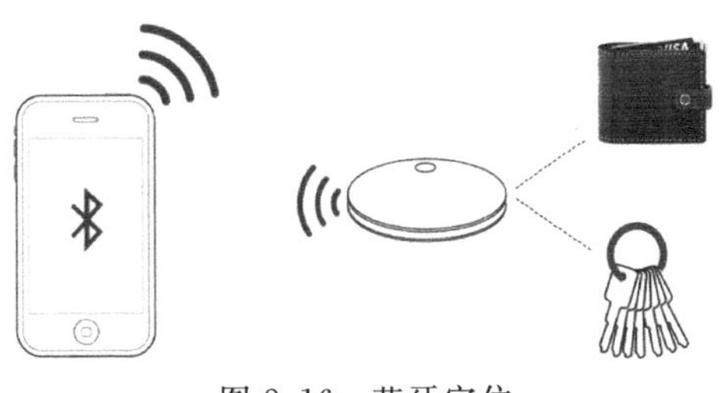

图 2.16　蓝牙定位

此外，3 ms 瞬间连接技术的加入使得蓝牙 4.0 成为设备之间较好的连接桥梁，解决了以往蓝牙建立连接时间过长的致命缺点。蓝牙 4.0 标准规范(2010 年发布)中提供了一些与位置估计相关的参数，包括接收信号强度指标(RSSI)值和链路质量(link quality，LQ)值，因此，可用于定位。2023 年 1 月蓝牙 5.4 正式发布，性能有更大提升。

常用的 RSSI 定位方法包括基于距离(range-based)的定位算法和与距离无关

(range-free)的定位算法。其中,采用 RSSI 进行测距定位的方法,通常是利用相关的模型建立 RSSI 和距离之间的关系曲线,得到 RSSI 和距离两者之间的函数关系式,或者是采用一定的方法建立起 RSSI 和距离之间的映射关系数据库。在实际测距阶段,再将所测得的 RSSI 值传入相应的关系式或映射关系数据库中,从而得到对应的距离参数,然后利用多个距离值或者距离值之间的角度和大小差异计算移动或静止目标的位置。

而另外一种则使用位置指纹的方法,整个蓝牙室内定位过程由离线指纹库的创建和在线实时定位两个阶段共同完成。离线阶段建立模糊指纹库,该指纹库存储于中心服务器中,在区域内能够全面地描述 RSSI 值、LQ 值与空间位置的对应关系;而对于在线阶段,一旦手机客户端进入特定的区域,蓝牙锚节点在对手机客户端的 RSSI 值和 LQ 值进行测量后,就将所测量数据上传到服务器,在服务器中进行模糊决策定位,最终完成对手机客户端位置的确定。

2. 蓝牙室内定位技术的优点

蓝牙定位不仅仅是一种简单的对人员或物体的定位技术,更重要的意义在于将世界上更多的事物都通过网络连接起来。目前,物联网正大踏步地向前发展,全世界很多的计算机、移动手机、iPad 等电子设备已经连为一个整体,在世界上任何一个角落都能通过网络访问这些设备,然而除此之外的很多电子设备却还是孤立地存在于世界上,人们只有通过直接去接触它才能对其进行各种操作。人们想实现在世界上任何时间、任何地点都可以通过网络与其他人和事物进行通信,达到万物互联的目的,而该目的便可以通过蓝牙技术轻而易举地实现,这是蓝牙的价值所在。

蓝牙定位技术的优点是易部署、体积小、支持终端设备,而最大优点是低功耗[52-53],这给室内定位解决方案的推广带来了极大的便利。只要手机一直开启蓝牙功能,便可对其进行定位以获得用户的最新位置。但对于复杂的空间环境,蓝牙系统的稳定性稍差,受噪声信号干扰大,并且蓝牙器件和设备的价格比较昂贵。

蓝牙室内定位技术是利用在室内安装的若干个局域网蓝牙接入点,把网络维持成基于多用户的基础网络连接模式,并保证局域网蓝牙接入点始终是这个微微网(piconet)的主设备,然后通过测量信号强度对新加入的盲节点进行三角定位。

蓝牙室内定位技术主要应用于对人的小范围定位,如单层大厅或商场,现在也被某些厂商开始用于基于位置的服务(location based service,LBS)推广。

3. 蓝牙室内定位算法

设目标坐标为 (x,y),蓝牙信标节点的坐标为(x_i,y_i),经过定位前的一系列处理,可以得到

$$\left.\begin{array}{c}(x-x_1)^2+(y-y_1)^2=d_1^2\\(x-x_2)^2+(y-y_2)^2=d_2^2\\\vdots\\(x-x_n)^2+(y-y_n)^2=d_n^2\end{array}\right\}\tag{2.19}$$

通过式(2.19)可以看出，多边定位算法需要在测距信息没有误差的情况下才可以给出待定位目标的准确位置，显然实际情况中无法给出目标的确切位置。对于一个有两个未知数、多个方程的超定方程组，信标节点的个数越多就越有利，可以减少测距误差带来的定位误差。常用的解超定非线性方程组的方法有牛顿迭代法、拟牛顿法、DFP法等，其中具体方程求解过程本书不再赘述，可以参照相关文献。

1)基于线性求解的方法

在求解超定非线性方程组时，为了避免较大的计算量，选择消除非线性项。因此，对于式(2.19)要构造一组等式，即

$$(x-\bar{x})^2+(y-\bar{y})^2=\bar{d}^2 \tag{2.20}$$

其中

$$\bar{x}=\frac{1}{n}\sum_{i=1}^{n}x_i,\quad \bar{y}=\frac{1}{n}\sum_{i=1}^{n}y_i,\quad \bar{d}^2=\frac{1}{n}\sum_{i=1}^{n}d_i^2$$

用离散系统测量数值 $Z(K)=H\cdot X(K)+V(K)$ 的前 $n-1$ 个等式分别减去协方差项 $P(k\,|\,k-1)=\boldsymbol{A}\cdot P(k-1\,|\,k-1)A'+\boldsymbol{Q}$，可以消除二次项，从而得到线性方程组为

$$2(x_i-\bar{x})x+2(y_i-\bar{y})y=\bar{d}^2-d_i^2+x_i^2-\bar{x}^2+y_i^2-\bar{y}^2$$
$$i\in\{1,2,3,\cdots,n-1\}$$

令

$$\boldsymbol{A}=\begin{bmatrix}2(x_1-\bar{x}) & 2(y_1-\bar{y})\\ 2(x_2-\bar{x}) & 2(y_2-\bar{y})\\ \vdots & \vdots\\ 2(x_{n-1}-\bar{x}) & 2(y_{n-1}-\bar{y})\end{bmatrix}$$

$$\boldsymbol{X}=\begin{bmatrix}x\\ y\end{bmatrix}$$

$$\boldsymbol{B}=\begin{bmatrix}\bar{d}^2-d_1^2+x_1^2-\bar{x}^2+y_1^2-\bar{y}^2\\ \bar{d}^2-d_2^2+x_2^2-\bar{x}^2+y_2^2-\bar{y}^2\\ \vdots\\ \bar{d}-d_{n-1}^2+x_{n-1}^2-\bar{x}^2+y_{n-1}^2-\bar{y}^2\end{bmatrix}$$

由此，可以得到 $\boldsymbol{AX}=\boldsymbol{B}$，再根据最小二乘法则，有 $\boldsymbol{X}=(\boldsymbol{A}^{\mathrm{T}}\boldsymbol{A})^{-1}\boldsymbol{A}^{\mathrm{T}}\boldsymbol{B}$，从而根据线性化矩阵求解得到目标的初始位置坐标$(x_0,y_0)$。

2)基于泰勒展开式的定位优化

从最小二乘估计原理可知，其最优指标只保证了测量的估计均方误差之和最小，而并未确保被估计量的估计误差达到最小，从而导致精度不高，定位结果不够理想。为此，使用泰勒级数展开式来对目标的位置进行优化。泰勒级数展开式对位置初始值的精度要求较高，如果初始值的估计不准确将导致该算法无法收敛。

因此，以经过线性求解得到的目标坐标作为泰勒级数展开式的初始值。为了减小计算复杂度，在(x_0,y_0)处进行一阶泰勒级数展开得

$$d_i(X)=d_i(X+\mathrm{d}X)d_i(X_0)+f_x^{(i)}\mathrm{d}x+f_y^{(i)}\mathrm{d}y \tag{2.21}$$

式中，X_0是进行一阶泰勒级数展开的表示参数。

并得到

$$\left.\begin{aligned}
\frac{x_0-x_1}{d_1(X_0)}\mathrm{d}x+\frac{y_0-y_1}{d_1(X_0)}\mathrm{d}y=d_1-d_1(X_0)\\
\frac{x_0-x_2}{d_1(X_0)}\mathrm{d}x+\frac{y_0-y_2}{d_1(X_0)}\mathrm{d}y=d_2-d_2(X_0)\\
\vdots\qquad\qquad\\
\frac{x_0-x_n}{d_1(X_0)}\mathrm{d}x+\frac{y_0-y_n}{d_1(X_0)}\mathrm{d}y=d_n-d_n(X_0)
\end{aligned}\right\} \tag{2.22}$$

使用最小均方误差准则来求解，结果需要满足$\sqrt{(d_x^2+d_y^2)}<\delta$。如果成立，则停止计算；否则进行迭代，迭代不成功则选择为$\mathrm{d}X/2$。

2.1.6 ZigBee 室内定位技术

1. ZigBee 技术发展

ZigBee 技术[54-55]是一种短距离、低功耗的新兴无线网络技术，介于射频识别(RFID)与蓝牙之间的技术方案，它之前被称为“HomeRF Lite”或“FireFly”无线技术。ZigBee 技术旨在发展一种易于组建的低成本、低功耗、大规模无线网络，因此，它的发展也填补了低成本和低功耗无线通信技术市场的空白。

ZigBee 标准的制定不是用来与蓝牙及其他已经存在的标准竞争的。其在产品发展初期，以工业或企业市场的感应式网络为主，提供感应辨识、灯光和安全控制等功能，再逐渐将市场拓展至家庭应用领域。通常 ZigBee 技术适用的场合有：要求设备成本低、数据传输量少的应用；要求设备体积小、低功耗、长时间无须更换电池的场合；需要大范围的通信覆盖，网络中设备非常多的远程监控。

ZigBee 技术除了具有低功耗、低成本的特点外，还具有协议简单、信息处理快捷、数据传输可靠、信息传输安全等优点，并且它采用载波监听多路访问与冲突避免机制(CSMA/CA)避免了发送数据时的竞争和冲突，支持自组织网络，具有多跳和自愈能力，支持广播和单播通信方式，便于大规模应用。这些特点使得以 ZigBee 无线传感器网络为载体的定位技术研究受到高度重视。

作为一种全新的无线传感器技术，ZigBee 技术也提出了许多具有挑战性的研究课题，定位技术就是其中的重要环节。定位技术被应用于众多的领域中，特别是军事、环境等应用。无线传感器网络中的定位机制、算法由两部分组成，即节点自身定位和其他目标的定位。

ZigBee 技术的定位算法中，局部定位技术要求信标节点数量多且到处分布以

覆盖整个网络，但在许多传感器网络应用中不可能对节点进行预先布置。基于跳数的定位技术可以不需要大量的信标节点，但要求传感器节点应高密度和均匀分布，而这些问题目前还没有真正得到解决。

理想的无线传感器定位算法应该适合更一般的网络环境，不需要特殊的距离测量硬件设备，节点也无须预先布置，节点密度低、分布不规则，并且所有节点可以不受控制地移动。当定位算法为了追求更精确的定位时，必将进行循环求精，而这阶段的计算必将给网络带来大量的通信开销，也将大量消耗传感器节点的能量。因此，定位精度和传感器节点能量之间的矛盾是目前比较棘手的问题。

对现有无线传感器定位技术的研究成果进行比较发现，没有一种定位方案能在有效减少通信开销、降低功耗、节省网络带宽的同时获得较高的定位精度。因此，该领域还有待更多人提出更好的方法以解决定位问题，使得无线传感器网络能够真正在实际生活中得到广泛的应用。

2. ZigBee 技术特点

IEEE 802.15 委员会制定了三种不同的无线个人域网（wireless personal area network，WPAN）用户标准[56-57]，区别在于通信速率、服务质量（quality of service，QoS）、能力等。IEEE 802.15.1 标准即蓝牙技术，具有中等速率，适合从蜂窝电话到 PDA 的通信，其 QoS 机制适用于话音业务。IEEE 802.15.3 标准是高速率的 WPAN 标准，适用于多媒体应用，有较高的 QoS 保证。IEEE 802.15.4 标准也就是蜂舞协议（ZigBee），目标市场是工业、家庭及医学等需要低功耗、低成本无线通信的应用，对通信速率和 QoS 的要求不高。ZigBee 的主要技术特性如表 2.3 所示。

表 2.3　ZigBee 的主要技术特性

技术特性	取值或状态
频段	868 MHz 或 915 MHz 和 2.4 GHz
数据频率	868 MHz：20 kbit/s
	915 MHz：42 kbit/s
	2.4 GHz：250 kbit/s
调制方式	868 MHz 或 915 MHz：BPSK
	2.4 GHz：O-QPSK
扩频方式	直接频段扩频
通信范围	10～100 m
通信延时	15～30 ms
信道数目	868 MHz：1 个
	915 MHz：10 个
	2.4 GHz：16 个
寻址方式	16 bit IEEE 地址，64 bit 网络地址
信道接入	CSMA/CA 和时隙化的 CSMA/CA

续表

技术特性	取值或状态
网络拓扑	星型、树状、网状
功耗	极低
状态模式	激活或休眠

ZigBee 技术之所以能在室内定位中得到广泛的应用，不仅是因为它在部署时方便、省时，还有以下优点。

(1)功耗低。由于 ZigBee 的传输速率低(不大于 250 kbit/s)，并且在没有数据收发时可以处于休眠状态，因此，功耗低且非常省电。这是其他无线设备望尘莫及的。

(2)成本低。ZigBee 模块成本在逐渐降低，并且有免专利费的 ZigBee 协议。低成本对于 ZigBee 的推广应用是一个很关键的因素。

(3)时延短。ZigBee 技术的无线通信时延和从休眠状态中激活为工作状态的时延都非常短，都在 30 ms 以内，因此，其适用于对时延要求很高的应用。

(4)网络容量大。在一个区域内可以同时存在 100 个不同的 ZigBee 网络，一个 ZigBee 网络拓扑结构可以容纳 255 个节点设备，并且组网灵活。

(5)易于布建。ZigBee 网络节点不需要电源和数据线等，可以任意布置，并且可以随时增减节点，这样既降低了布线的成本又容易组网。

(6)可靠。ZigBee 技术采取了碰撞避免策略 TALK-WHEN-READY。在 MAC 层每个发送的数据包被完全确认后传送，如果传输过程中出现问题还可以进行重发，这样就保证了数据传输的高可靠性。

(7)安全。在 ZigBee 网络中采用了基于循环冗余校验(cyclic redundancy check，CRC)的数据包完整性检查功能，以及 ASE-128 的加密算法，充分保证了数据传输的安全性。

3. ZigBee 网络拓扑

ZigBee 网络有三种拓扑结构，即星形、树状和网状。图 2.17 为三种网络拓扑结构[58-59]。

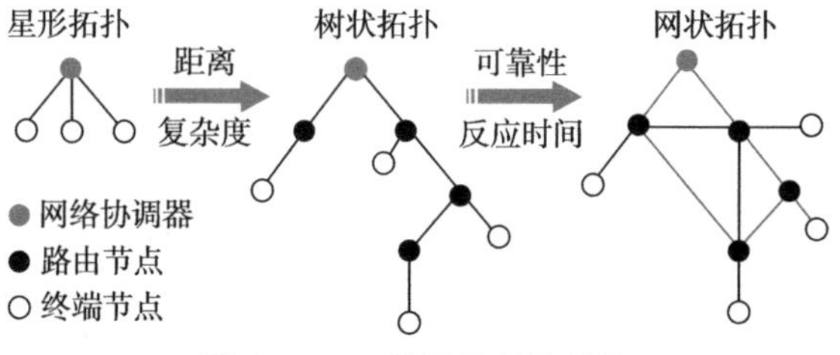

图 2.17　三种网络拓扑结构

(1)星形拓扑。星形拓扑包含有一个网络协调器节点和一系列的终端设备节点，每个终端设备节点只能和协调器节点进行通信，如果两个终端设备节点之间需要进行通信，则必须通过网络协调器节点转发。该拓扑结构简单，但如果节点间的链路发生中断，则无法进行数据通信。

(2)树状拓扑。树状拓扑由一个网络协调器、若干个路由节点和终端节点组成，同一分支网络上的节点可以进行通信，要想与其他分支的节点通信只能通过树状路由完成。当节点之间进行数据通信时，信息将沿着一定的路径传递到最近的协调器节点，然后再传递到目标节点。这种方案拓扑结构相对简单，在中间节点失效的情况下，会使其某些终端节点失去连接。

(3)网状拓扑。网状拓扑由一个网络协调器和多个路由节点、终端节点组成，在通信范围内，这种拓扑结构允许路由节点直接互连并进行数据通信。这种方式与树状拓扑有一定的区别。该拓扑结构鲁棒性好，减少了消息延时，增强了网络自愈能力和数据传输的可靠性，在个别链路和传感器节点失效时，不会引起网络传输的中断，可以通过“多级跳”的方式来通信，但是网络结构比较复杂，节点的网络规模较大，增加了成本及存储空间的开销。

2.1.7　超宽带室内定位技术

1. 超宽带技术原理

超宽带(ultra-wide band，UWB)[60-61]是指具有很大相对带宽比的无线电信号。超宽带技术最早于二十世纪七八十年代应用于美国空军领域。1994 年后，超宽带技术开始向民用领域推广，从而得到了快速发展。1998 年，美国联邦通信委员会开始征集超宽带通信技术在民用通信中应用的意见，并于 2002 年 4 月批准将 3.1～10.6 GHz 免授权的频段分配给民用领域使用。

根据香农公式，即

$$C = B\log_2\left(1 + \frac{P}{BN_0}\right) \tag{2.23}$$

式中，B 为信号带宽，N_0 为噪声功率密度，P 为信号功率。可见，增大信道容量 C 有两种实现方法：一是增加信号功率 P；二是增大信号带宽。超宽带技术就是通过增大信号带宽来实现低功耗、高速数据传输的。

超宽带的具体定义在不同的机构中有所不同。美国联邦通信委员会对于超宽带信号的定义为相对带宽大于 20%[式(2.24)]或绝对带宽大于 500 MHz[式(2.25)]的信号，即

$$\frac{f_H - f_L}{f_C} \geqslant 20\% \tag{2.24}$$

$$f_H - f_L \geqslant 500\ \text{MHz} \tag{2.25}$$

式中，f_H、f_L 分别为功率峰值功率下降 10 dB 时所对应的高端频率和低端频率，

f_C 为中心频率。图 2.18 为超宽带与其他无线通信技术的频谱关系。注意超宽带信号的带宽不同于通常所定义的 3 dB 带宽。美国联邦通信委员会规定室内通信的超宽带频谱范围是 3.1～10.6 GHz，并且为避免对现存通信系统可能的潜在干扰，规定其有效全向辐射功率（effective isotropic radiated power，EIRP）不得大于 −43.1 dBm/MHz。本书在后面对超宽带的讨论都基于该定义。

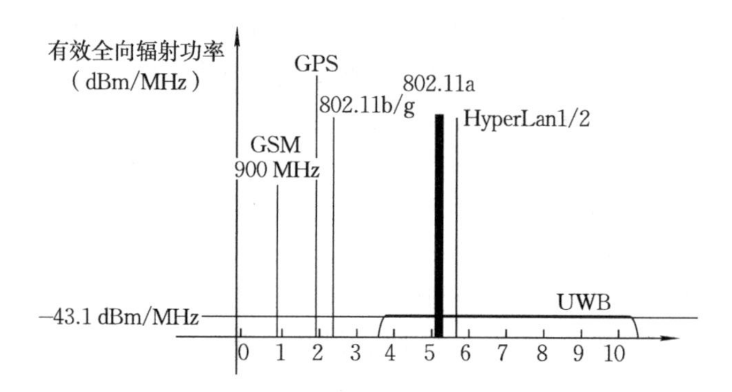

图 2.18　超宽带与其他无线通信技术的频谱关系

传统的超宽带无线通信技术使用持续时间极短的脉冲信号进行短距离通信。一般脉冲持续时间只有几纳秒甚至更短，这就使得脉冲序列的发送不需要载波频率，而是直接利用纳秒至亚纳秒级的窄脉冲形式传输，甚至具有几千兆赫兹的带宽。由于信号占空比极低，这就让每个脉冲之间会出现较长的无信号状态，让脉冲响应能逐渐衰减至零，从而将码间干扰降至可忽略的程度，因此，超宽带具有很好的抗多径效应能力。

2. 超宽带技术特点

与传统通信不同的是，超宽带通信系统不需要使用载波发射。拥有高带宽的超宽带通信系统具有传统通信系统难以比拟的技术特征[62]。

1）系统结构的实现比较简单

传统通信系统在传输信息时，需要载波来发射信号，信息是通过载波的频率和功率在一个指定范围内的变化来表示的。超宽带不需要使用载波，其是通过纳秒级的脉冲来进行信息传递的。因为采用了微型的激励天线，超宽带不需要传统收发机上面所需要的变频，也就不需要放大器和混频器。对于超宽带来说，可以采用价格十分低廉的宽带发射器。在接收端上，超宽带接收机不像传统接收机那样需要中频处理。由此可见，超宽带系统的结构实现可以十分简单。

2）高速的数据传输

民间使用超宽带时，一般只需要 10 m 以内的传输距离。根据信道容量公式可以知道，超宽带传输速率能够超过 500 Mbit/s，对于 WPAN 和 WLAN 来说是一种理想的信号传递技术。也就是说，超宽带通过超高的带宽来换取高传输速率。

对于资源紧张的频谱超宽带并不独占，而是和其他的无线通信技术共享频谱。因此，可以利用超宽带的扩频增益实现距离远、截获率低、安全性高和高速的数据传输，这对于一些军事应用具有重要意义。

3)功耗低

超宽带系统发射的信号是间歇的脉冲，脉冲持续时间一般在0.2～1.5 ns。因此占空比值较低，整个系统的功耗也能够控制得较低，高速通信时系统耗电量能够低至微瓦级别，相较普通的移动电话功率能够降低99%的能耗，比流行的蓝牙要节约1/20的能量消耗，即使军用的超宽带电台耗电量也很低。从以上几个应用优点看来，超宽带设备在电池寿命和电磁辐射方面具有普通传统无线设备无可比拟的优越性。

4)安全性高

超宽带具有较高的带宽，信号能量较低，并且弥散分布在非常宽的频带范围中，超宽带信号在一般的系统中更类似于自然的白噪声信号。在大多数情况下，超宽带信号比自然电子信号噪声的功率谱密度要小，因此，从这些噪声中检测出脉冲信号是十分困难的事情；如果采用一些编码加密等手段进行伪随机化，信号的可判别程度又将大大降低，对于脉冲的检测将会十分困难。

5)多径分辨能力强

对于常规的无线通信射频来说，一般使用的是连续信号或者持续时间远远大于多径传播时间的持续信号。电波的多径效应又称小尺度衰落，会造成数据传输质量的严重下降，而超宽带信号发射的是持续时间极短、占空比极低的单个脉冲周期信号，因此，可以分离其中的每个多径信号。如果多脉冲发生时间重叠，该多径传播的长度应小于脉冲宽度和传播速度的乘积。由于脉冲多径信号在时间上不重叠，很容易分离多径分量以充分利用信号能量。大量的实验表明，在现有的无线电信号衰落10～30 dB的多径环境下，超宽带无线电信号的下降小于5 dB。

6)定位精确

脉冲具有很高的定位精度，在超宽带无线通信中，它很容易将定位和通信在一起实现，而常规无线电无法实现这一点。超宽带无线电具有很强的穿透能力，在室内、地下能准确定位，然而卫星导航定位系统的可见范围只能依赖于卫星；脉冲定位器由于其脉冲极短，能够给出精确定位，其定位精度可达厘米级。

7)工程简单，造价便宜

在工程实现上，比起其他的无线技术，超宽带要简单得多，并可实现全数字化。它只需要以一种数字方式产生脉冲，并对脉冲产生调制，而这些电路都可以被集成到一个芯片上，设备的成本很低。

3. 超宽带室内定位算法

1)接收信号强度(received signal strength,RSS)法

RSS法通过测量节点间的能量来估计目标与接收机之间的距离。由于接收信号的强度与传播的距离成反比,因此,距离的估算可以通过发射信号的强度和接收信号的强度利用衰减模型反演得到。其定位原理如图 2.19 所示,其中 BS 表示基站(based station),MS 表示移动站(mobile station)即移动待测点。虽然这种方法操作简便,成本也较低,但是容易受到多径衰弱和阴影效应的影响,导致定位精度较差。

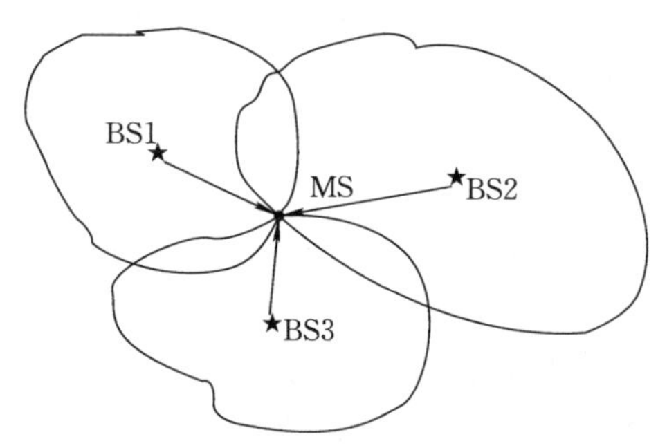

图 2.19 RSS法定位原理

2)到达角(angle of arrival,AOA)法

AOA 法通过测量未知点和参考点间的角度来解算目标的位置。根据波的干涉原理可以测出移动待测点至基站的连线与 x 轴的夹角。通过多个基站,测量从定位目标最先到达接收机的信号的到达角度,从而估计出待定位目标的位置。在二维空间中,假设第 n 个基站的坐标为(x_n,y_n),移动待测点的坐标为(x,y),则通过图 2.20 可以建立基站与待测点的几何位置关系,即

$$\tan\theta_n=\frac{y-y_n}{x-x_n} \tag{2.26}$$

式中,θ_n 为第 n 个基站获得的方位角信息。联立两个基站的方程式为

$$\left.\begin{aligned}\tan\theta_1=\frac{y-y_1}{x-x_1}\\ \tan\theta_2=\frac{y-y_2}{x-x_2}\end{aligned}\right\} \tag{2.27}$$

解算方程即可得到移动待测点的坐标(x,y)。

如果区域内障碍物较少,利用该方法可获得较高的定位精度;如果在障碍物较多的区域中,则存在多径效应,无法准确获知角度信息,定位误差将会明显增大。

3)到达时间(time of arrival,TOA)法与到达时间差(time difference of arrival,TDOA)法

基于 AOA 法的定位方式,由于多路径效应和接收机天线等的限制,往往需要

较多的传感器同时工作，无疑增加了系统的成本。基于TOA或TDOA的定位算法，要么需要传感器和目标的时间同步，要么需要较多的传感器同时工作，也都不是最理想的解决方案。而利用AOA和TDOA混合定位的方法，最少只需两个传感器同时工作就可以得到待定位目标的三维坐标。

TDOA法测距是根据双曲线的定位原理，测得定位目标的超宽带信号同时到达两个接收机的时间差，时间差乘光速就可以得到距离差。根据到达两个定点的距离差为定值的轨迹是双曲线的原理，利用两个或者多个双曲线的交点求得待定位目标的位置。其定位原理如图2.21所示。

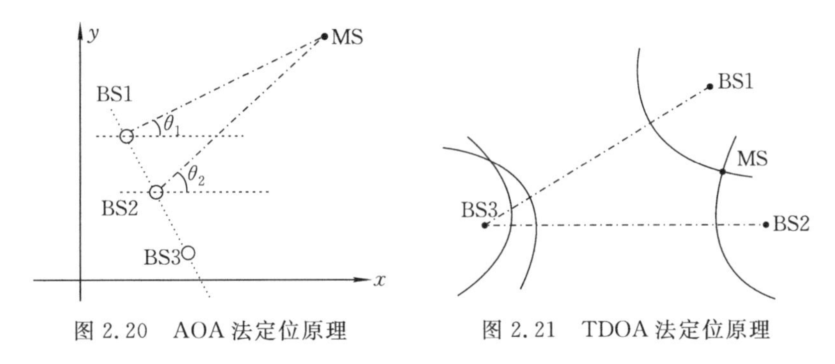

图2.20　AOA法定位原理　　图2.21　TDOA法定位原理

结合以上两种定位方法，AOA法测得待定位目标与接收机的方向信息，TDOA法得到定位目标的距离信息，两者结合最终得到待定位目标的三维坐标。

§2.2　指纹定位技术

指纹定位技术最早是由美国Wireless公司提出的，包括被称为基于多径信号收集和模式匹配算法的指纹定位技术[63-64]、基于信号分布图(radio map)的定位技术或数据库相关定位技术。指纹定位技术最早应用在无线局域网室内定位方面，主要研究在室内复杂环境下对距离的预测，其成果使定位精度得到很大的提高。

2.2.1　指纹定位原理

指纹定位技术的核心思想是通过获取不同位置信息，以及在该位置接收到的指纹信息来建立数据库，将实际接收到的指纹与数据库中的指纹点进行一一对比，从而实现了对目标的定位。指纹定位技术可以分为两个阶段：第一阶段为离线训练阶段，主要是建立指纹数据库，在选择的试验区域内采集各参考节点位置的信号特征参数，如信号强度、多径相角分量功率等，将获取的信号特征参数和与之对应的位置信息存入数据库；第二阶段为在线定位阶段，主要工作是定位，定位中心获取到定位终端接收的指纹之后，采用匹配算法得到目标的实际位置。其原理如图2.22所示。

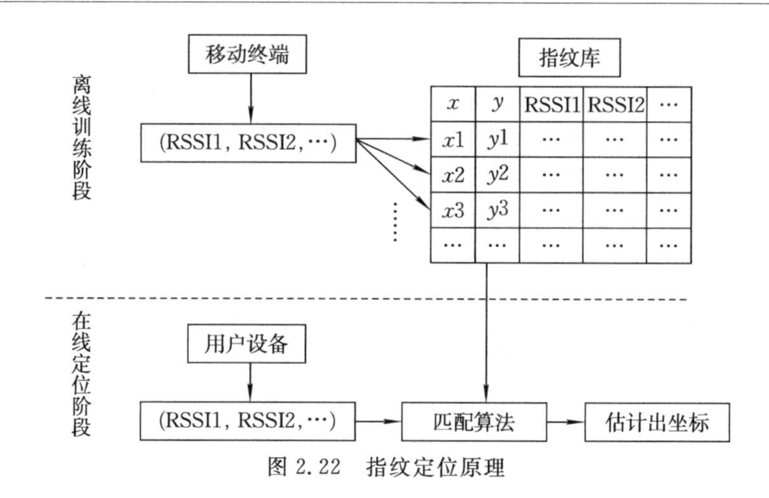

图 2.22 指纹定位原理

2.2.2 指纹定位方法

指纹定位方法普遍采用信号强度样本的均值、方差、最大或最小值、概率分布等建立信号分布图,并且一旦建立便无法拓展。降低信号分布图构建工作量的方法主要分为两类。第一类是利用无线信号传播理论模型计算不同位置的信号强度,并根据计算结果建立信号分布图。其优点是采样位置可以随意选择,位置变化对构建信号分布图的工作量的影响可忽略不计,信号分布图的建立完全由软件实现;缺点是很难利用理论模型完美地描述无线信号在室内复杂环境中的传播特性,故信号强度的理论计算值与实际采样值相差较大,因此,在实际应用中的效果不佳。另外,此类方法还必须知道网络接入设备的实际安装位置和发射功率等信息,有悖于指纹定位灵活的特点。第二类是根据信号强度在不同位置上的关系(相邻位置上的信号强度值相似),利用少量位置的采样值对剩余位置的信号强度进行估计。虽然此类方法的采样工作量要大于第一类,但是仍远小于传统的逐点采样方法。重要的是第二类方法对信号强度的估计精度更高,建立的信号分布图更加接近实际。而第二类要解决的核心问题是如何准确描述信号强度在空间不同位置上的相互关系,解决方法有基于普通克里金算法的信号强度估计方法等。

随着位置服务(LBS)和线上到线下(O2O)的兴起,定位技术近年来也备受关注且发展迅速。虽然室外定位技术已经非常成熟并开始被广泛使用,但是作为定位技术的末端,室内定位技术发展一直相对缓慢。据统计,现代人平均有 90%的时间在室内生活和工作。随着现代人类把越来越多的时间都花在室内,室内定位技术的应用前景非常广阔。

但作为 LBS"最后一米"的室内定位技术不够成熟,这依然是不争的事实。不同于 GPS、AGPS 等室外定位系统,室内定位系统依然没有形成一个有力的组织来制定统一的技术规范,现行的技术手段都是在各个企业各自定义的私有协议和方案下发展的。

2.2.3　地磁室内定位技术

1. 地磁室内定位原理

地磁场是地球周围存在的一种稳定磁场，是具有稳定方向和大小的空间矢量场。以观测点为原点，以地理的正北、正东及垂直向下方向作为 x、y 和 z 轴建立坐标系，则矢量 $\boldsymbol{M}$ 可以分解为 $\boldsymbol{M}_x$、$\boldsymbol{M}_y$、$\boldsymbol{M}_z$；三者若指向为正向则数值为正，反之则为负。总磁场矢量 $\boldsymbol{B}$ 地磁正北方向的水平分量为 $\boldsymbol{B}_{\mathrm{h}}$。设任一矢量地磁正北 $\boldsymbol{B}_{\mathrm{h}}$ 与地理正北 $\boldsymbol{M}_x$ 的夹角为磁偏角 D，总磁场 $\boldsymbol{B}$ 与水平磁场 $\boldsymbol{B}_{\mathrm{h}}$ 的夹角记为磁倾角 I。部分地磁场要素矢量之间的相互关系如图 2.23 所示。

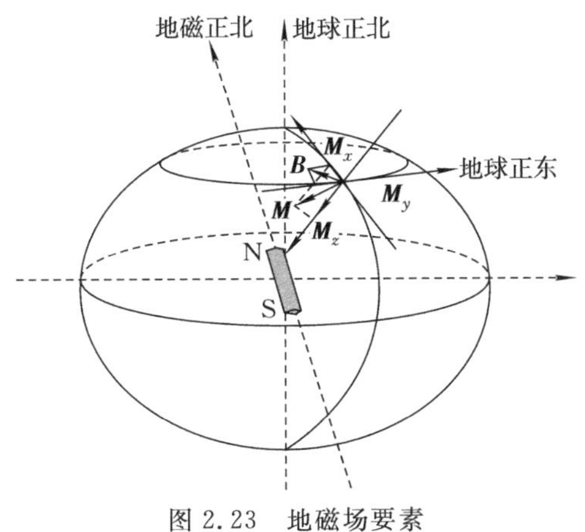

图 2.23　地磁场要素

地磁总磁场在某个点的各个分量及夹角都是表示某点地磁场大小和方向的物理量，称为地磁场要素，可以用来测量及表示地磁场的特点。地磁场要素伴随着时空的条件不同具有不同的特征，如图 2.24 所示是美国国家地磁数据中心 2015 年发布的全球磁偏角数据，其中可以看到地球上不同地理位置的磁偏角 D 具有一定的差异。

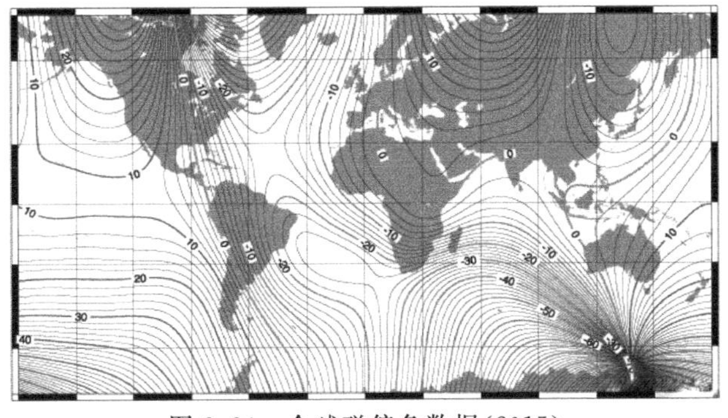

图 2.24　全球磁偏角数据(2015)

地磁场要素虽然随时空变化而改变，但是其波动变化相对不大，并且在某种特定情况下，如大量采用钢筋混凝土的现代建筑物内及矿产资源开采的矿井深处，地磁场的分布几乎只受地磁总磁场的影响，这样就可以对地磁场与空间的位置建立相关的模型进行分析研究，获得一种全新的室内定位方法——基于地磁场的室内定位方法。

以确定性地磁匹配算法为例，基于地磁场的室内定位方法一般分为离线训练阶段和在线定位阶段。

指纹地图数据库的建立阶段即为离线训练阶段。这个阶段需要对将要定位的区域进行全方位的测量，使位置坐标与地磁信号特征关联。由于存在测量误差、方向变换等操作，其测量值也会变化，同时，环境因素也会对测量产生影响，因此，要对每一个点进行多方位测量以增加定位的精准度。

在线定位阶段是在离线训练阶段得到具有参照量的地图的基础上，采用对应的匹配算法，利用传感器检测用户行进过程中的位置磁场特征量序列及对应的地图地理特征，通过比较实际测得的数据与地磁基准图存储的数据，得到和测量数据最为接近的存储数据，并根据此数据估计此时用户在地图中的相应位置。

相对其他的定位技术，基于地磁场的室内定位方案具有绿色、免费、无须部署额外硬件等优点，因此，该定位技术一直是人们研究讨论的热点。

2. 室内地磁场的特点

由于现代的建筑物多是由钢筋混凝土建成，建筑物中的金属结构会形成磁场干扰，使每一个楼层、通道和隔离的空间产生一种独特的地磁异常场。人们通过采集室内的地磁场数据，对提取出的信号特点进行实验分析，并对其用于室内定位的可行性进行了研究。有学者尝试研究现代建筑的内部结构与地磁变化特征之间的联系，将工字钢梁和螺纹钢筋混凝土结构的建筑物内地磁场强度数据列成如表 2.4 所示的成果。

表 2.4 建筑物结构对地磁场变化强度的影响

建筑物的结构	钢筋混凝土结构			工字钢梁结构
测量的区域	室内的开阔空间		走廊	砖墙附近
	大厅	柱子附近		
磁场的强度变化速率/(μT/m)	1.15	1.67	2.17	7.15

从表 2.4 中可以看出，工字钢梁结构建筑的磁场变化速度相对于钢筋混凝土结构建筑的要快；在钢筋混凝土结构建筑物中，走廊内的磁场变化率最大，这是受墙壁、柱子和门窗等含有金属材料的结构影响，而在相对较少金属干扰的空旷大厅中，磁场变化速度较慢，约为 1.15 μT/m。由此可见，金属结构对室内地磁场产生较大影响。有学者则研究了常见的电子设备对室内地磁测量的影响，通过统计分

析在不同距离上电子设备对测量结果影响的均方根误差，发现电子设备对磁场测量设备的影响与其相对距离成反比关系。当台式计算机与测量仪器的距离大于12.5 cm 时，测量均方误差要小于 1 μT。在此研究基础上，有学者开发出了相关的硬件系统，通过携带其硬件设备在室内区域进行磁场数据采集，将采集到的数据用于地磁匹配定位，实现精度达到 0.7 m 的室内定位效果。

3. 地磁室内定位算法

近年来，利用地磁场作为位置指纹的室内定位技术显示出其独特的优越性(如不需要基础设施、精度高、稳定等)，逐渐成为研究的热点。在众多基于地磁场的室内定位算法中，粒子滤波算法被认为是最有前景的定位算法之一，被用来解决地磁指纹唯一性不高、传感器存在偏差或噪声等问题，可以提高定位精度。

对于复杂的多峰值的状态分布估计问题，常常使用非参数化滤波算法，即不依赖于固定形式的函数(如高斯函数)的泛类方法。这类方法中最具代表性的是隐马尔可夫模型和粒子滤波算法。隐马尔可夫模型实际上就是贝叶斯滤波算法的离散化形式，其使用离散的分布(柱状图)来估计状态的后验分布，而粒子滤波算法使用有限数量的粒子来表示状态的后验分布。下面重点介绍粒子滤波算法。

在粒子滤波算法中，状态的后验分布采样点被称为粒子，所有粒子组成一个粒子群，即

$$S: x_t^{[1]}, x_t^{[2]}, \cdots, x_t^{[M]} \tag{2.28}$$

式中，每个粒子 $x_t^{[i]}(i=1,2,\cdots,M)$ 都是 t 时刻的一个状态实例，表示对当前真实状态的一个假设或猜测；M 指粒子群的大小，通常 M 的数值比较大，几百、几千，甚至几万个都是有可能的，具体取决于问题的复杂程度和不确定化程度等。粒子滤波算法基本思想就是使用这些粒子来表示状态的后验分布 $\mathrm{bel}(x_t)$。理想情况下，一个状态假设 $x_t^{[i]}$ 被包含进粒子群的概率与 $\mathrm{bel}(x_t^{[i]})$ 成正比，即

$$x_t^{[i]} \sim p(x_t \mid z_{1:t}, u_{1:t}) \tag{2.29}$$

因此，如果一个状态空间的区域中粒子越密集，也就表示真实状态在该区域的概率就越大。实际中，除非 M 趋近于正无穷，粒子群表示的分布跟真实的分布还是有差别的，但是，只要粒子的数量不是太少，这种误差一般可以忽略不计。

粒子滤波算法理论上可以用于几乎所有的状态估计问题，在很多实际问题解决方面都有成功的应用案例，如视频图像处理、语音处理、定位跟踪、金融分析等。而且粒子滤波算法可以说是一种算法框架，不同场景的实现可能千差万别。也正是因为粒子滤波的灵活性，针对不同的问题可以进行多方面的改进。因此，最终本书选择在粒子滤波算法的基础上进行改进，实现了一套基于智能手机平台的地磁室内定位系统。

2.2.4　Wi-Fi 室内定位技术

1. Wi-Fi 的基本概念及技术标准

无线保真技术(wireless fidelity,Wi-Fi)[65-67]也称为无线宽带,是一种可以支持用户在数百米范围内接入互联网的无线传输技术。它最初只是特指标准 IEEE 802.11a 及 IEEE 802.11g,但随着无线局域网技术的进一步发展及无线局域网协议标准相继出现,现已成为 IEEE 802.11 这个标准的统称,同时,人们已习惯性地把无线局域网(wireless local area networks,WLAN)称为 Wi-Fi。Wi-Fi 的使用门槛相对较低,只要在机场、图书馆、酒店、快餐店等人员较密集的地方设置接入点(access point,AP),然后通过高速线路将因特网接入这些场所,支持无线局域网连接的智能手机或笔记本计算机到了该区域内,就可以检测到由热点发射的 Wi-Fi 信号,从而接入因特网。网络因无须耗费大量人力和物力进行烦琐的网络布线而受到广大网民的青睐。

Wi-Fi 的第一个标准 IEEE 802.11 是在 1997 年 6 月被推出的,其中定义了物理层和介质访问控制层,物理层以 2 Mbit/s 的数据传输速率工作在免费的 2.4 GHz 的工业、科学和医疗频带(industria scientific and medical band,ISM)上,凡是遵守这个标准的操作系统或网络应用在无线局域网上都可以顺畅运行。为了支持更高的数据传输速率和质量,随后 IEEE 802.11b、IEEE 802.11a、IEEE 802.11g、IEEE 802.11n、IEEE 802.11ac、IEEE 802.11ad 等一系列标准相继制定出台。

IEEE 802.11 中每个子标准都有自己所属的规格,部分子标准如表 2.5 所示。

表 2.5　IEEE 802.11 标准的特性比较

IEEE 802.11 标准及子标准	特性
802.11	无线局域网的原型,数据传输速率 1～2 Mbit/s
802.11a	使用 5 GHz 频段的高速无线局域网标准,数据传输速率 54 Mbit/s
802.11b	使用 2.4 GHz 频段的高速无线局域网标准,数据传输速率 11 Mbit/s
802.11g	使用 2.4 GHz 频段的高速无线局域网标准,数据传输速率超 20 Mbit/s

2. Wi-Fi 网络的组成及拓扑结构

一个完整的 Wi-Fi 网络系统由站、无线介质、无线接入点、分布式系统组成,如图 2.25 所示。

站(station,STA)是 Wi-Fi 网络中最基本的组成单元,由终端设备、无线网络接口、网络软件组成。例如带无线网卡的笔记本计算机、支持无线网功能的智能手机等均属于站。

无线介质(wireless medium,WM)在 Wi-Fi 网络中指的是空气。空气是无线电波和红外线传播的良好介质，因此成为站与接入点之间、站与站之间的无线通信介质。

无线接入点在 Wi-Fi 中俗称热点（hotspot），是 Wi-Fi 网络的核心组件，其作用等同于蜂窝网结构中的基站。无线接入点可以看作一个特殊的站，位置通常固定在基本服务区（base service area，BSA）的中心。其基本功能有：完成同一个基本服务区中的不同站间的相互通信及其他非站对分布式系统的访问；在一个 Wi-Fi 小区内负责控制和管理其他非热点站；作为桥接点实现 Wi-Fi 网络与分布式系统之间的连接。

分布式系统（distribution system，DS）作为网络中的设备与其他网络设备之间的通信系统而存在。分布式系统能够解决单个 Wi-Fi 基本服务区覆盖范围有限的问题，可实现多个基本服务区的连接，从而形成一个扩展服务区（extended service area，ESA），如图 2.26 所示。

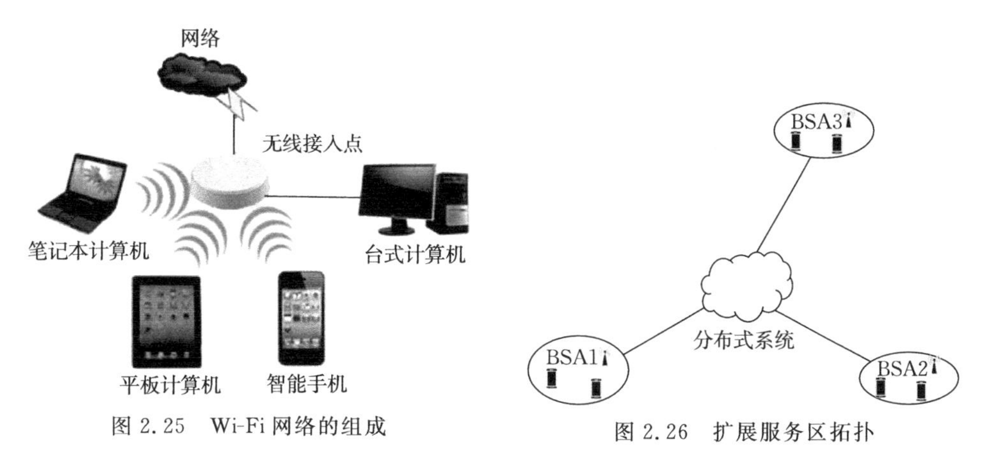

图 2.25　Wi-Fi 网络的组成

图 2.26　扩展服务区拓扑

Wi-Fi 网络拓扑结构可归结为两个基本类：无中心拓扑和有中心拓扑[68-70]。自组网拓扑（Ad-Hoc）是一种无中心拓扑结构。它至少需要两个站，这是一种自发式单区网，各站之间的关系是对等、分布式的或无中心的，如图 2.27 所示。当 Wi-Fi 网络采用这种无中心拓扑结构时，公用信道被各站点竞争使用，若站点数太多，信道竞争就会使网络性能受到限制，导致这种拓扑结构只适合于小规模的 Wi-Fi 网络。基础结构拓扑（infrastructure topology）是一种有中心的拓扑结构。它至少要有一个接入点，如图 2.28 所示。接入点是基本服务区的控制中心，在该控制中心的管理下，网络中的各个站之间进行相互通信。在一个基本服务区中，一个站要与其他站进行通信，必须经过从源站点到接入点和接入点到目的站点的两跳转接过程。基础结构比自组网拓扑具有更大的通信距离和更高的网络吞吐性能，是现实生活中使用较普遍的一种 Wi-Fi 网络拓扑结构。

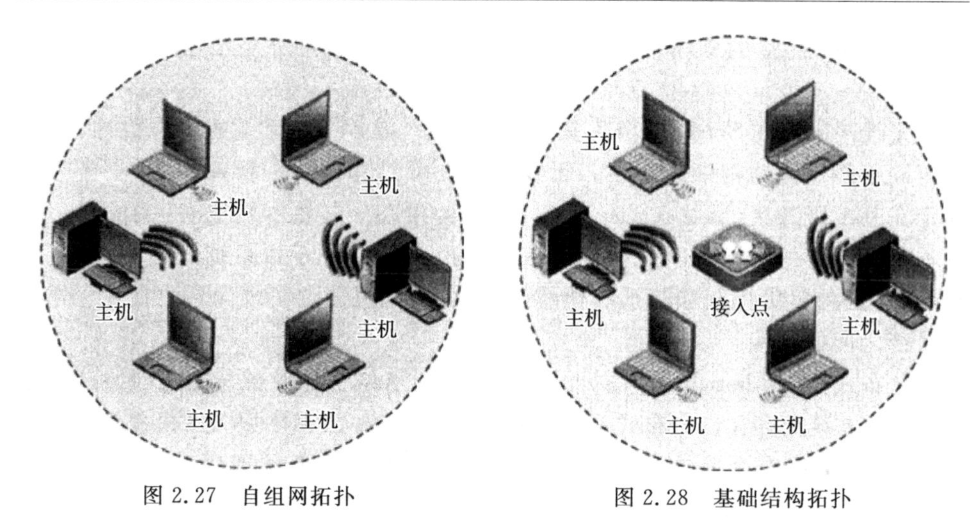

图 2.27 自组网拓扑　　图 2.28 基础结构拓扑

3. Wi-Fi 室内定位模型

Wi-Fi 室内定位技术有两种：一种是通过移动设备和三个无线网络接入点的无线信号强度，利用差分算法，比较精准地对人和车辆进行三角定位；另一种是事先记录巨量的确定位置点的信号强度，通过用新加入的设备信号强度对比拥有巨量数据的数据库以确定位置（即指纹定位技术）。

1）单终端模型

在基于 Wi-Fi 的室内定位系统中，信号发射器可以是家用无线路由器，也可以是电信运营商在学校或小区部署的 Wi-Fi 接入点，这些 Wi-Fi 接入点随机分布在环境周围，形成天然的信号发射器网络。此外，基于指纹数据库的定位技术无须知道无线路由器的位置，这在降低了系统成本的同时提升了部署的简易性，如图 2.29 所示。

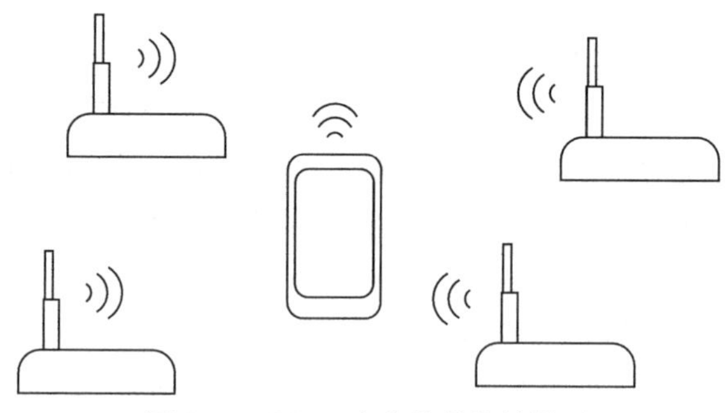

图 2.29 Wi-Fi 定位的单终端模型

在简易的硬件部署模式中，移动设备扫描环境中的 Wi-Fi 接入点信号，抽取出不同接入点的接收信号强度组成向量。在标定阶段将位置与向量的对应关系存储在手机系统的数据库中；在定位阶段将值向量与数据库对比计算出估计位置。在试验阶段，这种模式可以简化系统的复杂度，使得开发人员将精力集中在定位算法的实现上。

然而，在实际应用推广阶段，定位系统可能会应用在不同地区的不同室内环境中，每一个室内环境都需要各自的地图和指纹数据库。在这种情况下，简易模式就不那么可行了。存在的问题如下：首先，如果将所有数据都打包集成在手机客户端上，必然会导致客户端体积庞大，不利于推广；其次，一般情况下每个用户出没的地点相对固定，因此，使用的地图数量也相对不变，如果用户为了几个常用地图而被迫安装全部数据库的话，那将牺牲掉大量存储空间，换来的却是不常用的数据；最后，地图和标定数据可能会由于环境的变化(路由器位置改变、新增或更换路由器等)而变化，如果这些数据都存储在手机端，那么当环境变化时所有手机上的数据都要跟着变化，此时更新数据就只能重新安装数据库，降低了用户的体验，也不利于推广。

2)终端—服务器模型

为了实现系统的通用性，就必须使数据的处理与存储分离，降低使用(定位)与维护(标定)之间的耦合，使得一般用户不必关心环境的变化，而指纹数据库的维护可以由专人负责，终端可以很容易地获取最新的数据，达到一人维护、多人使用的目的。

终端—服务器模型由两部分组成，如图2.30所示，左边为终端，右边为服务器端。在标定阶段完成后，终端将生成的指纹数据和地图绑定在一起发送到服务器端，因此，服务器上保存有全部最新的地图和指纹数据库。当终端想要使用定位服务时，只需下载服务器上最新的数据即可，无须再次标定。终端会缓存常用的地图和数据以减少网络开销提高性能。为了实现自动更新，每一幅地图和其指纹数据都包含一个时间节，用于判断本地数据是否与服务器更新数据同步。在新的环境中使用时，客户终端搜集环境中的接入点上报到服务器，服务器根据这些接入点信息匹配出可能的地图列表返回给客户终端，如果没有匹配到合适的地图，则需要用户手动搜索。

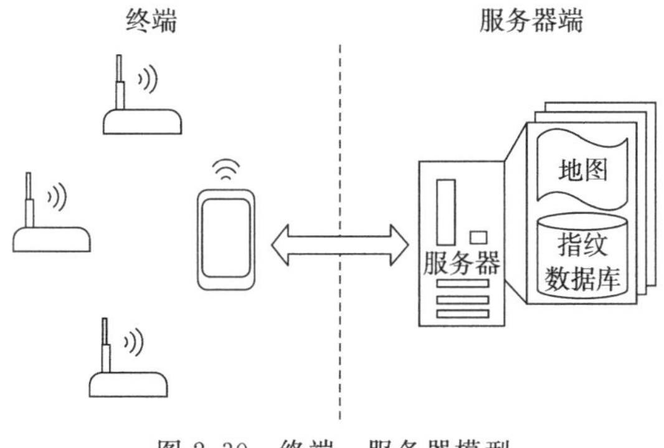

图2.30 终端—服务器模型

终端—服务器模型很好地解决了简单模式中数据的使用和维护之间的矛盾，将数据集中存储在服务器上统一管理，既节省了终端的存储开销又利于终端共享数据。但是当系统用户数达到一定规模以后，存储服务器的吞吐能力将会成为系统性能的瓶颈，同时网络上的集中式服务器也存在可靠性和安全性问题。

3)分布式存储模型

为了解决集中式存储服务器存在的问题，分布式存储模型应运而生。分布式存储是指将数据分散存储在网络上的多台存储服务器上，这些分散的存储资源共同分担存储负荷，构成一个对外部透明的虚拟存储设备。如图 2.31 所示，右边是由多台存储服务器组成的分布式存储系统，这些存储服务器可能部署在网络地理空间中的不同位置。

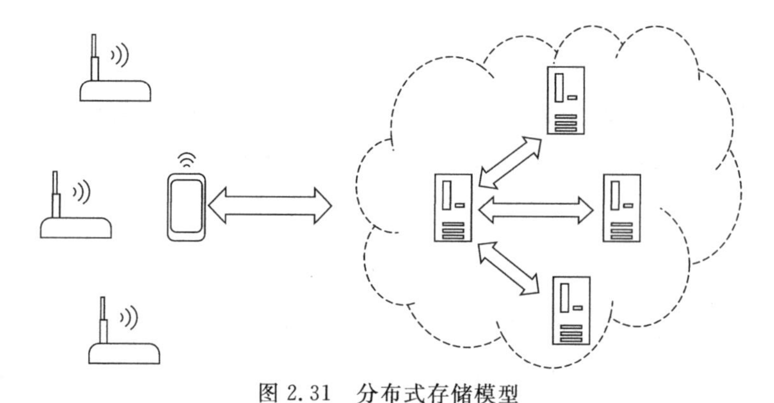

图 2.31 分布式存储模型

理论上，分布式存储系统的性能会随着存储服务器数量的增加而线性提高。与室外定位相同，室内定位的地图也是与地理位置耦合的；不同之处在于，室内定位的地图是离散、不连续的。不同的室内地图相互独立，并且对应各自的指纹数据库。这种存储模式为数据的管理和维护提供了便利。例如，按照地理区域划分，每个区域部署一个存储服务器，每个区域服务器只负责存储该区域的室内地图和指纹数据库，不同的区域服务器互不影响。终端实际上是访问与其距离最近的区域服务器。这样既实现了负载均衡，又提高了网络传输效率。分布式存储系统中有一个中心服务器，它负责任务的分发与管理。当终端想要查找地图时，中心服务器将请求分发到不同的存储服务器，然后将结果汇总返回给终端。当终端想要下载地图时，中心服务器根据地图的初步信息找到对应的存储服务器，接着将后续任务交给该存储服务器完成。分布式存储系统内部采用虚拟化技术，安全性更高。

除了以上提及的几种室内定位技术，还有基于计算机视觉、图像、信标等的定位方式，但是目前大部分还处于开发研究试验阶段，暂没有成熟精确的产品投入市场。

从目前来看，Wi-Fi、蓝牙、超宽带是最有可能普及的三种室内定位方式。其中:Wi-Fi 室内定位有着廉价简便的优势,但在能力表现上不够强;蓝牙室内定位各项指标较为平均;超宽带室内定位有着优秀的性能但成本较高,而且因为其现阶段功耗大小等,无法很好地与手机等移动终端融合,暂不利于普及。但不管是哪种方法,未来的室内定位技术必定会随着物联网的发展越来越精确,越来越普及。在保证安全和隐私的同时,室内定位技术也将会与卫星导航技术有机结合,将室外和室内的定位导航无缝精准衔接。

§2.3　室内定位技术的应用领域

室内位置感知可以支持许多应用场景,并且正在改变移动设备的传统使用模式,如寻找特定的餐馆或在商店里寻找某个商品、从附近商场里的商户得到优惠信息、在办公室里找到同事、在机场或火车站找登机口、站台或其他设施、在博物馆里更有效地了解展品信息和观看展览、医院确定医护人员或医疗设备的位置、消防员在起火大厦里的定位等。想象这样的场景:当人们到会议室开会,手机会自动开启静音模式;逛商场看到一件感兴趣的商品还在犹豫是否购买时,拍下照片并自动给照片打上位置标签,等下次决定要买时手机导航帮助找到该商品的位置。这些一旦实现,将会给日常的生活和工作及应对紧急情况带来极大便利。

面向区域的定位技术是一个具有广阔前景的研究方向,而室内定位是其中的关键技术。在大型的仓储式超市中对商品进行分门别类的区域划分,并且给这些区域配备 Wi-Fi 接入点,然后在购物车上安装一个 Wi-Fi 的收发装备,或者更为简便一点儿,直接在智能手机上开发出相应的 App;甚至可以结合物品信息和广告推送消息,告知顾客哪个位置有促销活动,以及某个物品的具体信息,如生产地、生产日期和水果的新鲜程度等。由于现在大部分人都使用智能手机,这样的定位系统建设成本很低,也比较容易在日常生活中普及,不仅使整个购物的流程趋于自动化,而且店员的工作量也会大大减少。

在医院或社区建筑物里面建设室内定位系统,可以给每一位病人随身携带一套能够检测生理指标的监视设备。这个监视设备可以将病人的生理指标数据实时传送给手机,然后再经手机处理后通过 4G 或 5G 或 Wi-Fi 网络实时地将数据传送给医生。一旦病人的身体出现异常,医生就可以很快做出反应,立即派人赶往病人所在的区域给予帮助。这种解决方案在病房护理中的优势也非常明显。病人在医院内走动时,哪怕是在医院外面走亲访友时,都能够随时监测身体状况;当遇到问题时,也可以很大程度上提升救援速度,降低医护成本,减少救援参与人数。

在展会或博物馆部署室内定位系统,只要游客手中的智能手机上装有相对应的应用程序,通过给手机定位就可以知道游客所在的具体位置,这样展会的每个展区就可以针对不同的游客广播不同的解说，或者推送更为详细的文字或图片介绍；而博物馆的智能导游系统可以通过定位来判断游客所参观的展览品，这样解说就可以有很强的针对性，也可以使得前后的解说衔接自然，使游客获得游览的最佳体验。

目前基于无线传感器网络的室内定位技术应用主要集中在以下领域。

1. 环境的监测和保护

随着人们对于环境问题的关注程度越来越高，需要实时跟踪采集的环境数据也越来越多，基于无线传感器网络的室内定位技术为环境监测的数据获取提供了便利，并且还可以避免传统数据采集方式给环境带来的人为破坏。它可以跟踪动物种群的变化和候鸟的迁移，研究环境变化对农作物的影响，监测温、湿度及海洋、大气和土壤的成分等。

2. 医疗护理

在医疗研究、护理领域，科学家曾使用无线传感器网络创建了智能医疗房间，使用基于无线传感器的室内定位技术来测量居住者的重要生命指标及每天的活动状况。该系统利用无线通信将各传感器联网，可高效传递信息，从而方便使用者接受护理。

3. 军事领域

由于无线传感器网络具有可快速部署性、自组织性、强隐蔽性和高容错性的特点，其非常适合应用于恶劣的战场环境中。利用基于无线传感器网络的室内定位技术能够实现敌军兵力和装备监控跟踪、战场环境实时监视、敌我目标定位、战场实时评估、生物化学攻击监测等功能。

4. 工业控制及监测

现代化的工业车间、厂房及仓库等都需要对温度、压力、湿度及其他跟设备有关的数据进行监测，利用基于无线传感器网络的室内定位技术可以有效降低成本，提高系统的稳定性和可靠性。在一些特殊的工业场合如矿井、电厂等，工作人员可以通过它来实施安全监测，这样组成的监控系统可以大大改善运作条件。它在大幅降低监测设备成本的同时，由于可以提前发现问题，因此，能够缩短停机时间、故障修复时间，提高效率并延长设备的使用时间。

5. 智能家居

基于无线传感器网络的室内定位技术能够应用在家居中，即在家电中嵌入传感器节点，通过无线网络与其连接在一起，利用远程监控系统，可完成对家电的远程遥控，也可以通过图像传感设备随时监控家庭安全情况，从而为人们提供更加舒适、方便和更具人性化的智能家居环境。

第3章　磁场影响因子与基准图的建立

在大部分的应用中，人们将地球磁场用于方位角或航向的确定。在室内应用中，由于地磁存在异常，难以准确确定航向角，但可以充分利用这些异常的优势来帮助人们在室内环境中更好地定位。事实上，越显著的局部异常越具有独特的磁性“指纹”。因此，可以利用每个指纹(磁感应强度)的不同来判断特征地物的匹配位置，更好地为室内定位服务。

针对室内定位的应用领域，地磁场室内定位更大的优势在于可在其他传感器(尤其是相机、激光雷达)受影响的环境条件下工作，如低光照、烟雾恶劣环境等。因此，地磁传感器能够有效提高其他传感器的可靠性，尤其是在公共安全方面的应用。此外，地磁传感器在个人隐私方面的影响也比较小，不像相机和激光雷达需要获取影像或建筑物的几何结构。预计隐私问题会严重影响以消费者为中心的应用领域。就此而论，地磁场将是非常可行的方法。

地磁室内定位的应用范围很广。室内定位的最佳应用场景是空间较大的超市、地下停车场、机场、大型购物中心及人流居多的地铁站[71-72]。在这种大空间内(图3.1)，用户对定位的需求会变得更强。目前，已经有几家大型购物中心将室内定位服务内置于手机的App中，方便用户使用。

图3.1　地磁室内定位应用场景

地磁室内定位在公共安全方面也有着广阔的应用前景。如图 3.1 所示，如矿井等地下建筑内部，由于其接收不到卫星导航定位信号，对 Wi-Fi 信号也有很强的屏蔽性，在这种地方就需要自主定位导航技术；如果大型建筑物出现火灾等紧急情况，同样需要一种自主定位导航技术帮助人们脱离危险区域。而地磁定位技术在这些地方可发挥至关重要的作用。

§3.1 室内地磁特征

3.1.1 地磁场与时间的关系

地磁场的来源是地球的内部，在不受外太空干扰的条件下十分稳定。同一点地磁场随着时间的推移，各种要素会逐年变化[73-75]，但是地磁场的年值只是缓慢而不明显地变化。这种缓慢而又不明显的变化对其参与室内定位是十分有利的条件。某一点位地磁场的磁场强度值随时间的变化如图 3.2 所示。基本磁场是地磁场的主要部分，源于地球内部，比较稳定，属于静磁场部分。变化磁场包括地磁场的各种短期变化，主要源于地球内部，相对比较微弱。因此，地磁场随时间的变化不明显，该论断是地磁室内定位的基石。

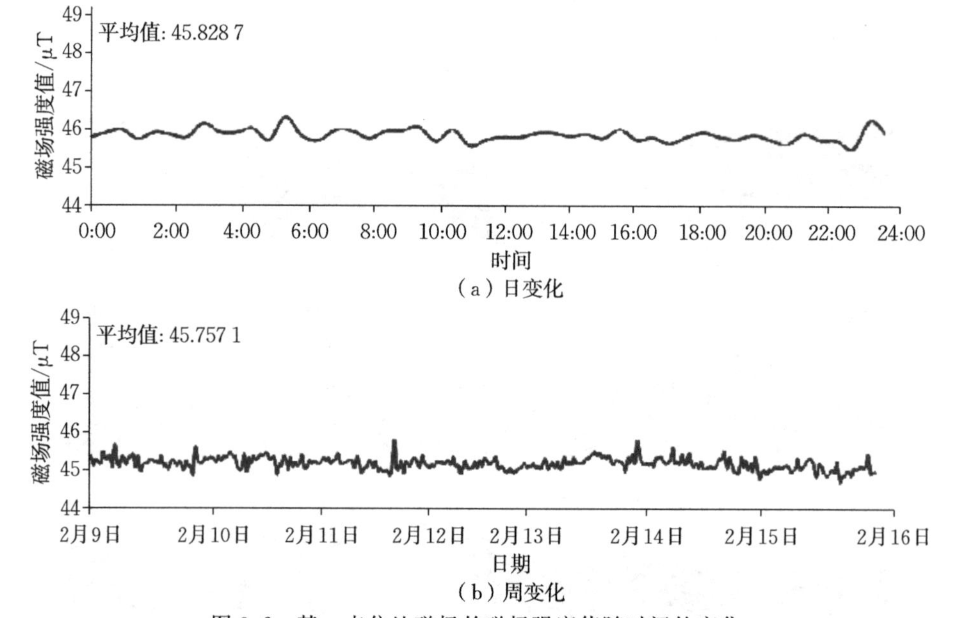

(a) 日变化

(b) 周变化

图 3.2 某一点位地磁场的磁场强度值随时间的变化

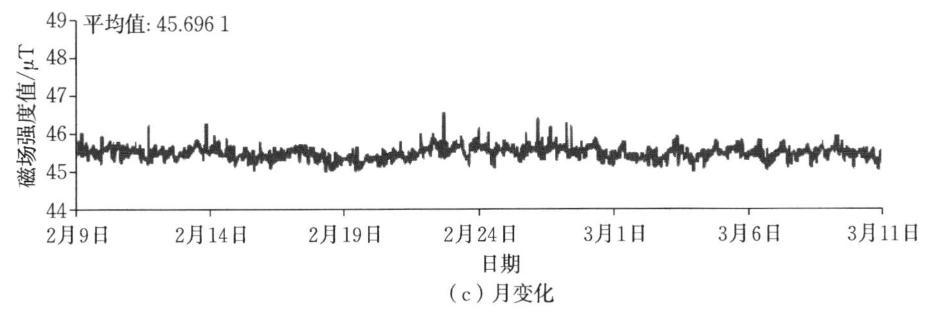

(c) 月变化

图3.2(续)　某一点位地磁场的磁场强度值随时间的变化

3.1.2　地磁场与室内空间的关系

在室内环境中，地磁场的变化是非常大的。有诸多影响磁场变化的铁磁性材料，如建筑物的钢筋混凝土墙体结构及金属门框等建筑材料，地磁场的这种扰动会在很长的一段时间内保持稳定[76-77]。磁场强度值变化可以直接通过地磁传感器测量得出，并以非常简洁的矢量形式提供三轴（x、y、z轴）方向磁场强度值及总磁场强度值信息。因此，提取地磁场信息的计算工作量相对较少，这对于实现地磁室内定位来说是有帮助的。

建筑物内部走廊存在较多铁磁性设备，是较好的实验场地，通过磁传感器可以测得室内空间地磁场变化情况。下面以建筑物内部走廊为例，就地磁场随室内空间的变化进行实验。

将传感器载体坐标系 y 轴指向北方向，距固定铁磁性材料（如防盗门、承重柱、消防栓等）垂直于走廊中轴线方向 10 cm 处，沿走廊方向以 0.2 m/s 的速度拉动传感器，采集走廊一维地磁场。坐标轴横轴代表磁传感器行进的距离，单位为米；纵轴代表磁场强度值，单位为微特斯拉；磁传感器沿走廊方向经过每个设备所产生的数值曲线，每一个谷值可标记为一个铁磁性设备。研究建筑物走廊一维磁场分布，如图3.3所示，该次实验磁场强度值变化范围是 22.56～56.79 μT，其变化范围之广，可以充分说明在室内环境下，地磁场随空间的变化十分明显。在各个设备周围，磁场强度值都有先减小后增至与变化前基本持平的趋势，承重柱和106室防盗门的磁场强度值大致相同，但变化趋势不同，主要原因是两固定干扰要素体积上存在差异，造成曲线变化趋势不同。

3.1.3　地磁室内定位精度

从理论上说，地球上任意点的地磁坐标都是不同的，在水平坐标相同的条件下，如果高度不同，三维地磁数据也是不相同的。基于该理论依据，可以得到地磁定位效果更好的结论。地磁室内定位相对于其他室内定位技术来讲，其室内定位精度较高。以 Wi-Fi 定位技术为例，其需要多个定位基站才能确定移动终端的位置，但该位置只是一个范围，定位精度在米级。在室内，如果定位精度在米级的话，很有可能出现定位错误。而室内地磁场差异较大，每一个地方都有一个磁场强度值，这对于室内定位来说是很有意义的。有实验表明地磁室内定位技术定位精度为 0.1～2.0 m，是 Wi-Fi 定位技术无法逾越的精度。室内定位技术相关精度评定及难易程度对比如图 3.4 所示。

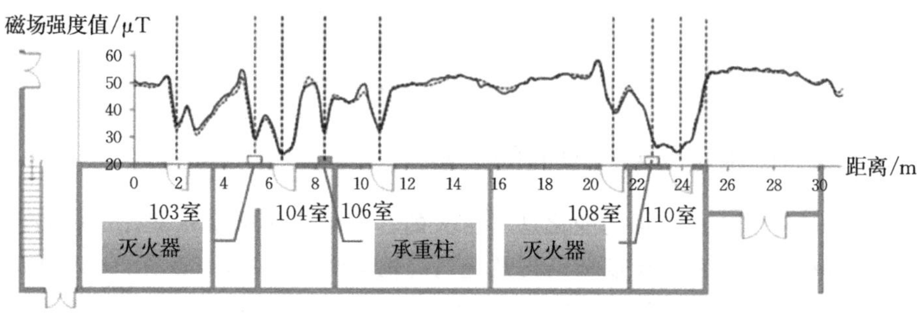

图 3.3 建筑物走廊一维磁场分布

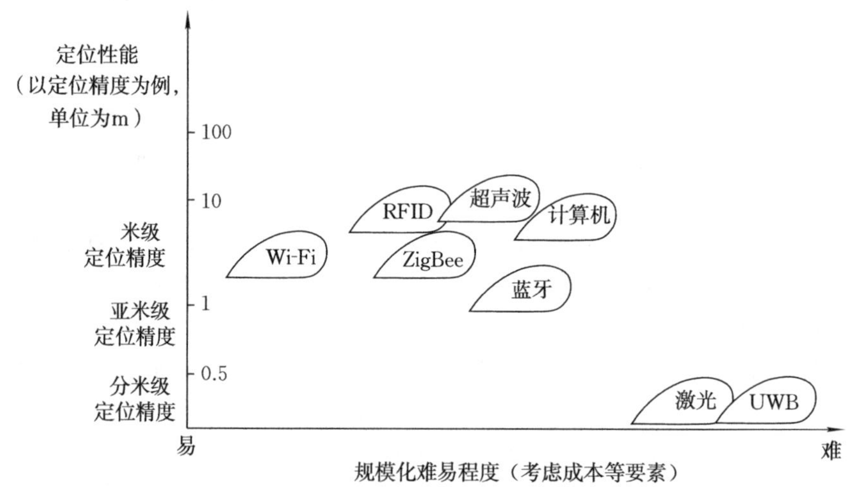

图 3.4 室内定位技术相关精度评定及难易程度对比

§3.2 地磁传感模块

3.2.1 传感器

传感器是一种检测装置，能感受到被测物体的信息，并能将感受到的信息按一定规律变换成电信号或其他所需形式的信息输出，以满足信息的传输、处理、存储、显示、记录和控制等要求。其特点包括：微型化、数字化、智能化、多功能化、系统化、网络化。它是实现自动检测和自动控制的首要环节。传感器的存在和发展让物体有了触觉、味觉和嗅觉等感官，让物体慢慢“活”了起来。根据基本感知功能分为热敏元件、光敏元件、气敏元件、力敏元件、磁敏元件、湿敏元件、声敏元件、放射线敏感元件、色敏元件和味敏元件等十大类。一些常用的传感器如图 3.5 所示。

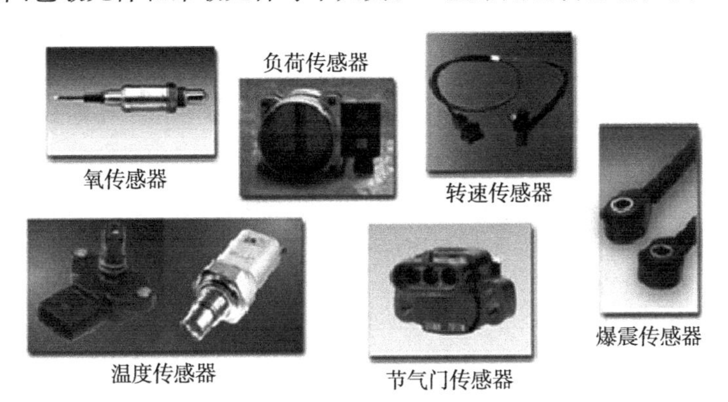

图 3.5　传感器器件

在基础学科研究中，传感器更具有突出的地位。随着现代科学技术的发展，传感器进入了许多新领域。例如，在宏观上要观察上千光年的茫茫宇宙，微观上要观察小到飞米(1×10^{-15} m)的粒子世界；纵向上要观察长达数十万年的天体演化，以及短到秒的瞬间反应。此外，还出现了对深化物质认识、开拓新能源和新材料等具有重要作用的各种极端技术研究，如超高温、超低温、超高压、超高真空、超强磁场、超弱磁场等。显然，要获取大量人类感官无法直接获取的信息，没有相适应的传感器是不可能的。许多基础科学研究的障碍就在于对象信息的获取存在困难，而一些新机理和高灵敏度的检测传感器的出现，往往会推动该领域内的突破。一些传感器的发展，往往是一些边缘学科开发的先驱。

3.2.2　磁传感器

随着自旋电子学、新型纳米材料、微纳加工等理论与技术的异军突起，传感器技术尤其是磁传感器技术得到了飞速发展。早先的磁传感器是伴随测磁仪器的进步而逐步发展的。在众多的测磁方法中，大都将磁场信息变成电信号进行测量。测磁仪器中的“探头”或“取样装置”就是磁传感器。

随着信息产业、工业自动化、交通运输、电力电子技术、办公自动化、家用电器、医疗仪器等的飞速发展和电子计算机应用的普及，需要大量的传感器将需进行测量和控制的非电参量转换成可与计算机兼容的信号，以作为它们的输入信号，这就给磁传感器的快速发展提供了机会，形成了相当可观的磁传感器产业。

地磁传感器属于磁敏元件，可用于检测车辆的存在和车型识别。数据采集系统在交通监控系统中起着非常重要的作用，而地磁传感器是数据采集系统的关键部分，其性能对数据采集系统的准确性起决定作用。其工作方式是利用地球磁场在铁磁物体通过时的变化来检测，因此不受气候的影响；通过对灵敏度的设置可以识别铁磁性物体的大小，由此可以判断出检测物体的磁感应强度的大小；由于对非磁性物体没有反应，在监测某物体磁感应强度的过程中可避免误检等状况。自从磁传感器作为一种独立产品进行应用以来，从 1×10^{-14} T 的人体弱磁场到高达 25 T 以上的强磁场，都可以找到相应的传感器进行检测。目前应用的磁传感器的主要类型如表 3.1 所示。

表 3.1 磁传感器的主要类型

名称	工作原理	感应范围/T	主要用途	备注
霍尔效应器件	霍尔效应	$1\times10^{-7}\sim10$	磁场测量，位置和速度传感，电流、电压传感等	品种包括霍尔片开关、线性和各种功能集成电路
半导体磁敏电阻	磁敏电阻效应	$1\times10^{-3}\sim1$	旋转和角度传感	对垂直于芯片表面磁场敏感
磁敏二极管	复合电流的磁场调制	$1\times10^{-6}\sim10$	位置和速度及电流、电压传感	
载流子畴器件	载流子畴的磁场调制	$1\times10^{-6}\sim1$	磁强计	输出频率信号
磁敏晶体管	集电极电流或漏极电流的磁场调制	$1\times10^{-6}\sim10$	位置和速度及电流、电压传感	包括双极、MOS 晶体管
金属膜磁敏电阻器	磁敏电阻的各向异性	$1\times10^{-3}\sim1\times10^{-2}$	磁读头、旋转编码器速度检测	包括三、四端，二、三维和集成电路
巨磁电阻器	磁耦合多层膜或自旋阀	$1\times10^{-3}\sim1\times10^{-2}$	高密度磁读头	
非晶金属磁传感器	磁率或马泰乌奇效应等	$1\times10^{-9}\sim1\times10^{-3}$	磁读头、旋转编码器、长度检测等	包括双芯多谐振荡桥磁场传感器、个人计算机手写输入装置、巴克豪森器件等
巨磁阻抗传感器	巨磁阻抗或巨磁感应效应	$1\times10^{-10}\sim1\times10^{-4}$	旋转和位移传感，大电流传感	
维甘德器件	维甘德效应	1×10^{-4}	速度检测脉冲发生器	
磁性温度传感器	居里点变化或初始导磁率随温度变化	$-50\sim250$	热磁开关，温度检测	
磁致伸缩传感器	磁致伸缩效应		各种力学量传感，位置和速度传感	包括力、形变、压力、震动、冲击、转矩测量等传感器

续表

名称	工作原理	感应范围/T	主要用途	备注
磁电感应传感器	法拉第电磁感应效应	$1\times10^{-3}\sim1$	磁场测量及位置和速度传感	
磁通门磁强计	材料的B-H饱和特性	$1\times10^{-11}\sim1\times10^{-2}$	磁场测量	
核磁共振磁强计	核磁共振	$1\times10^{-12}\sim1\times10^{-2}$	磁场精密测量	
磁光传感器	法拉第效应或磁致伸缩效应	$1\times10^{-10}\sim1\times10^{-2}$	磁场测量及电流、电压传感	包括磁光、光纤磁传感器
超导量子干涉器件	约瑟夫森效应	$1\times10^{-14}\sim1\times10^{-8}$	生物磁场检测	

磁传感器大致分为两类，即向量磁力计、标量磁力计。在进一步讨论之前，先比较一些用来描述磁场强度的单位，即

$$1\text{T}=1\times10^{4}\text{Oe}=1\times10^{4}\text{Gs}=1\times10^{9}\text{gamma}=1\times10^{12}\text{pT}=1\times10^{15}\text{fT}$$

几乎所有的向量磁力计都遭受黑钨矿、镍铁钴、铜、镍铁钴等噪声的影响，在地磁设备上进行工作可以减轻噪声影响，因此，利用微电子机械系统（micro-electro-mechanical system，MEMS）磁通器将磁力计的工作频率范围设定在免受噪声影响的范围内是减少噪声的前提。此外，磁力计磁性大小还受其自身旋转振动的影响。

标量磁力计在旋转振动方面，具有很重要的灵敏度优势，它的机理是利用电子之间的分裂或核自旋能级协同工作，其大小正比于在磁力测定范围内的磁场强度值大小，并且利用共振现象可以获得更高灵敏度。

3.2.3　磁传感器技术的发展

从物理学和材料科学领域可以了解到磁传感器种类繁多，其性能和应用场合各异。图3.6列出了最常见的磁传感器技术，并比较其近似的灵敏度范围。其中，E和GMN分别用来表明地球磁场的强度和地磁噪声。由于地球磁场庞大，传感器的灵敏度势必有一个大范围的变化，因此，可以使用线圈来减少位置传感器的磁场强度值。事实上，人们一直都在追求一种性能优越的磁传感器，而其中具有发展潜力、高性能、小型化、低功耗、低成本的传感器类型更是备受关注。因此，MEMS等微型地磁传感器走上了历史舞台。

3.2.4　MEMS地磁传感器

MEMS[78-79]即微电子机械系统，称微机电系统，是指可以批量制造的集微型结构、微型传感器、微型执行器，以及信号处理电路、接口、通信和电源于一体的微

型器件或系统。它用相对较低的成本把具有超前功能的、可靠的、复杂的系统置于一个小小的硅片上，并将灵敏的感觉、控制功能与微电子元件集成为一体，从而极大地拓宽了其设计及运用空间。

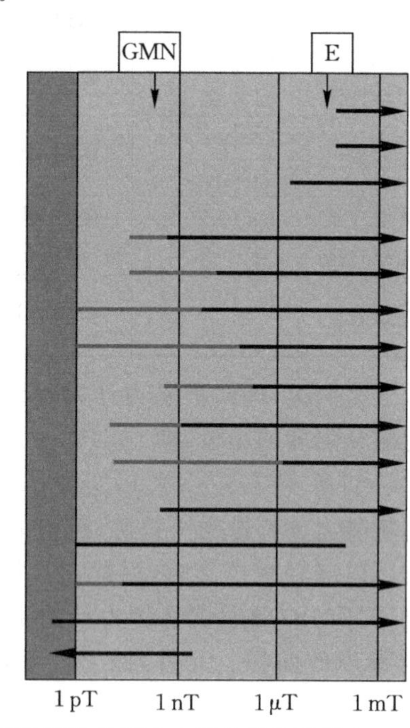

图 3.6 磁传感器的分辨力水平及其发展潜力

图 3.7 HMC5983 磁传感器

例如，HMC5983 磁传感器(图 3.7)是一款带有温度补偿的三轴电子罗盘传感器。它是一种表面贴装的高集成模块，其内部镶嵌了高分辨率的 HMC118X 系列磁阻传感器，包括自动消磁带、偏置带和一个 12 bit 模拟与数字信号转换器。这款产品航向角的精度达到 1°～2°，常被应用于磁场的测量。该款产品有诸多优点：①可自带温度补偿的数据输出，这对于在不同室内温度下的地磁场测量来说是很有利的；②最大输出频率是 220 Hz，满足本书中所有实验数据输出频率；③有十分方便的集成电路总线(inter-integrated ciruit，I2C)或者串行外设接口(serial peripheral interface，SPI)，这对于数据的传输十分有帮助；④其宽范围的磁场量程完全满足本书中实验所需量程；⑤低功耗，内置有驱动电路。HMC5983 磁传感器的主要参数如表 3.2 所示。

表 3.2　HMC5983 磁传感器的主要参数

参数	数值
产品分类	传感器，转换器≫磁性－罗盘，磁场(模块)
系列	—
轴	x,y,z
测量范围	±1～8 Gs
测量对象	磁场强度，方向
分辨率	2 mGs
类型	数字罗盘
封装或外壳	16-LPCC
接口	I2C，SPI

地磁数据读取流程如图 3.8 所示。

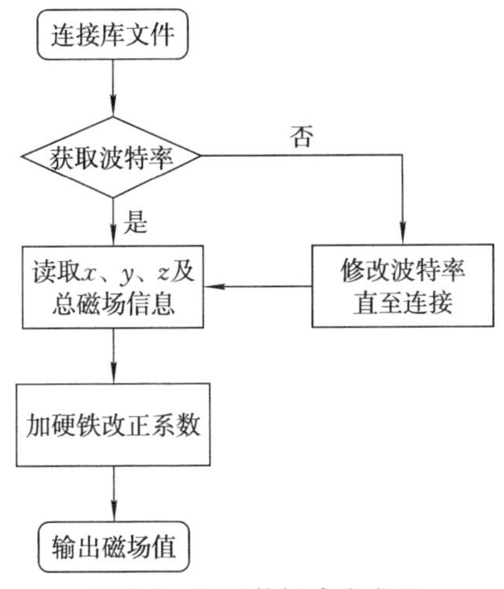

图 3.8　地磁数据读取流程

硬铁改正系数是磁传感器经过硬铁改正实验得到的系数，是一个常数。硬铁改正实验将在 §3.3 中详细说明，这里不再赘述。

3.2.5　外置磁传感器和手机内置磁传感器数据的一致性研究

外置磁传感器是地磁数据采集用传感器，手机内置磁传感器是地磁室内定位用传感器，研究两者的一致性十分必要。下面针对两传感器进行对比实验：场地选定为建筑物内部走廊，设置两传感器采样间隔都是 200 ms，自身坐标 y 轴方向一致并指向北方向，距承重柱垂直于走廊中轴线方向 0.1 m 处，持续采集 15 s 的地磁数据；再将距离改为 0.2 m 后进行上述实验，以此类推，直到距离增至 2 m 时采集结束。检验结果如表 3.3 所示。

表 3.3 外置磁传感器和手机内置磁传感器数据一致性检验结果

距离/m	0.1	0.2	0.3	0.4	0.5	0.6	0.7	0.8	0.9	1.0
外置/μT	56.04	52.19	48.88	46.91	44.86	43.63	43.23	42.67	42.57	42.40
内置/μT	55.59	51.79	49.35	47.32	44.37	43.28	43.03	42.43	42.43	42.02
差值/μT	0.45	0.40	−0.47	−0.41	0.49	0.35	0.20	0.24	0.14	0.38
距离/m	1.1	1.2	1.3	1.4	1.5	1.6	1.7	1.8	1.9	2.0
外置/μT	42.31	42.29	42.21	42.26	42.28	42.27	42.22	42.29	42.25	42.29
内置/μT	42.04	42.05	42.14	42.02	42.06	42.08	42.15	42.09	42.03	42.15
差值/μT	0.27	0.24	0.07	0.24	0.22	0.19	0.07	0.20	0.22	0.14

两传感器在同一距离上的磁场强度值之差均为 70～490 nT，是实验室所在位置平均磁场强度值(51.65 μT)的 0.14%～0.95%，该百分比说明外置磁传感器和手机内置磁传感器在灵敏度上保持了一致性。这是后期相关地磁实验的前提。

§3.3 硬铁改正及干扰因素

3.3.1 硬铁改正

磁传感器自身的各个电子元器件设计时位置是相对恒定的，通电后会产生一个相对恒定的干扰场，该干扰场称为硬铁干扰场。干扰场与磁传感器的相对位置固定，在磁传感器输出值上加一个定值便消除了硬铁干扰场。由于磁传感器的体积较小，硬铁干扰场产生的磁场在传感器周围均有分布，产生的合成磁场分量是不变的。磁传感器在出厂前未经过硬铁补偿，因此，应先进行硬铁补偿。

理论上，磁传感器绕 z 轴旋转所产生的 x 轴和 y 轴磁场强度值应形成圆圈，其圆心应位于 $O(0,0)$，但因硬铁干扰的存在会使圆心偏离(0,0)。 智能手机内部存在不同类型的传感器，势必对内置磁传感器有一定的干扰。手机内置磁传感器硬铁干扰场是由永久磁铁或被磁化的金属造成的，因此要对该偏离进行校正。

以磁传感器的 z 轴为旋转轴均匀旋转一周，并记录整个过程中磁场 x 轴和 y 轴方向的磁场分量。硬铁补偿改正数即标度系数(x_{sf}, y_{sf}) 与 x 轴和 y 轴磁场强度值偏移量(x_{off}, y_{off}) 的计算公式为

$$\left.\begin{aligned} x_{sf} &= \max\left(1, \frac{y_{max} - y_{min}}{x_{max} - x_{min}}\right) \\ y_{sf} &= \max\left(1, \frac{x_{max} - x_{min}}{y_{max} - y_{min}}\right) \\ x_{off} &= \left(\frac{x_{max} - x_{min}}{2} - x_{max}\right) x_{sf} \\ y_{off} &= \left(\frac{y_{max} - y_{min}}{2} - y_{max}\right) y_{sf} \end{aligned}\right\} \tag{3.1}$$

式中，$(x_{\max}, x_{\min})$ 及 $(y_{\max}, y_{\min})$ 分别为磁场 x 轴和 y 轴方向的最大值和最小值。用所得出的磁场强度值偏移量计算改正数，完成对该磁传感器的硬铁补偿，即

$$\left.\begin{aligned} x_{\mathrm{v}} &= h_x x_{\mathrm{sf}} + x_{\mathrm{off}} \\ y_{\mathrm{v}} &= h_y y_{\mathrm{sf}} + y_{\mathrm{off}} \end{aligned}\right\} \tag{3.2}$$

式中，(h_x, h_y) 为 x 轴和 y 轴方向的原始磁场强度值，$(x_{\mathrm{v}}, y_{\mathrm{v}})$ 为硬铁补偿后的 x 轴和 y 轴方向磁场强度值。

在同等环境下，分别对手机内置磁传感器、外置磁传感器进行测试，主要目的是消除磁传感器的硬铁干扰，如图3.9所示。

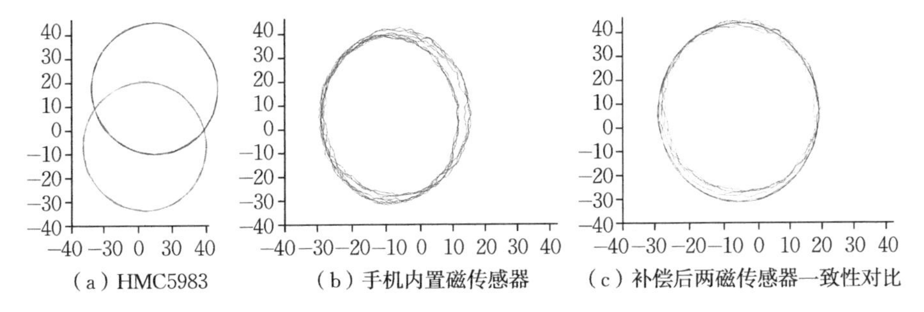

图3.9　不同磁传感器的硬铁补偿

图3.9(a)是HMC5983磁传感器在补偿前后的对比，实线圆圈代表磁传感器绕自身 z 轴旋转生成的原始 x 轴、y 轴数据，虚线圆圈代表磁传感器 x 轴、y 轴原始数据加上改正数后绕 z 轴旋转生成的 x 轴、y 轴数据；图3.9(b)是手机内置磁传感器在补偿前后的数据对比，实线圆圈代表手机绕自身 z 轴旋转而生成的原始 x 轴、y 轴数据，虚线圆圈代表磁传感器 x 轴、y 轴原始数据加上改正数后绕手机 z 轴旋转生成的 x 轴、y 轴数据。如图3.9(c)所示，智能手机受硬铁干扰的影响较小，经硬铁改正后的两磁传感器在地磁数据采集上有很好的一致性。

3.3.2　静态干扰

磁传感器因具有小巧灵活、大面积采集数据效率高、多传感器可协同工作等优点而作为地磁数据采集设备。存在静态干扰要素的建筑物室内有十分强烈的干扰磁场，这是由磁性材料及电子设备导致的，这些铁磁性设施包括防盗门、消防栓、支撑柱、电箱等。如图3.10所示，实线是磁传感器距离静态干扰要素的变化磁场强度值的变化情况，虚线是手机内置磁传感器磁场强度值随其与静态干扰要素距离变化的情况。设置两磁传感器采样间隔为200 ms，y 轴均指向北方向，距承重柱垂直于走廊中轴线方向0.1 m处持续采集15 s的地磁数据；之后距承重柱垂直于走廊中轴线方向0.2 m处持续采集15 s的地磁数据；以此类推，直至采集完成距承重柱垂直于走廊中轴线方向2 m处的地磁数据。

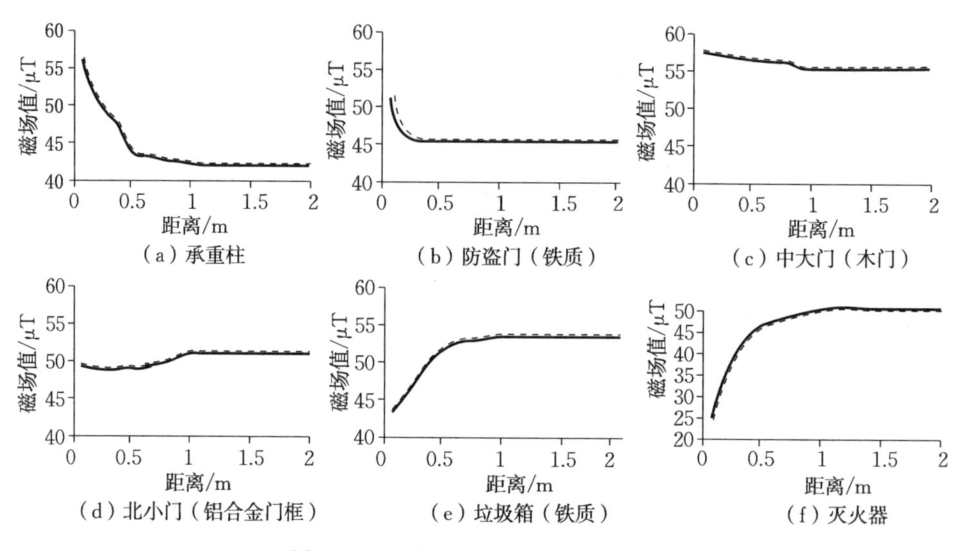

图 3.10 不同铁磁性设施的静态干扰

如图 3.10 所示,很多铁磁性设备在 0.1～0.5 m 处变化趋势十分明显,在 0.5 m 后曲线趋于平缓,这一现象表明大部分的静态干扰要素的影响范围在 0.5 m 左右;中大门和北小门的门体材质分别是木质和铝合金,根据数据得知,这两个设备对其周围磁场干扰不明显,而其他四个设备材质均为铁质(磁性材料),对周围磁场影响较为明显。铁磁性材料及电子设备对磁场影响很大,同时,因静态干扰要素周围的磁场明显异于外围磁场,故可将静态干扰要素作为地磁室内定位的标识。

3.3.3 动态干扰

建筑物室内产生干扰磁场的可移动设施有很多,如家具、可移动的磁性材料及音响、电视机、空调等可移动的电器设备。当这些动态干扰要素移动时,室内的磁场分布也会随之变化。因此,确定可移动设施的磁场干扰强度是很重要的。将磁传感器的采样间隔设为 500 ms,磁传感器载体坐标系的 y 轴指向北方向,以 0.2 m/s 的速度采集无移动干扰要素的室内地磁图;然后将一些可移动的磁性材料和电子设备放在室内互不干扰的位置(它们之间相距大于 1 m),再采集一张实验场内部地磁图,如图 3.11 所示。其中:室内模拟图表明不同动态干扰要素的位置;无干扰要素地磁图表示在无动态地磁干扰要素条件下,测得的地磁基准图;有干扰要素地磁图表示在室内模拟图下测得的室内地磁图;干扰要素影响图即有干扰因素地磁图减无干扰因素地磁图生成的差值图。

从图 3.11 的干扰因素影响结果可见:在铁制椅子、铁制桌子、打印机、计算机主机和铁制自行车周围都存在很大程度的磁场强度值减小情况,但经过研究发现,上述动态干扰要素的影响范围均在0.5 m内，在0.5 m外磁场强度值就不会受到上述设施的影响；音箱对其周围的磁场影响很大，但影响范围在0.7 m内，超过这个距离音箱对磁场的影响会很小，可忽略不计；人对磁场的影响很小，可忽略不计。因此，动态干扰要素对地磁基准图的建立有一定的影响，但是影响范围大多为0.5～0.7 m，在0.7 m以外磁场影响很小，可忽略不计。

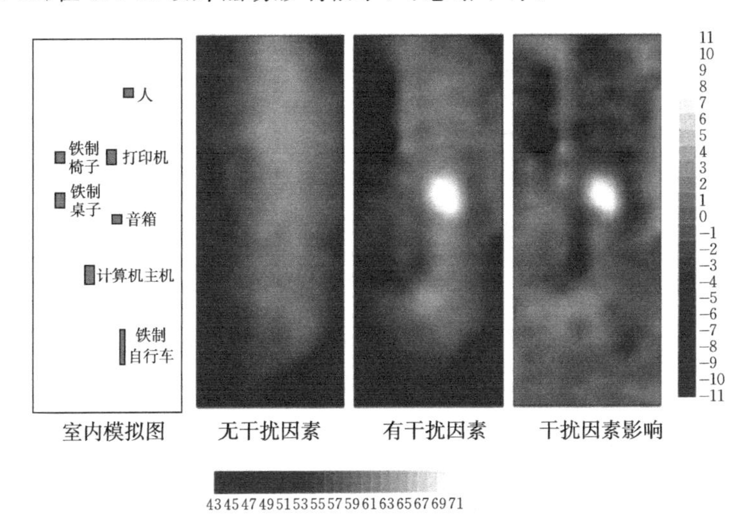

图3.11　不同可移动设施的动态干扰

动态干扰要素对地磁场的影响是不可忽略的，并且它的可移动性对室内地磁基准图的生成将会产生不利的影响，因此，在地磁基准图数据采集过程中，应该尽量躲避动态干扰要素，避免近距离接触。

3.3.4　干扰要素周围磁场分布规律

图3.10中承重柱、防盗门、中大门这三个静态干扰要素曲线的下降趋势明显，而北小门、垃圾箱、灭火器这三个静态干扰要素曲线的上升趋势明显。建筑物室内磁场由磁性材料或通电电流引起。在本小节研究的静态干扰要素中，静态干扰要素附近磁场强度值的变化归因于磁性材料。因此，本小节需要建立一个十分精确的磁场强度值变化理论模型。基于铁磁性材料的剩余磁感应强度、尺寸及磁传感器与静态干扰要素的测量距离，可计算出不同测量距离上的磁场强度值，其公式为

$$B=\frac{B_{\mathrm{r}}}{\pi}\left[\arctan\left(\frac{ab}{2z\sqrt{4z^{2}+a^{2}+b^{2}}}\right)-\arctan\left(\frac{ab}{2(z+h)\sqrt{4(z+h)^{2}+a^{2}+b^{2}}}\right)\right] \tag{3.3}$$

式中，B为磁场强度值，B_{r}为剩余磁感应强度，a、b、h分别为所测磁性材料的长、宽、高，z为到待测磁性材料表面的垂直距离。

将磁传感器的采集值和根据式(3.3)计算的理论值进行比较。如图3.12所

示，实线代表磁传感器测得磁场强度值随距离变化曲线；虚线为模型计算的磁场强度值曲线；理论值和磁传感器的实测值在趋势上保持一致性，承重柱磁场强度值逐渐变小最后趋于平缓，而灭火器则逐渐增大最后趋于平滑。造成这种现象的原因有两个：①所测对象的剩余磁感应强度不同；②所测对象体积不同。

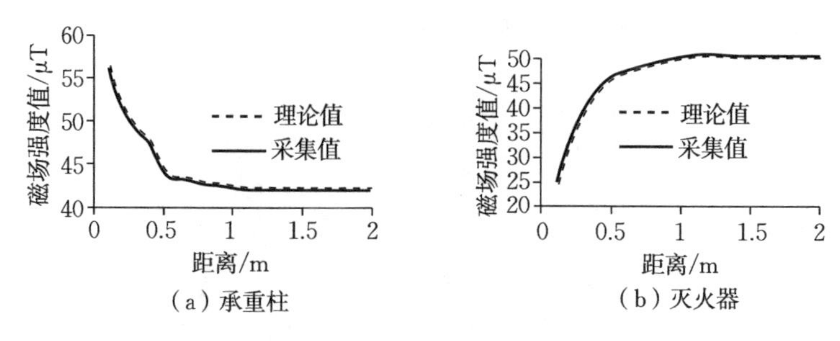

图 3.12 不同静态干扰要素周围的磁场分布

剩余磁感应强度由专业电子设备测得，承重柱体积 0.4 m×0.2 m×3 m，而灭火器体积 0.6 m×0.2 m×0.6 m，通过式(3.3)的计算即可得出上述两种变化趋势。

对磁性材料周围磁场分布规律的研究，揭示了静态干扰要素周围磁场分布情况，为研究多静态干扰要素组合定位奠定了坚实的理论基础。

§3.4 室内地磁数据采集系统

地磁室内定位系统的组成包括航迹推算模块、地磁数据采集模块、无线通信模块、避障模块、同步数据采集模块、主控模块等，各模块的组成及功能如下。

3.4.1 航迹推算模块

航迹推算模块[80-82]将惯性导航传感器和车轮编码器的数据进行融合，实现精确室内导航。将惯性测量元件(inertial measurement unit，IMU)，如陀螺仪传感器、加速度传感器、磁传感器，直接安装在移动平台上形成捷联式惯性导航系统，用于获取姿态、速度、航向等信息；由计算机对这些测量信号进行收集处理并变换为导航参数，进而得出室内导航坐标信息。车轮编码器的“U”形测速装置可利用栅格码盘将测得的电信号传输给主控模块，主控模块通过计算可得出移动平台的行进路程及当前速度，该计算结果可与惯性导航装置测得的数据进行互补融合，使得移动平台室内定位更加精确。要想得到移动平台的运动轨迹，就必须清楚地了解其几何中心与两车轮编码器的几何位置，如图 3.13 所示。关于航迹推算的原理及算法将在后文中详细介绍。

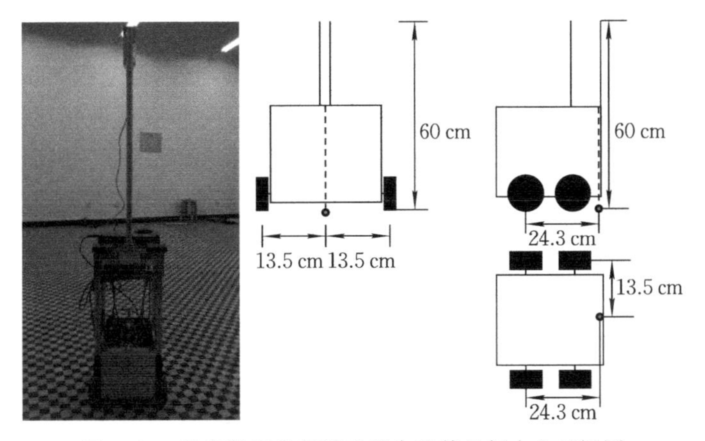

图 3.13　地磁数据采集移动平台及其几何中心三视图

3.4.2　地磁数据采集模块

地磁数据采集模块利用地磁传感器采集室内的三维地磁基准图数据，将采集来的数据经计算机处理后生成地磁基准图，用来进行地磁室内定位。例如，在移动平台上安置一个长 1.2 m 的铝制小棍，将小棍竖直放置在小车上并固定好，将磁传感器放置在小棍顶部，目的是防止移动平台自带的电机及铁磁性设备影响正常地磁数据采集。地磁场源于地球内部，其相对比较稳定，受外界影响较小，理论上说，地球上任意一个点的地磁数据都不同，甚至在同一地点位于海拔不同的点，其地磁数据也不相同，这便为地磁定位提供了理论依据。该技术的优点：无须额外铺设定位辅助设施，并且定位准确、功耗低、无污染。

3.4.3　无线通信模块

无线通信（wireless communication）是利用某种电磁波、声波等信号可以不依赖线缆在空间中传播的特性进行信息交换的一种通信方式。近些年，信息通信领域中发展最快、应用最广的就是无线通信技术。在移动中实现的无线通信又通称为移动通信，也称为无线移动通信。

利用蓝牙无线通信技术实现数据的传输，是广受业界专家与学者关注的近距无线通信技术。它以低廉的短距离无线连接技术为固定或移动终端设备提供接入服务。利用蓝牙技术可以有效地简化电子设备和计算机及移动通信终端之间的通信。本书中移动平台上装有蓝牙无线传输装置，利用蓝牙技术建立移动平台和计算机之间的通信，然后通过安装在计算机上的操作程序控制移动平台，按照预先的规划路径采集室内地磁基准图数据。蓝牙技术是本书移动平台无线遥控及数据无线传输的前提。

下面介绍一款使用较多的无线通信模块：HC-06 蓝牙通信模块(图 3.14)。该蓝牙通信模块的引脚接口有 VCC、GND、TXD、RXD，分别是电源正极、电源负极、发送数据引脚及接收数据引脚。模块可在空旷的室内环境下进行无线数据传输，有效距离为 10 m。当与计算机或智能手机的蓝牙配对后，就可进行通信，支持的通信格式是 8 位数据位、1 位停止位、无奇偶校验，不支持其他格式。该模块有诸多优点，在有效距离内信号传输稳定，体积十分小巧(3.57 cm×1.52 cm)，而且 Arduino 主控板上预留有蓝牙通信模块接口，该链接为从机。

图 3.14　蓝牙通信模块

本书的研究选择 HC-06 蓝牙通信模块作为室内地磁数据传输的工具，以建立 Arduino 主控板与计算机的数据无线传输通道；在数据传输过程中，保证数据传输距离在 10 m 以内，以保障数据的真实有效性。

3.4.4　避障模块

避障模块由红外避障传感器和超声波避障传感器组成。红外避障传感器通过向外界发射红外线信号，采集与周围环境中的障碍物的距离信息，以电信号的方式返还给主控模块，根据设置的相关程序，实现及时避开障碍物的功能。同样，超声波避障传感器也向外界发射信息，其距离很远，而且十分准确，可获取远距离的环境信息，是移动平台及时做好避障准备的基础。通过这两种传感器协同工作，可进一步实现移动平台的自动循迹及避障功能。

红外避障传感器(图 3.15)由红外线发射管及红外线接收管组成，通过发射管可以发射一定频率的红外线，当检测方向有障碍物存在时，障碍物反射回来的红外信号被接收管采集到，在经过比较器电路处理之后，绿色指示灯会亮起，同时，信号输出接口输出数字信号。该传感器可检测的有效距离范围为 2～30 cm，其工作电压为 3.3～5 V。传感器主动发射红外线并进行反射探测，因此，目标的反射率和形状是探测距离的关键。红外线受外界光照环境影响很大，其中如果障碍物的颜色为黑色，探测距离就会不够精确，因为黑色能够吸收很多的红外线，致使反射回来的红外线很少，影响测量精度。在强光条件下，该红外避障传感器可能会失效，故还需要其他测距传感器互相辅助，共同完成测距工作。红外避障传感器外型小巧，又搭载简单，被广泛地应用于智能车避障及黑白线循迹等场合。

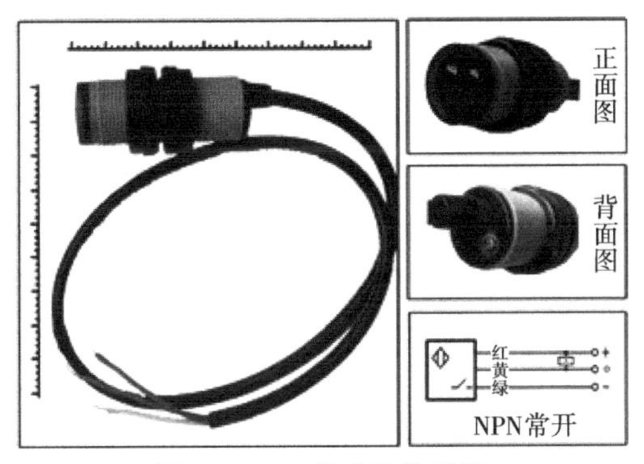

图 3.15　红外避障传感器

HC-SR04 超声波测距模块属于非接触式的距离测量传感器，测距精度高达 3 mm，测量范围为 2～400 cm，是一款能测量远距离障碍物的避障传感器，如图 3.16 所示。

图 3.16　超声波避障传感器

超声波避障传感器主要利用多普勒原理，它的工作方式和红外避障传感器相似。首先，它向外界发射高频的超声波，当遇到障碍物时，超声波被反射回来，其距离计算公式为：距离＝(高电平时间×声速)/2。其中，高电平时间就是超声波从发射到返回的时间。当该传感器遇到障碍物时，超声波传感器会发射 8 个频率为 40 kHz 的电平，在发射头发射的同时，发射头还兼具着检测反射信号的功能，一旦检测到有回波信号，可通过发射信号和回波信号的时间间隔计算传感器与障碍物之间的距离。因此，超声波避障传感器的简化计算公式为：距离＝$T/58$（T 为接收高电平时间，取以微秒 μs 为单位的数值，计算出的距离是以 cm 为单位的数值）。超声波避障传感器性能稳定，测距精确度高，盲区比较小。它有诸多方面的应用，如轮式机器人避障、公共场所安防及停车场检测等。该型号传感器测量盲区是 2 cm，故在 2 cm 范围内可换成红外避障传感器进行测量，以免在短距离中发生碰撞。

在智能移动平台的前、左、右分别放置一个超声波避障传感器，在前面的两侧分别放有两个红外避障传感器。前置的超声波避障传感器安装在一个舵机上，设置前置超声波避障传感器的距离阈值为 20 cm，设置两侧超声波避障传感器距离阈值为 10 cm，当在该距离阈值范围内，智能移动平台根据相关程序进行避障运动。图 3.17 为避障模块工作流程。

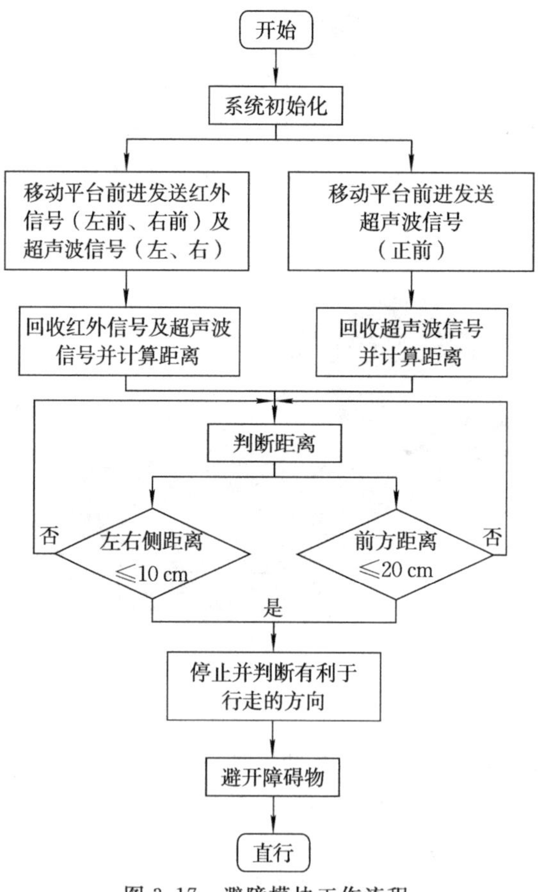

图 3.17 避障模块工作流程

3.4.5　同步数据采集模块

同步数据采集模块主要是同步采集移动平台上多信道编码器的脉冲信号，并将脉冲信号转化为计算机所识别的数字信号，具体流程如图 3.18 所示。

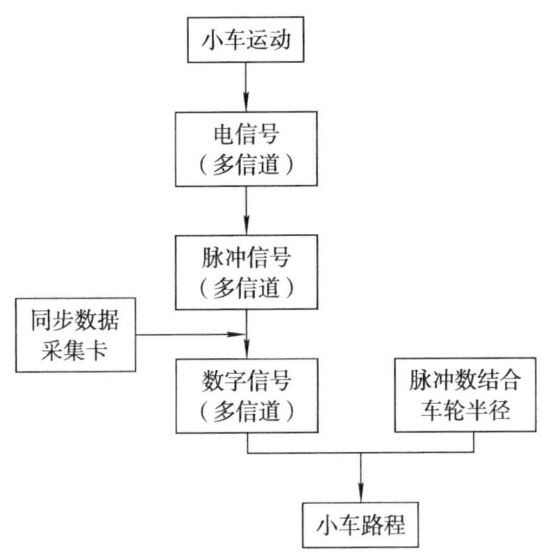

图 3.18　多信道编码器采集输出流程

以美国 NI 公司生产的同步数据采集模块 USB-QUAD08 为例，两信道编码模块同步数据采集的步骤及方法，如图 3.19 和图 3.20 所示。

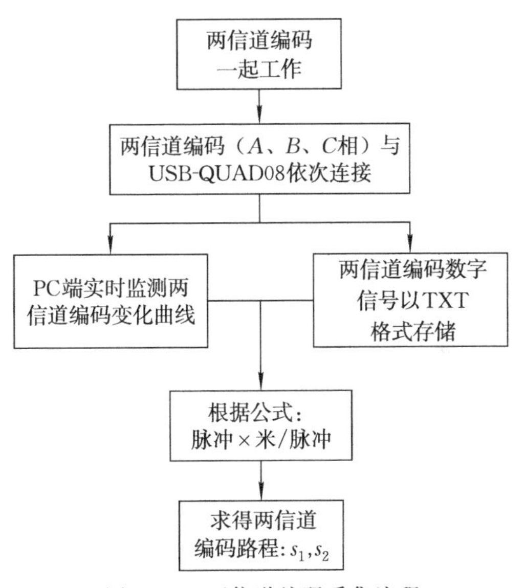

图 3.19　两信道编码采集流程

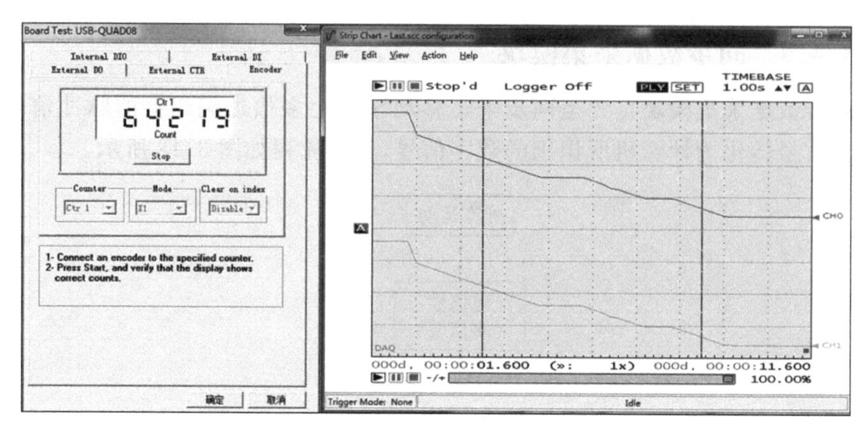

图 3.20 USB-QUAD08 实时监测显示界面

3.4.6 主控模块

主控模块分为数据采集模块、数据控制模块、数据显示模块、数据传输模块四大模块。

数据采集模块的功能是把周围环境信号转化为数字量并传递给计算机，需要给它指定信道名、采样率、缓存大小并做初始化等。

数据控制模块是主控模块的核心，指导其他三大模块正常工作。

数据显示模块是将采集到的环境信号以数字量的形式显示在计算机上。

数据传输模块利用某种主控板，将传感器与其连接，达到数据传输的目的。

以 Arduino 主控板为例，它源于意大利的一个开放源代码的硬件项目平台，该平台包括一块具有简单输入输出功能的电路板及一套程序开发环境软件。Arduino 主控板成本很低，而且开发方便，就像搭积木一样将所需传感器经过一定的插线规则进行连接，Arduino 产品是一款便捷灵活开源电子原型平台，功能十分强大，预留很多特有的传感器接口，人性化设计使初学者很容易上手。

图 3.21 Arduino Mega 2560 主控板

本书以 Arduino Mega 2560 主控板(图 3.21)作为智能移动平台主控模块[83]。该主控板拥有很强大的传感器搭载能力，有 54 个数字输入输出端口，包括 14 个能够实现脉冲宽度调制(pulse width modulation，PWM)输出的端口、16 个模拟输入端口、4 个硬件串行端口、1 个 16 MHz 的晶体振荡器；同时，还留有 USB 接口、电源插口、ICSP 接口，以及重置按钮等，仅需要用 USB 数据线连接到计算机上或 7～12 V 电源适配器连接电池即可。

主控模块工作原理即地磁基准图数据采集流程如图3.22所示。

(1)将各个传感器按照一定的规则与主控板进行连接,组成智能移动平台。

(2)在室内环境下确定一个控制点坐标作为航迹推算的起始点,该点可由历史资料或由室外卫星定位测量控制点通过全站仪联测得到。

(3)人为判断室内环境复杂程度。如果室内环境复杂程度低,可通过串口调试工具向智能移动平台发出自动采集模式指令。自动采集模式就是在室内环境下自动采集,无人工干扰,该模式适用于有空旷走廊的室内环境。如果室内环境复杂程度高,可通过串口调试工具向智能移动平台发出人工遥控采集模式指令。人工遥控采集模式就是通过串口调试工具中的移动按钮,根据室内环境人工手动控制采集路线,该模式适用于室内环境较为复杂的情况。

(4)在自动采集模式下,根据建筑物结构图按照预先设计好的“S”型航迹进行三维地磁数据采集。在人工遥控模式下,先建立计算机与智能移动平台的通信,再通过蓝牙无线数据传输模块对智能移动平台进行控制。

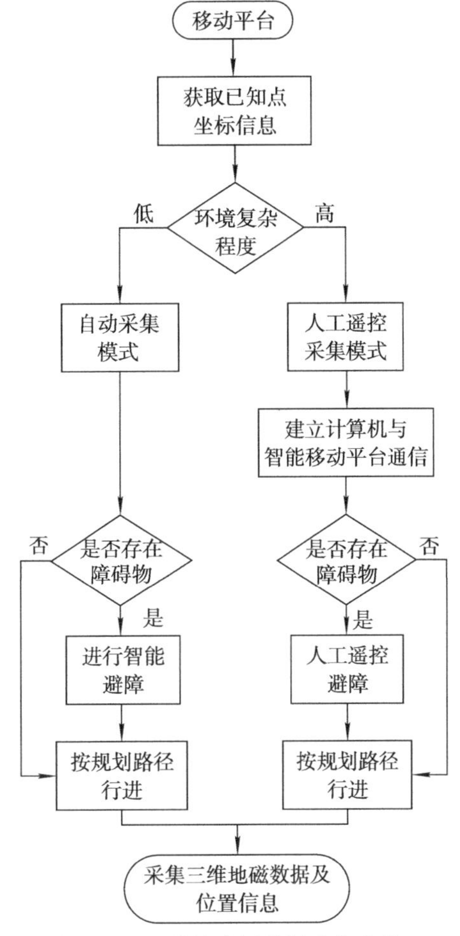

图3.22　地磁基准图数据采集流程

(5)在自动采集模式下,智能移动平台上的超声波避障传感器和红外避障传感器自动采集环境信息,如果前方存在障碍物,这两个传感器会根据障碍区距离实时调整智能移动平台的姿态,保证能够正常通过障碍区。在人工遥控采集模式下,如果前方存在障碍区,人为控制智能移动平台躲避障碍物。

(6)在避开障碍物的情况下,按照原定的路线进行三维地磁数据采集。

(7)在智能移动平台移动过程中,在惯性导航传感器和车轮编码传感器共同作用下,获取智能移动平台的姿态信息及航程信息,通过串口调试工具计算进一步得到智能移动平台的室内坐标信息。至此,智能移动平台数据采集工作完成。

3.4.7　移动平台

移动平台以二轮驱动移动采集车为载体。该车包括一个伺服电机,控制后两轮前进，实现移动平台的运动功能。移动平台是室内地磁基准图数据采集的载体，利用搭载的多传感器自动采集、传输、处理建筑物室内环境中的二维坐标及三维地磁数据，生成一定格式的地磁基准图。

综上所述，移动平台所搭载的室内地磁数据采集系统传感器各项指标如表 3.4 所示。

表 3.4　室内地磁数据采集系统传感器各项指标

传感器	作用	数据	坐标系	其他
地磁传感器	采集三维地磁数据	三个坐标轴上的磁场强度值(单位：μT)	机体坐标系	
加速度计	测量移动平台的加速度	三个坐标轴上的加速度分量(单位：m/s^2)	机体坐标系	
陀螺仪	测量移动平台绕三个轴向的旋转速度	设备绕三个轴向的旋转速度(单位：rad/s)	旋转速度值在逆时针方向为正，顺时针方向为负	陀螺仪输出的是原始数据，对噪声和漂移没有过滤和校正，实际应用中，陀螺仪的噪声和漂移需要补偿
红外避障传感器	实现移动平台自动避障功能	发射红外信号，检测与障碍物的距离(单位：cm)		红外测距的缺点是精度低，距离近，方向性差，需与其他设备共同完成避障功能
超声波避障传感器	实现移动平台自动避障功能	发射超声波，检测与障碍物的距离(单位：cm)		超声波测距的优点是精度高，缺点是有盲区，要与红外测距传感器共同完成避障功能
测速装置	测出移动平台行进的路程	通过测速装置获取移动平台的车轮匝数，进一步求出行进路程(单位：m)		测速装置是辅助惯性导航装置，在移动平台直行的情况下，可取代惯性导航传感器的功能
蓝牙传感器	控制移动平台的运动状态和获取实时三维地磁数据	移动平台的位置信息及获取的三维地磁数据		蓝牙传感器性能稳定，但不适宜远距离无线传输，故计算机与移动平台要保持在一定范围内

§3.5　航迹推算

3.5.1　惯性导航传感器工作原理

将惯性导航传感器固定在移动平台的几何中心，组成移动平台的捷联式惯性导航系统。捷联式惯性导航系统数据更新的中心思想是将 k 时刻的惯性导航参数(如姿态角、速度及位置参数)作为初值，利用 k 时刻至 $k+1$ 时刻的陀螺及加速度计输出的采样数据，解算 $k+1$ 时刻的相关导航参数作为 $k+2$ 时刻的捷联式惯性导航解算的初始值，通过这种方式完成导航解算工作。惯性导航传感器直接固定在移动平台上也会带来诸多问题：当移动平台受到冲击时，导航数据可能受到很大的影响；当温度发生变化时，导航参数同样会受到影响。为保证惯性导航传感器输出信息的准确性及高度稳定性，需要在系统中对惯性导航传感器采取误差补偿措施。

因此，采用四元数法求解姿态矩阵，用来描述一个坐标系相对另一个坐标系的旋转角度情况。其中，四元数的标量部分是转角一半的余弦值，矢量部分表示瞬时转轴的方向、瞬时转轴与参考坐标系轴间的方向余弦值。仅仅一个四元数就能表示转轴的方向和转角的大小，其公式为

$$\boldsymbol{R}' = q\boldsymbol{R}q' \tag{3.4}$$

式中，$\boldsymbol{R}$ 为矢量。

$$\left.\begin{aligned} q &= \lambda + p_1\mathrm{i} + p_2\mathrm{j} + p_3\mathrm{k} \\ \lambda &= \cos\frac{\theta}{2} \\ p_1 &= \sin\frac{\theta}{2}\cos\alpha \\ p_2 &= \sin\frac{\theta}{2}\cos\beta \\ p_3 &= \sin\frac{\theta}{2}\cos\gamma \end{aligned}\right\} \tag{3.5}$$

四元数法计算姿态矩阵的步骤如下。

(1)确定初始四元数，式(3.5)为初始姿态角，再进一步计算姿态矩阵，即

$$\begin{bmatrix} \lambda(0) \\ p_1(0) \\ p_2(0) \\ p_3(0) \end{bmatrix} = \begin{bmatrix} \cos\frac{\varphi_0}{2}\cos\frac{\theta_0}{2}\cos\frac{\gamma_0}{2} + \sin\frac{\varphi_0}{2}\sin\frac{\theta_0}{2}\sin\frac{\gamma_0}{2} \\ \cos\frac{\varphi_0}{2}\cos\frac{\theta_0}{2}\sin\frac{\gamma_0}{2} - \sin\frac{\varphi_0}{2}\sin\frac{\theta_0}{2}\cos\frac{\gamma_0}{2} \\ \cos\frac{\varphi_0}{2}\sin\frac{\theta_0}{2}\cos\frac{\gamma_0}{2} + \sin\frac{\varphi_0}{2}\cos\frac{\theta_0}{2}\sin\frac{\gamma_0}{2} \\ \sin\frac{\varphi_0}{2}\cos\frac{\theta_0}{2}\cos\frac{\gamma_0}{2} - \cos\frac{\varphi_0}{2}\sin\frac{\theta_0}{2}\sin\frac{\gamma_0}{2} \end{bmatrix} \tag{3.6}$$

(2)对四元数中的矢量部分和标量部分进行实时计算，输入数据为陀螺传感器输出的信号，计算式为 $\Delta\theta=\int_{t}^{t+\Delta t}\omega_{\mathrm{ib}}\mathrm{d}t$。其中，分别代入 x、y、z 进行计算，计算方法采用二阶龙格-库塔法，计算式为

$$\left.\begin{aligned}K_1&=\Omega_{\mathrm{b}}(t)q(t)\\Y&=q(t)+T\Omega_{\mathrm{b}}(t)q(t)\\K_2&=\Omega_{\mathrm{b}}(t+T)Y\\q(t+T)&=q(t)+\frac{T}{2}(K_1+K_2)\end{aligned}\right\}\tag{3.7}$$

通过计算，获取实时姿态矩阵 $\boldsymbol{C}_{\mathrm{E}}^{\mathrm{b}}$，所需信息为 $\lambda(n)$、$p_1(n)$、$p_2(n)$、$p_3(n)$，计算式为

$$\boldsymbol{C}_{\mathrm{E}}^{\mathrm{b}}=\begin{bmatrix}\lambda^2+p_1^2-p_2^2-p_3^2 & 2(p_1p_2+\lambda p_3) & 2(p_1p_3-\lambda p_2)\\2(p_1p_2-\lambda p_3) & \lambda^2+p_2^2-p_1^2-p_3^2 & 2(p_2p_3+\lambda p_1)\\2(p_1p_3+\lambda p_2) & 2(p_2p_3-\lambda p_1) & \lambda^2+p_3^2-p_1^2-p_2^2\end{bmatrix}\tag{3.8}$$

通过简化，可得到

$$\boldsymbol{C}_{\mathrm{E}}^{\mathrm{b}}=\begin{bmatrix}T_{11} & T_{12} & T_{13}\\T_{21} & T_{22} & T_{23}\\T_{31} & T_{32} & T_{33}\end{bmatrix}\tag{3.9}$$

通过姿态矩阵可计算出俯仰角 θ、横滚角 γ 及航向角 φ，计算式为

$$\left.\begin{aligned}\theta&=-\arcsin\left[T_{13}(n)\right]\\\varphi&=\arctan\left[\frac{T_{12}(n)}{T_{11}(n)}\right]\\\gamma&=\arctan\left[\frac{T_{23}(n)}{T_{33}(n)}\right]\end{aligned}\right\}\tag{3.10}$$

3.5.2 车轮编码器工作原理

四轮机器人优点很多，如其运行过程中稳定性好，是轮式机器人常用的机身结构[84-85]。四轮运动依靠四个步进电机，后轮差速驱动前轮导向机构的结构如图 3.23 所示。其机动性能好，有利于进行高精度航迹推算。下面对双轮差动驱动机构的运动过程进行分析，如图 3.24 所示。

实验中，假设移动平台为刚性机构，在车轮和地面不打滑的条件下，差动驱动运动机构在点 B 位置的姿态为 $\boldsymbol{q}=[x_B\ \ y_B]^{\mathrm{T}}$。其中：$(x_B,y_B)$ 是 B 点在二维平面的坐标；θ 为移动平台的航向角，即移动平台的速度方向和坐标系 x 轴的夹角。点 B 和点 A 的距离为 L，直线 BA 和平台中轴线的夹角为 β，则有

$$
\left.\begin{aligned}
x_B(t) &= x_A(t) + L\cos\left[\theta(t)+\beta\right] \\
y_B(t) &= y_A(t) + L\sin\left[\theta(t)+\beta\right]
\end{aligned}\right\} \tag{3.11}
$$

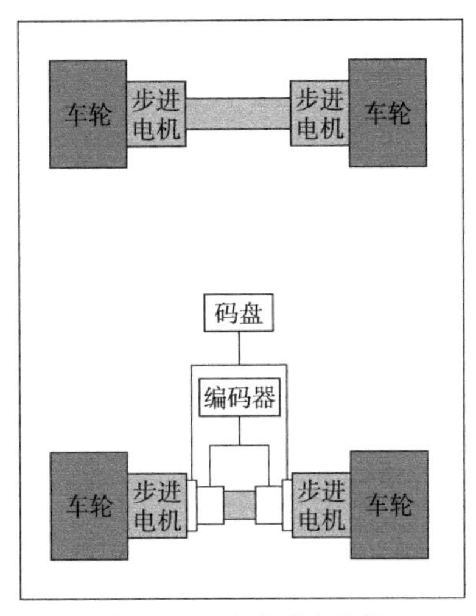

图 3.23　移动平台结构

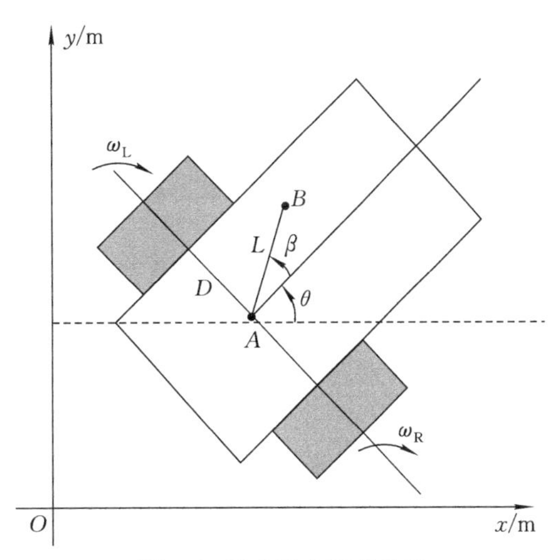

图 3.24 移动平台运动分析

两边对 t 求导得

$$
\left.\begin{aligned}
v_x &= x'_A(t) - L\theta'(t)\cos(\theta+\beta) \\
v_y &= y'_A(t) + L\theta'(t)\sin(\theta+\beta)
\end{aligned}\right\} \tag{3.12}
$$

式中，v_x、v_y 分别是 x 轴方向速度分量及 y 轴方向速度分量。根据车轮编码器可测得后轮两轮的角速度，左、右轮角速度分别设为 ω_L 和 ω_R，则

$$
\left.\begin{aligned}
v_x &= \frac{1}{2}r(\omega_L+\omega_R)\cos\theta \\
v_y &= \frac{1}{2}r(\omega_L+\omega_R)\sin\theta \\
\theta' &= \frac{r(\omega_L+\omega_R)}{D}
\end{aligned}\right\} \tag{3.13}
$$

式中，r 为移动平台后轮半径，D 为左右两轮中间轴长。结合式(3.13)可得

$$
\begin{bmatrix} v_x \\ v_y \\ \theta' \end{bmatrix} = \begin{bmatrix} \frac{r}{2}\cos\theta + \frac{rL}{2}\sin(\theta+\beta) & \frac{r}{2}\cos\theta - \frac{rL}{2}\sin(\theta+\beta) \\ \frac{r}{2}\sin\theta - \frac{rL}{2}\cos(\theta+\beta) & \frac{r}{2}\sin\theta + \frac{rL}{2}\cos(\theta+\beta) \\ -\frac{r}{D} & \frac{r}{D} \end{bmatrix} \begin{bmatrix} \omega_L \\ \omega_R \end{bmatrix} \tag{3.14}
$$

在起始点 A 处，$\beta=0, L=0$，式(3.14)的差动运行方程可简化为

$$\begin{bmatrix} v_x \\ v_y \\ \theta' \end{bmatrix} = \begin{bmatrix} \frac{r}{2}\cos\theta & \frac{r}{2}\cos\theta \\ \frac{r}{2}\sin\theta & \frac{r}{2}\sin\theta \\ -\frac{r}{D} & \frac{r}{D} \end{bmatrix} \begin{bmatrix} \omega_L \\ \omega_R \end{bmatrix} \tag{3.15}$$

因 $V_M=\omega_M R$，故移动平台转弯半径为

$$R=\frac{1}{2}\left|\frac{\omega_L+\omega_R}{\omega_L-\omega_R}\right| \tag{3.16}$$

当 $\omega_L=\omega_R$ 时，移动平台转弯的角速度 θ' 为 0，即移动平台沿着直线运动；当 $\omega_L=-\omega_R$ 时，移动平台转弯半径 R 为 0，表示移动平台此时绕着自身的 A 点原地旋转运动。

用车轮编码器采集移动平台前进过程中的距离信息，移动平台车轮直径是 l，码盘上有 m 个小孔，当编码器的红外线穿过一次小孔时会产生一个脉冲，移动平台行走过程中采集到的脉冲数为 N，则路程计算式为

$$S=\frac{N}{m}l\pi \tag{3.17}$$

如图 3.25 所示，横轴代表车轮编码器的脉冲数，纵轴代表移动平台行进路程。当移动平台移动过程中，可以很清晰地看到码盘是随着车轮一同旋转，编码器采集脉冲信息，经过公式计算，转换成路程信息。

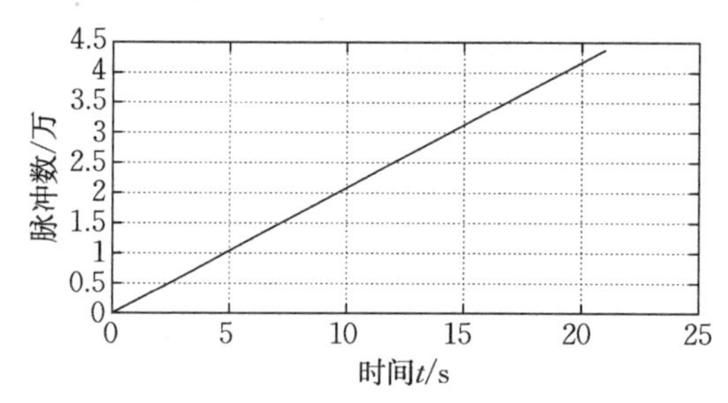

图 3.25 车轮编码器数据输出

3.5.3 航迹推算算法

因室内难以接收卫星定位信号，故寻求一种新的定位方法是很有必要的。基于惯性导航传感器与车轮编码器的航迹推算算法是一种常见的室内定位手段，对于短距离的导航定位来说有较高的定位精度。由于车轮编码器的安装十分方便，并可与单片机直接连接读取电信号，因此，在室内航迹推算定位中有十分广泛的应用前景。再通过与惯性导航传感器配合(该惯性导航传感器内嵌有电子罗盘传感

器)，可以在短距离的导航定位中方便、快捷地定位载体当前位置。但不可否认，随着载体移动距离的不断增加，无论是车轮编码器还是惯性导航传感器，它们的误差累积都会不断增大，将两者数据融合是当下亟待解决的问题。

将车轮编码器放置在移动平台的后轴两轮上，同时，量取两轮之间的距离为 a，移动平台车轮直径为 D，车轮编码器转一周的脉冲数为 c。

设第 i 时刻之后的 Δt 时间内，车轮编码器的左轮脉冲数为 N_1，其移动距离为 S_i^{l}，右轮脉冲数为 N_{r}，其移动距离为 S_i^{r}，在第 i 时刻绝对坐标系下移动平台的当前角度为 θ_k，移动平台的位置姿态为$[x_i \quad y_i \quad \theta_i]^{\mathrm{T}}$，位姿增量为$[\Delta x_i \quad \Delta y_i \quad \Delta\theta_i]^{\mathrm{T}}$。

由此可推导方程为

$$\left.\begin{aligned} x_{i+1} &= x_i + \Delta x_i = x_i + \frac{S_i^{\mathrm{l}} + S_i^{\mathrm{r}}}{2}\cos\theta_i \\ y_{i+1} &= y_i + \Delta y_i = y_i + \frac{S_i^{\mathrm{l}} + S_i^{\mathrm{r}}}{2}\sin\theta_i \\ \theta_{i+1} &= \theta_i + \Delta\theta_i = \theta_i + \frac{S_i^{\mathrm{r}} - S_i^{\mathrm{l}}}{a} \end{aligned}\right\} \tag{3.18}$$

可以得出

$$\begin{bmatrix} \Delta x_i \\ \Delta y_i \\ \Delta\theta_i \end{bmatrix} = \begin{bmatrix} \dfrac{\cos\theta_i}{2} & \dfrac{\cos\theta_i}{2} \\ \dfrac{\sin\theta_i}{2} & \dfrac{\sin\theta_i}{2} \\ \dfrac{1}{a} & -\dfrac{1}{a} \end{bmatrix} \begin{bmatrix} S_i^{\mathrm{r}} \\ S_i^{\mathrm{l}} \end{bmatrix} \tag{3.19}$$

其中

$$S_i = \frac{\pi DN}{c} \tag{3.20}$$

式中，c 为光速。

对于移动平台旋转的角度获取，首先是利用电子罗盘在无干扰磁场的条件下测量出起始磁方位角；在移动平台地磁数据采集过程中，势必会有室内干扰要素对地磁场产生影响，故在移动平台行进过程中，利用陀螺传感器及加速度传感器采集姿态信息，对计算出的航向角角度增量和起始角度做运算，得出当前绝对角度；同时，利用车轮编码器推算出 $\Delta\theta$，以修正电子罗盘及惯性导航传感器测出的角度值。利用式(3.18)，根据左右两车轮编码器的脉冲数，进行室内航迹推算定位。

1. 直线行走轨迹

假若移动平台沿与起始方向 0° 成夹角 θ 的方向直线行走距离 s，两车轮编码器按相同方向行走，则有

$$x=\int_{0}^{t}(s_{1}\cdot\cos\varphi\cdot\cos\gamma\cdot\cos\theta)\mathrm{d}t$$

$$y=\int_{0}^{t}(s_{1}\cdot\cos\varphi\cdot\cos\gamma\cdot\sin\theta)\mathrm{d}t \tag{3.21}$$

式中，s_1 =脉冲数×单脉冲时间间隔内行走的距离。两车轮编码器行走轨迹（直线行走）如图 3.26 所示。

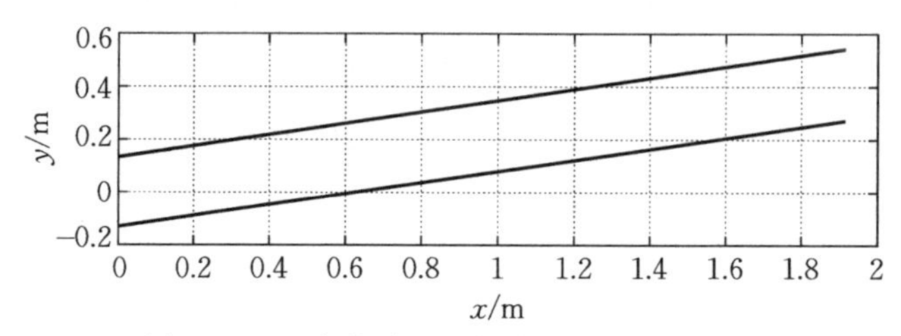

图 3.26　两车轮编码器行走轨迹（直线行走）

计算移动平台几何中心坐标，即

$$\left.\begin{aligned}x_{\mathrm{c}}&=\int_{0}^{x_1}\int_{0}^{x_2}\frac{x_1+x_2}{2}\mathrm{d}x_1\mathrm{d}x_2+l\cos\gamma\cos\varphi\cos\theta\\ y_{\mathrm{c}}&=\int_{0}^{y_1}\int_{0}^{y_2}\frac{y_1+y_2}{2}\mathrm{d}y_1\mathrm{d}y_2+l\cos\gamma\cos\varphi\sin\theta\end{aligned}\right\} \tag{3.22}$$

由此求得移动平台最终轨迹如图 3.27 所示。

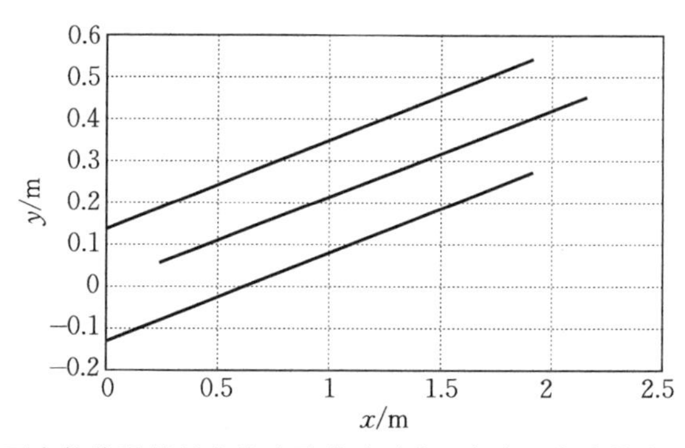

图 3.27　两车轮编码器行走轨迹及移动平台几何中心行走轨迹（直线行走）

2. 逆圆行走轨迹

假若两车轮编码器按相反方向旋转一周，惯性导航传感器采集姿态角度值包括横滚角 γ、俯仰角 φ、航偏角 θ。这就需要先对惯导姿态角进行角度转换。现以航偏角为例来说明角度转换步骤，如图 3.28 所示。

角度转换之前随时间变化情况如图 3.29 所示。

角度转换之后随时间变化情况如图 3.30 所示。

根据式(3.22)求出两车轮编码器行走轨迹，如图 3.31 所示。

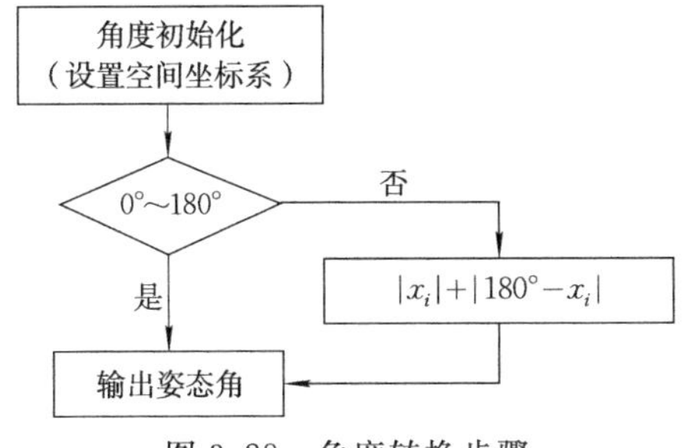

图 3.28　角度转换步骤

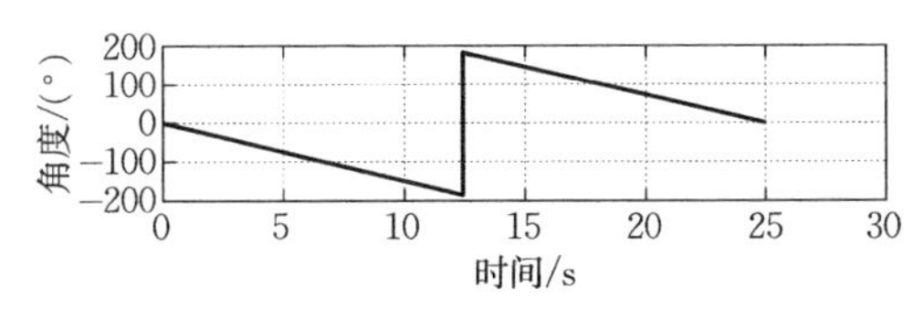

图 3.29　航偏角原始周期(逆圆行走)

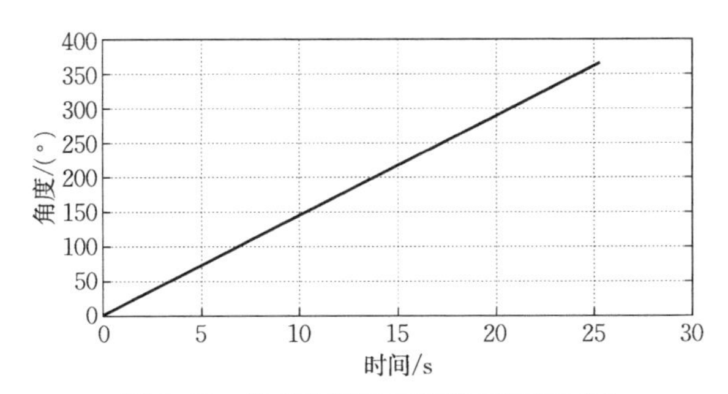

图 3.30　航偏角转换后周期(逆圆行走)

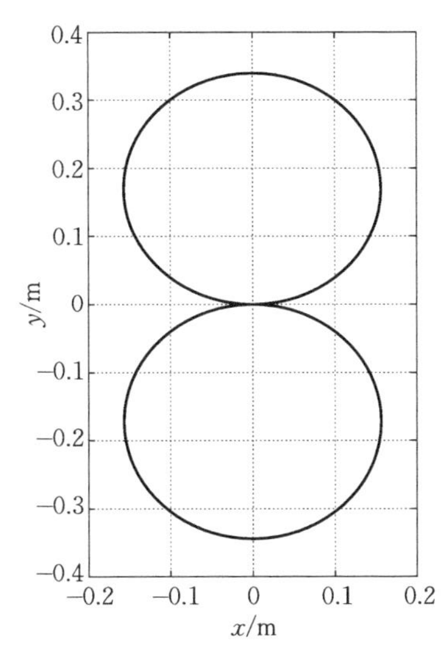

图 3.31　两车轮编码器行走轨迹(逆圆行走)

根据两车轮编码器行走轨迹，求得移动平台几何中心位置（即圆心点），如图 3.32 所示。

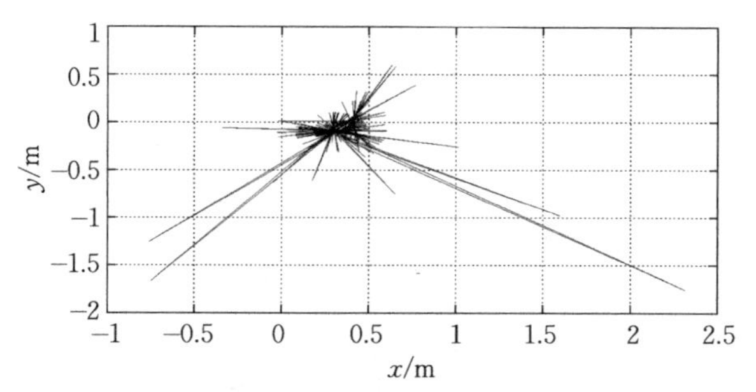

图 3.32　移动平台几何中心位置（逆圆行走）

根据式（3.22），求得移动平台行走轨迹如图 3.33 所示。

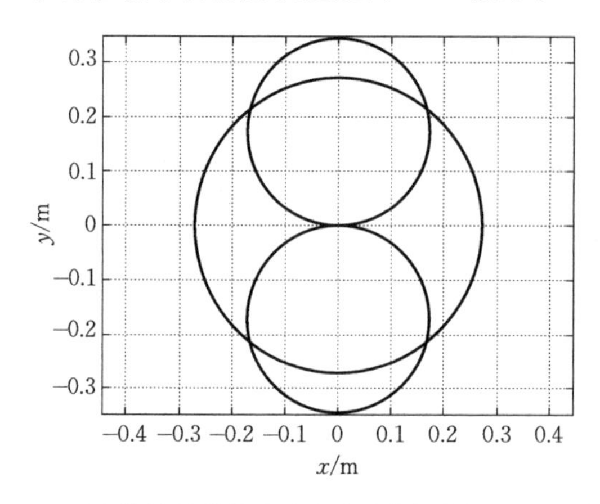

图 3.33　两车轮编码器轨迹及移动平台行走轨迹（逆圆行走）

3. 顺圆行走轨迹

假若两车轮编码器按同一个方向运动，则移动平台围绕某一圆心点旋转一周。根据式（3.22），求得两车轮编码器轨迹如图 3.34 所示。

计算移动平台几何中心坐标，即

$$\left.\begin{aligned} x_c &= \begin{cases} \displaystyle\int_0^{x_1}\int_0^{x_2}\left(x_2+\frac{x_1-x_2}{2}+l\right)\mathrm{d}x_1\mathrm{d}x_2 & (x_1>x_2) \\ \displaystyle\int_0^{x_1}\int_0^{x_2}\left(x_1+\frac{x_2-x_1}{2}+l\right)\mathrm{d}x_1\mathrm{d}x_2 & (x_1<x_2) \end{cases} \\ y_c &= \begin{cases} \displaystyle\int_0^{y_1}\int_0^{y_2}\left(y_2+\frac{y_1-y_2}{2}\right)\mathrm{d}y_1\mathrm{d}y_2 & (y_1>y_2) \\ \displaystyle\int_0^{y_1}\int_0^{y_2}\left(y_1+\frac{y_2-y_1}{2}\right)\mathrm{d}y_1\mathrm{d}y_2 & (y_1<y_2) \end{cases} \end{aligned}\right\} \tag{3.23}$$

求得移动平台几何中心行走轨迹如图 3.35 所示。

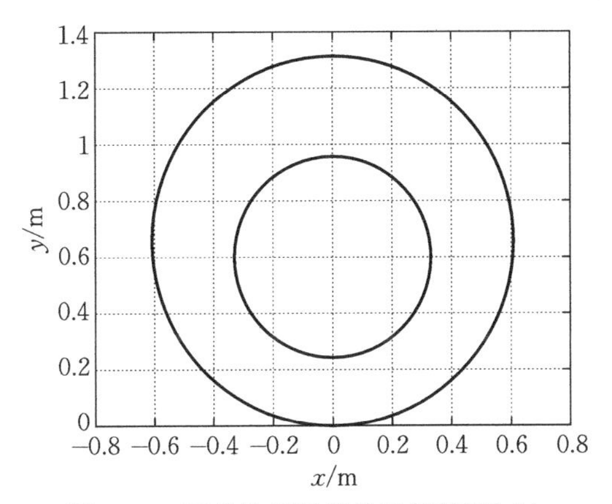

图 3.34　两车轮编码器轨迹(顺圆行走)

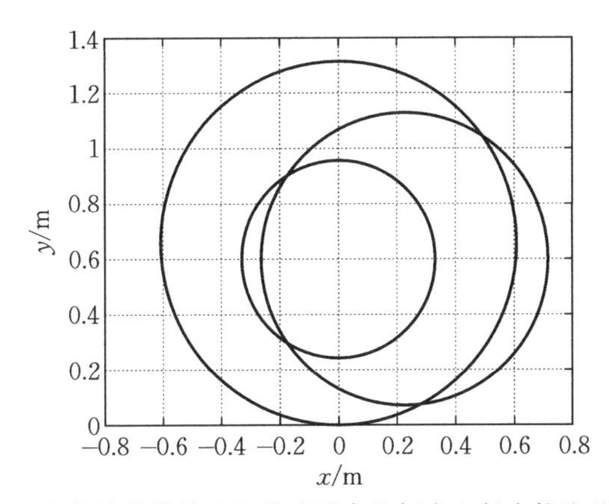

图 3.35　两车轮编码器轨迹及移动平台几何中心行走轨迹(顺圆行走)

4. 拐弯处行走轨迹

根据式(3.20)、式(3.21)、式(3.22)、式(3.23)分别求得移动平台两车轮编码器行走轨迹及移动平台几何中心行走轨迹,如图 3.36 所示。

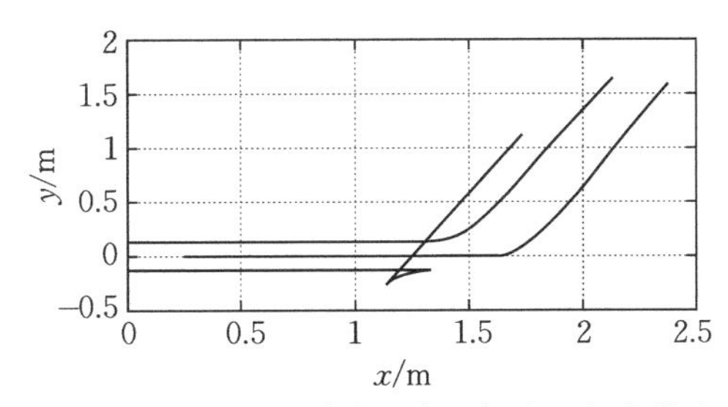

图 3.36　两车轮编码器轨迹及移动平台几何中心行走轨迹(拐弯行走)

5. 混合运动行走轨迹

联合以上行走轨迹算法,人为规划小车行走反“Z”形轨迹,结果如图 3.37 所示。

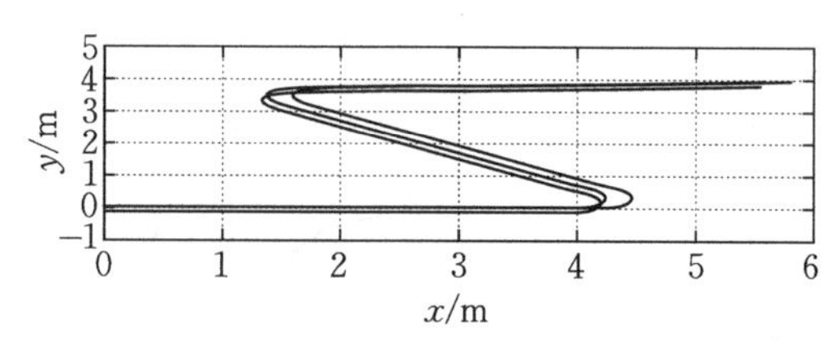

图 3.37 两车轮编码器轨迹及移动平台几何中心行走轨迹(混合行走)

3.5.4 卡尔曼滤波

惯性导航传感器与移动平台直接连接,形成捷联式惯性导航系统。移动平台行进过程中产生的颤动对姿态角影响较大,故本书利用卡尔曼滤波(Kalman filter,KF)去除因振动对姿态角带来的影响,如图 3.38 所示。

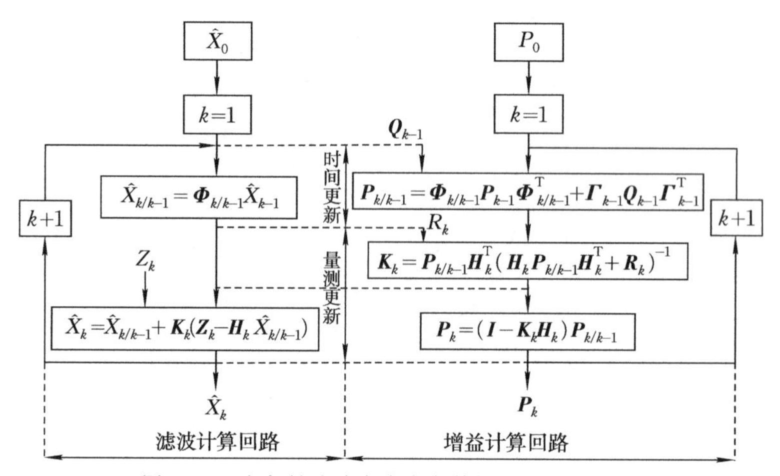

图 3.38 卡尔曼滤波在姿态角数据更新中的应用

卡尔曼滤波步骤如下。

(1)时间更新。这个阶段主要是进行预测,只需根据上次最优状态估计进行预测,同时,根据上次的协方差进行本次协方差的预测,即图 3.38 中第三排两公式。

(2)状态更新。这个阶段主要是对当前时刻的量测值进行卡尔曼增益计算,根据预测状态变量进行本次状态变量的最优估计。

以航向角为例,如图 3.39 所示。因惯性导航传感器灵敏度高,在传感器旋转过程中,会出现明显震颤,如虚线所示;通过卡尔曼滤波进行平滑处理后的数据如实线所示,基本将震颤消除,生成精度高且平滑的数据。如图 3.40 所示,原始航向角数据有突然变小的现象,而根据实际操作及数据采集密度,不可能出现单点数据陡变的情况;此时,卡尔曼滤波能精确判断出该点为数据异常点,并给出正确航向角数据。

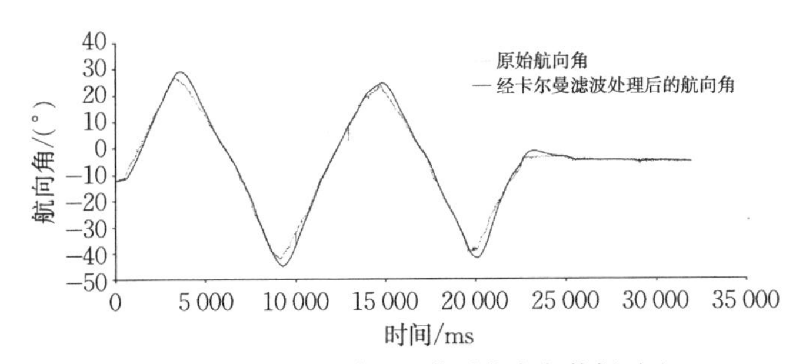

图 3.39 卡尔曼滤波处理前后航向角数据对比 1

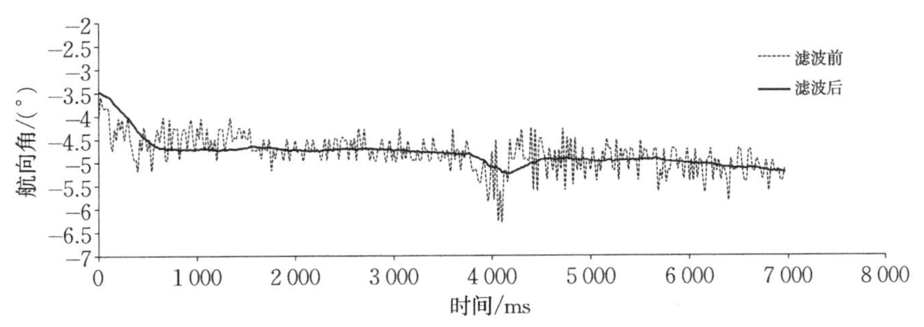

图 3.40 卡尔曼滤波处理前后航向角数据对比 2

根据四元数计算公式得出姿态角存在很大的波动性。现将卡尔曼滤波在一定时间内滤波前和滤波后的航向角数据及误差进行对比,如表 3.5 和表 3.6 所示。

表 3.5 卡尔曼滤波前航向角的数据及误差

序号	理论值	真实值	误差
1	0°	−4.50°	−4.50°
2	10°	13.60°	3.60°
3	20°	24.30°	4.30°
4	30°	33.40°	3.40°
5	40°	36.50°	−3.50°

表 3.6 卡尔曼滤波后航向角的数据及误差

序号	理论值	真实值	误差
1	0°	0.12°	0.12°
2	10°	10.10°	0.10°
3	20°	20.19°	0.19°
4	30°	29.71°	−0.29°
5	40°	40.75°	0.75°

经滤波后,航向角数据有明显的改善,最大误差从−4.5°减小到 0.12°,经改善的航向角误差绝对值的平均值为 0.29°,大大提高了航向角精度。

当移动平台在复杂的环境中运动时,速度、加速度、转向角速度等不断变化。

惯性导航传感器误差随时间的推移不断积累，使得推算轨迹不断偏移实际轨迹，出现如图 3.41 所示结果，故寻找适用的车轮编码器及惯性导航传感器数据融合算法是接下来的主要工作。

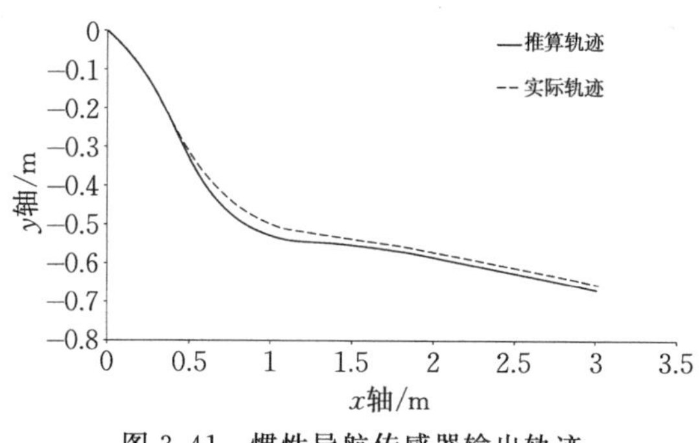

图 3.41 惯性导航传感器输出轨迹

§3.6 地磁基准图的建立

3.6.1 地磁基准图建立步骤

地磁室内定位技术导航有诸多优点：①它具有全天候工作、无区域性限制、无盲区等特点；②该定位技术属于自主性手机终端导航，不需要外部信号；③稳定性很强，误差不随时间的累计而变化；④该技术不需要接受外界基站设备发射的信号，隐蔽性极强；⑤该技术的前期投入较蓝牙和 Wi-Fi 两种室内定位技术成本更低。

同样，地磁室内定位也有其缺点，就是需要构建庞大的地磁基准图。

在地磁室内定位技术的实现过程中，地磁基准图的建立是至关重要的环节[86-89]。首先，室内空间地磁干扰数据采集通常采用外置地磁传感器进行，而匹配时所使用的地磁数据是智能手机内置磁传感器采集的。因此，需要对外置地磁传感器进行相关的前期改正，如硬铁改正等，目的是保证两组匹配数值的系统性。其次，在建立某室内空间地磁基准图之前，要充分了解该空间复杂的地磁干扰环境，并及时做出正确的补偿与指纹匹配。

下面介绍一套关于地磁室内定位基准图的建立方法和装置，其在复杂的室内环境下，能更准确、高效地进行三维地磁数据的采集和地磁基准图的建立[90-95]。

该方法通过对室内空间地磁干扰场的事先采样即可建立某一室内空间独有的地磁基准图，后续的工作便可以利用智能手机内置磁传感器在行进过程中连续测得的地磁值序列，与预先生成的地磁基准图进行实时匹配计算，进而识别室内环境中用户所处的位置。

三维地磁数据的采集步骤包括：①收集室内空间坐标资料，或者从室外引进几个已知点，通过卫星定位测量加全站仪的方法获得引进坐标点的空间信息；②根据室内构造及室内环境复杂程度为该测量装备规划行走路径；③在惯性导航传感器及车轮编码器的相互辅助下，利用引进的已知点坐标，指导测量装备采集三维地磁数据、二维坐标信息；④处理三维地磁数据并将这些数据保存在数据库中。

为自主获取室内三维地磁数据信息，本书提出如下地磁室内定位基准图数据采集系统的框架结构方案(图3.42)。

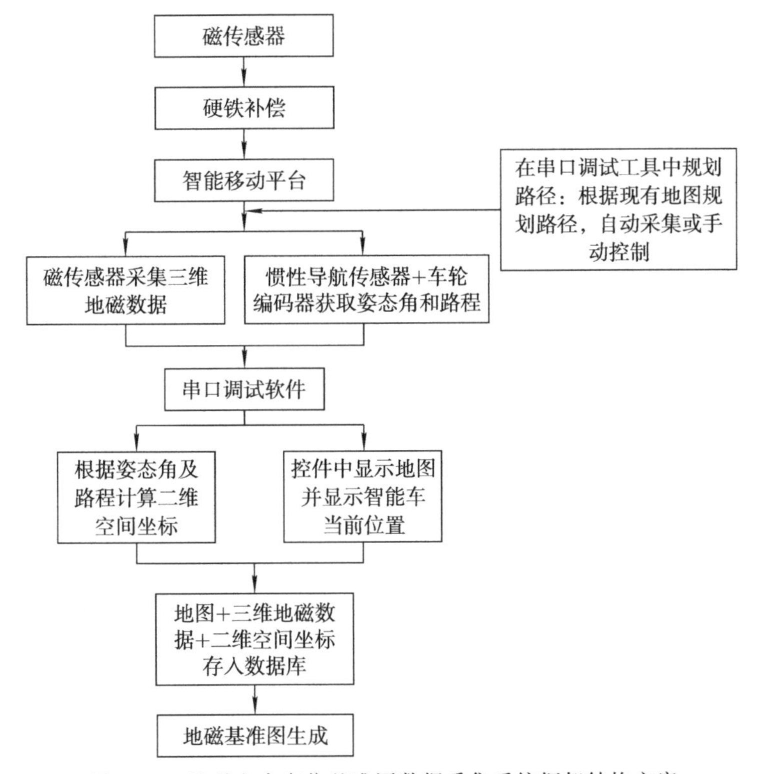

图3.42　地磁室内定位基准图数据采集系统框架结构方案

(1)校正磁传感器。本套方案采用的磁传感器型号为HMC5983电子罗盘及手机内置磁传感器，为确保两种传感器在地磁数据采集方面的一致性，对两磁传感器进行硬铁改正。

(2)硬铁改正后的HMC5983磁传感器被固定安置在智能移动平台中心，垂直方向上距离移动平台1.2 m处，因为这个高度是人们日常行走过程中用智能手机的大致高度。

(3)在桌面计算机(PC端)串口调试软件中规划智能移动平台的路径，根据现有的地图规划路径，自动采集或手动控制智能移动平台行走路径。

（4）在采集过程中，通过智能移动平台上面的磁传感器采集路径上的三维地磁数据、惯性导航传感器和车轮编码器获取路径上的姿态角和路程。

（5）将数据通过蓝牙无线传输装置发送到串口调试软件上，软件内部有相关算法自动根据姿态角及路程计算出二维空间坐标，并在串口调试软件中专门设置一个控件，用于显示室内空间地图及智能移动平台在该地图中的位置。

（6）将地图信息、采集到的三维地磁数据及经计算后的室内二维空间坐标按照事先设置的数据格式保存在数据库中。至此，地磁室内定位基准图构建完成。

3.6.2 地磁基准图数据格式

1. 三维地磁数据采集数据格式

串口调试软件采集磁传感器、惯性导航传感器及车轮编码器的数据。其中：磁传感器采集 x、y、z 轴磁场强度值及总磁场强度值；惯性导航传感器采集加速度及陀螺传感器数据，通过四元数算法计算得到航向角及俯仰角；车轮编码器采集移动平台在行进过程中的脉冲数。这些数据按照如表 3.7 所示的格式保存在数据库中。

表 3.7 数据采集格式

时间/s	x 轴磁场强度值/μT	y 轴磁场强度值/μT	z 轴磁场强度值/μT	总磁场强度值/μT	航向角/(°)	俯仰角/(°)	脉冲数
0.0	6.99	32.10	−36.68	49.24	10.11	0.01	0
0.2	7.08	32.10	−36.59	49.19	10.15	0.00	5
0.4	6.70	31.72	−36.50	48.82	10.12	0.05	10
0.6	6.80	32.00	−36.50	49.02	10.16	0.02	15
0.8	6.99	31.91	−36.59	49.05	10.09	0.04	20
1.0	7.08	31.91	−36.77	49.20	10.08	0.00	25
1.2	7.27	32.10	−36.68	49.28	10.11	0.05	30
1.4	8.03	32.00	−36.31	49.07	10.12	0.01	35
1.6	8.03	32.20	−36.59	49.40	10.09	0.03	40
1.8	8.32	32.39	−36.13	49.23	10.11	0.02	45
2.0	8.79	33.05	−35.95	49.62	10.15	0.00	50

2. 三维地磁数据存储数据格式

通过磁传感器采集的数据原封不动地保存在数据库中。根据车轮编码器采集的脉冲数可计算移动平台当前行走的路程，再加上航向角、俯仰角，就可以利用串口调试软件中的航迹推算算法计算出当前的空间位置[假设起始点坐标为(0,0)]，并将其按照如表 3.8 所示的格式保存在数据库中。

表 3.8 地磁基准图数据格式

时间/s	x 轴磁场强度值/μT	y 轴磁场强度值/μT	z 轴磁场强度值/μT	总磁场强度值/μT	x 坐标/m	y 坐标/m
0.0	6.99	32.10	−36.68	49.24	0.00	0.00
0.2	7.08	32.10	−36.59	49.19	0.11	0.00
0.4	6.70	31.72	−36.50	48.82	0.21	0.00
0.6	6.80	32.00	−36.50	49.02	0.30	0.00
0.8	6.99	31.91	−36.59	49.05	0.41	0.00
1.0	7.08	31.91	−36.77	49.20	0.50	0.00
1.2	7.27	32.10	−36.68	49.28	0.61	0.00
1.4	8.03	32.00	−36.31	49.07	0.70	0.00
1.6	8.03	32.20	−36.59	49.40	0.79	0.00
1.8	8.32	32.39	−36.13	49.23	0.80	0.00
2.0	8.79	33.05	−35.95	49.62	0.91	0.00

3.6.3 地磁基准图内插算法

插值方法是数值计算中重要的方法，现存有诸多数据插值方法，如距离倒数乘方法、克里金法、最小曲率法、多元回归法、径向基函数法等[96-97]。因地磁场拥有空间波动的特质，采用克里金法进行数据插值方法效果更好、更便捷。克里金法作为一种用于空间插值的数据统计方法，在充分考虑观测值相互关系的基础上，对每一个观测值赋予一定的权重系数，通过加权取平均得到待测量位置的估计值，是一种求最优、线性、无偏的空间内插方法。

设位置 S_i 处的磁场强度值为 $Z(S_i)$，N 为测量值数量，λ_i 为权重系数，$i \in \{1, 2, \cdots, N\}$。根据克里金法，待测量位置 $S_0(a_0, b_0)$ 的地磁场插值为

$$\hat{Z}(S_0) = \sum_{i=1}^{N} \lambda_i Z(S_i) \tag{3.24}$$

估计变差函数为

$$\gamma * (h'_m) = \frac{1}{2N(h'_m)} \sum_{i=1}^{N(h'_m)} [Z(S_i) - Z(S_i - h'_m)]^2 \tag{3.25}$$

式中，$i = 1, 2, \cdots, N(h)$。

利用式(3.25)即可求出 $\hat{Z}(S_0)$。

3.6.4 地磁基准图输出

地磁基准图采集前，首先将走廊中动态干扰要素搬运到不影响数据采集的地方，如可移动的垃圾箱及灭火器等。标记静态干扰要素，如承重柱、防盗门等，并以它们作为室内定位标识。利用搭载多个 HMC5983 的移动平台进行室内三维地磁数据和二维平面坐标数据采集，按照 3.6.2 节固定格式进行数据保存，根据

3.6.3节数据插值算法进行数据内插。如图3.43所示的建筑物结构图为数据采集实验场,等值线图是该建筑物 x 分量的室内地磁基准图,网格部分是数据采集区域,无网格部分是经过克里金插值算法计算而得。

图3.43方框所示区域没有进行地磁数据采集,而是经过克里金插值后的效果,不存在地磁真实值;由于没有均匀分布在方框内的真实值,故插值精度不高,定位效果不理想。图中圆圈所示为承重柱、防盗门及建筑物墙体等,其周围的磁场强度高于外围磁场,这些变化是由铁磁性材料所致,可作为定位的基准,即本书所说的室内地磁定位标识。图中菱形所示,磁场强度值明显低于外围磁场,因该处地下室存在承重柱,故该处地面上钢筋密集,导致其磁场方向改为向下。

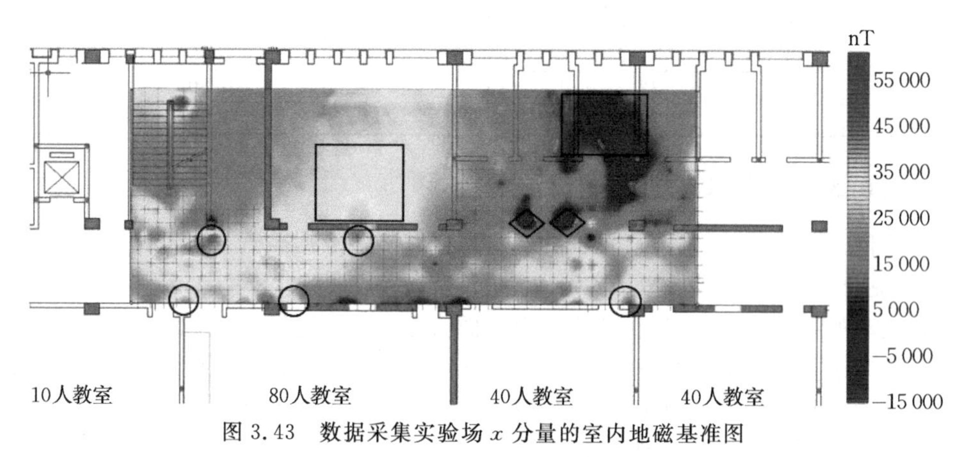

图3.43 数据采集实验场 x 分量的室内地磁基准图

如图3.44所示,y 分量的室内地磁基准图在诸多地方,如承重柱、防盗门及建筑物墙体周围等,其磁场强度值同样大于外围磁场。该实验结果十分重要,可得出结论:当进行地磁室内定位时,若 x 分量磁场强度值相同的点可根据其相对应的 y 分量磁场强度值进行定位。该方法会使定位精度更加准确。

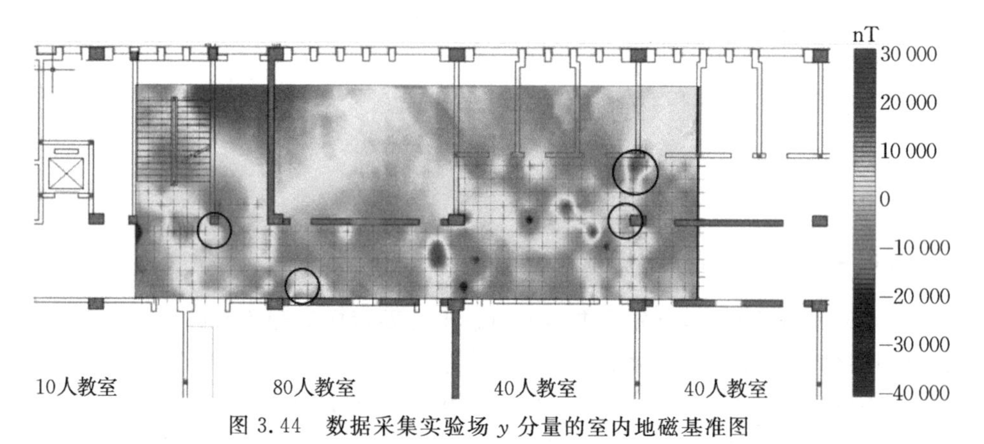

图3.44 数据采集实验场 y 分量的室内地磁基准图

图3.45是总磁场的室内地磁基准图，总磁场强度值是三轴磁场强度值的矢量和，其最能评价室内磁场的分布情况。在圆形框中，磁场强度值有明显增强趋势，因为该区域内存在承重墙，由于承重墙中的钢筋混凝土材料使得该区域地磁值明显强于别处；在方框中，磁场强度值有明显减弱趋势，因为该区域存在一个防盗门，故使得该区域磁场强度值骤然减小。综合x轴、y轴、z轴方向磁场强度值及总磁场强度值等值线图可以发现，地磁场的区域性变化很大，其作为室内定位基准是可行的。

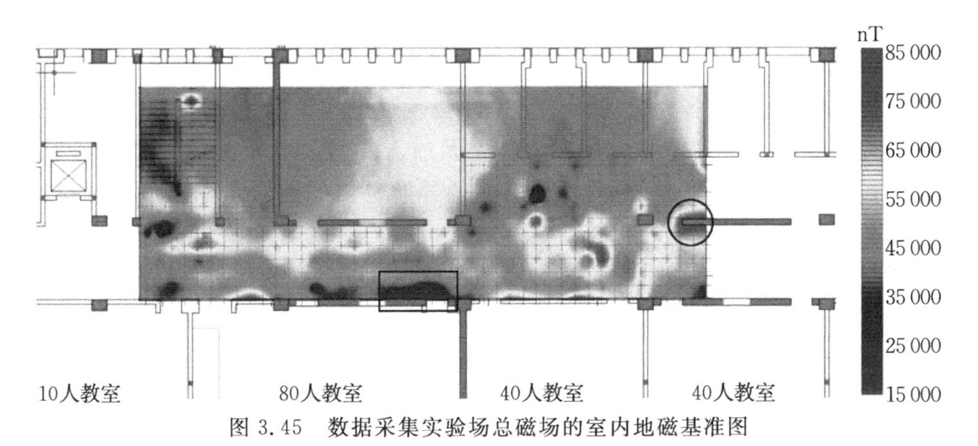

图3.45　数据采集实验场总磁场的室内地磁基准图

第4章　地磁导航匹配算法

§4.1　地磁导航

进入20世纪现代社会后，随着无线电通信技术的发展及计算机运算能力的极大提高，人类逐渐提出多样化的导航定位方法。卫星导航定位、惯性导航、多普勒导航等主要导航方式被普遍应用在海陆空及航天领域。为了适应复杂的导航环境，同时提高导航的精度和效率，各种新型的导航定位如地形匹配技术、重力场匹配技术相继出现。但是很少有一种定位方式可以同时具有无源、无辐射、全天时、全天候、全地域的特点，都需要与其他辅助定位相互配合。卫星导航定位系统可以实现地球表面全天时高精度定位，但会受到气候、电离层、对流层、电磁波等因素影响，信号传播过程中要避免遮挡，其定位导航需要在视野开阔、躲避障碍物的情况下进行。惯性导航系统是一种不依赖外部信息的自主式定位系统，可以在地球表面甚至水下全方位作业；不过该系统也存在明显弊端，其定位累计误差会随时间变化逐步扩大，对系统的初始位置有严格要求，并且整个设备的经济成本过高。地形匹配导航系统经常运用在飞机上，需要对地形、气候等各种环境因素进行分析，也是军事中常用的一种导航方式。

随着地磁学、物理学及地磁测量技术的发展，人们逐渐把目光转移到地磁导航上[98-99]。自1989年美国康奈尔大学的Psiaki教授第一次提出将地磁场技术应用在卫星轨道上，地磁导航便开始成为国际上大量学者与专家共同的研究热点。众所周知，地磁场类似于重力场，是地球的基本物理场之一。由于地磁场是矢量场，含有丰富特征信息，可以分为磁场总强度、水平分量、东向分量、北向分量、竖直分量、磁偏角和磁倾角等，理论上在地球表面任意一点的地磁矢量都具有唯一性，并与所在位置大地坐标一一对应，因此，只要精确测定出地磁特征便可实现全球任意位置定位。

近年来，地磁导航技术得到快速发展，相比其他导航方式主要具有这几方面的优势：①可以实现无源自主导航，充分利用天然存在的地磁场，不会有额外地理信息泄露，具有较好的隐蔽性；②地磁测量不受位置与时间影响，可以在高空或者陆地任意时间段内进行，体现出全天时、全地域的优良特征；③不会随着时间累积产生定位误差，可以和惯性导航系统结合形成新式导航组合；④具有多维特征信息，不仅能利用幅值也可以与方向信息相结合，存在一定潜在价值。因此，地磁导航在工业、航天航空等诸多领域都发挥了无法替代的作用。今后高精度的磁传感器技术、地磁场异常建模技术及组合导航理论的完善，将会极大地促进地磁导航技术的发展，这对保障国家军事安全和推动民用市场经济具有重要现实意义。

§4.2　地磁导航技术的发展状况

人类历史上最早使用地磁信息导航，可以追溯到中国历史上的四大发明之一——指南针的应用。12 世纪中国北宋时期已将指南针和罗盘用于航海活动。直到 14 世纪前后，西方人才开始在航海远行中使用定向罗盘。工业革命之后，现代科技的发展快速推动地磁导航技术的进步，国内外越来越多的学者开始对其产生浓厚兴趣，正在研究符合当代社会的基于地磁信息的新式导航方法。

4.2.1　国外研究现状

相比于其他导航方式，20 世纪 60 年代地磁导航才开始进入人们的视野。当时美国 E-systems 公司制作出 MAGCOM 系统，通过建立地磁异常场并根据等值线技术进行匹配，但是地磁数据的可靠性无法得到验证。20 世纪 70 年代，苏联 Ramenskoye 公司利用已获得的地磁数据对 MAGCOM 方法进行离线验证试验，并取得不错效果。20 世纪 80 年代，瑞典 Lund 学院以轮船为载体，对地磁导航的有效性进行验证，并成功估计出轮船行驶的实时速度[100-101]。1982 年，美国研制出一种水下地磁定位系统并应用在海洋潜艇的定位和导航中。

进入 21 世纪后，美国开始投入大量资金用于大型地磁导航定位系统的研究，对全球地磁场模型进行精确修正，并对外严格防范相关技术泄密。2003 年 8 月，美国国防部对外宣称其地磁导航系统的地面和空中部分优于 30 m，水下部分优于 500 m(CEP)以内。部分导航实验已经开始使用地磁技术，E-2 飞机可以完成高空地磁数据测量工作。美国国家航空航天局戈达德航天中心等科研机构在水下和陆地进行了大量地磁导航实验。2006 年，Goldenberg 在飞机上使用精确的地磁场三维矢量信息，并与地磁基准图匹配，实现了基于地磁图的测速定位效果。

俄罗斯很早就成立了地磁导航相关的研究所，其新型 SS-19 导弹系统以地磁场强度作为特征信息，采用磁通门传感器借助等值线匹配技术进行了大量制导实验，成功实现导弹变轨，旨在对抗美国的导弹拦截系统。法国正在研究一种基于地磁场的炮弹制导系统。其法德联合研究所的成员伊曼努尔等，利用地磁场特征稳定的性质，精确测量磁场方向变化，精度可达平方厘米级，并具备很强的抗干扰能力，实验证明可将地磁场作为恒定基准使用。该团队还成功利用卡尔曼滤波器可快速处理大量地磁数据的特点，进行了相关导弹试射实验。土耳其成功研制出地磁异常探测系统，并装备在其 CN-235 型号的海上巡逻机上，增强了国防力量。该系统可以监测地磁场的细微变化和异常现象，如潜艇对周围磁场的干扰作用等，经常被安装在机尾。

20 世纪 90 年代，美国康奈尔大学的 Psiaki 教授[102-104]首次提出利用地磁场理论来实现卫星定轨的观点。其后，该团队又开展了基于地磁导航技术的相关研究工作，并取得不错成绩。1995 年，在美国国家航空航天局戈达德航天中心，Deutschmann 等组成的团队提出了基于磁场矢量和扩展卡尔曼滤波器(EKF)的卫星导航方案，利用磁力计与多种传感器结合的方式，估计出卫星的姿态信息和轨道参数。

4.2.2 国内研究现状

在我国历史上，地磁导航一直是众多学者和专家关注的焦点[105-107]。随着国家在微电子技术、新型加工材料、空间信息技术领域取得新突破，相应地，地磁场测量和导航技术也进入新的发展阶段。

在地磁场测量精度方面，我国成功研制出 HC-90 氦光泵磁力计，其测量精度达 0.0025 nT，采样频率为 2～10 Hz，可以实现在全球任意位置的 24 小时不间断工作。该传感器已普遍应用在潜艇、地质勘查中，不过对于飞机、导弹等高速移动物体，响应速度略显不足。我国需要加强针对高分辨率与快速响应的非晶地磁传感器材料的研究，这方面技术明显落后于欧美国家。

自 20 世纪 50 年代开始，中国科学院地质与地球物理研究所开始每隔 10 年更新一次全国范围内的地磁场图和模型。2005 年以后，中国地震局开始接管该项目后，将更新时间改为每 5 年一次，新推出的国家地磁图被广泛应用在石油开采、地质勘查等工业领域。另外，我国开始对周边海域的磁场进行精密测量和研究，以便为未来开展相关地磁导航技术研究奠定基础。

在地磁导航匹配方面，2002 年国防科技大学的胡小平等将地磁导航技术应用在卫星轨道定轨中，并成功获得精度较好的轨道参数。此外，高金田和安振昌分别利用扩展卡尔曼滤波器和无损卡尔曼滤波器方法，对卫星附近地磁场信息进行精确测量以估计它的位置和速度。天津航海仪器研究所的刘飞等提出地磁与惯性导航组合定位系统的研究思路。西安测绘研究所的彭福清等详细分析地磁场模型，并对地磁导航的可行性问题进行研究。

在地磁导航匹配算法方面，西北工业大学的董坤等将三轴磁力计安装在飞行器上来获取所在地的地磁场矢量，通过参照国际地磁场模型，运用卡尔曼滤波算法对飞行器实时位置进行估计。

赵敏华等[108-109]利用三轴磁强计分别与 GPS 和雷达高度计进行联合匹配，误差分别小于 50 m 和 20 m。空军工程大学的郭庆[110]提出自适应多维特征信息匹配算法,解决了单一匹配所引起的区域不确定性问题。李素敏和张万清[111]在已知的地磁基准图上,通过测量出的地磁信息并运用平均绝对差匹配算法,使定位精度达到 50 m。

西北工业大学的晏登洋等[112]开展惯性与地磁组合导航仿真实验,在地磁匹配过程中加入磁偏角和磁倾角因素,可以得到更高精度的定位效果并具有较高的稳定性。有学者分析了地磁匹配方法在巡航导航制导中的限制因素[113-114]。国防科技大学的相关研究人员在官方提供的航测数据基础上,通过地磁导航方法成功完成跑车实验。总之,国家科研人员所提供的实验数据与宝贵经验,无疑会成为我国在这个领域中不断发展的巨大推动力。

4.2.3　在室内定位领域中的应用

众所周知,随着卫星信号技术的发展,基于卫星的定位服务(如车载导航、智能手机导航)表现出非常高的效率和巨大的便利性。最典型的例子便是 GPS 在室外定位的优异表现。GPS 技术催生了诸如谷歌地图、高德地图等优秀的地图类应用,并且基于位置的服务对人类的商业活动、社交生活产生了变革性的推动。可以认为,定位技术的发展与成熟推动了搜索引擎查询类商业模式向基于位置的社群经济的巨大改变。然而,由于现代社会人类工作、休闲、住宿、学习等主要生活场景均发生在室内环境中,人们逐渐将目光放到了室内环境的定位与导航上。相比于室外,人类在室内会待更长时间,完成更多的工作。类似于室外定位,人们对于室内定位的需求不断增加,各种商业模式也急需精确的室内导航与定位。过去,由于没有移动信号接收终端,人们在室内的活动无法被收集、感知和监测;现在,随着智能手机的迅猛发展,内置各类传感器(Wi-Fi 接收器、蓝牙接收器、电子罗盘、重力感应器等)的智能手机为人类的室内定位提供了极大的便利,使得室内精确定位成为可能。在 2010—2011 年的室内定位与室内导航(indoor positioning and indoor navigation,IPIN)大会上,来自各国的科学家纷纷做出了关于室内定位模型与技术的陈述。从此,室内定位技术的研究受到了来自政府、研究所和企业的海量关注,室内定位技术也成为时下热门的研究方向。

室内定位技术手段层出不穷,有基于图像处理、无线传输、声音传播、无线信号接收强度、无线信号到达角与相位差、惯性导航系统等解决方案。目前的各种技术对环境布置有相当高的要求,需要昂贵的设备和复杂的匹配算法,因此,室内定位尚不能普遍应用在人们日常生活中。地磁场是一个矢量场,根据地磁学理论,在这个巨大的矢量场内,靠近人类活动范围的每个位置上都具有唯一的磁场矢量值,如果可以测出该位置的多个地磁场的典型特征信息,即可实现全球任意地点定位。在生物界中,人类已经发现许多动物借助地磁场来实现方向定位和导航。例如:大螯虾不仅可以判断出地磁场的方向,甚至能估计出自己相对于目的地的距离。近几年来，有实验证明在钢筋混凝土结构的建筑物中，存在局部地磁异常场，这些异常场随着位置而有所不同，并且在时间上很稳定。2014 年 9 月 3 日，一则新闻映入了国内科技工作者的视线：百度公司向芬兰一家名为 IndoorAtlas 的公司注资 1000 万美元。IndoorAtlas 公司是芬兰奥卢大学的一个科学家团队建立的专注于室内导航技术服务的公司。他们利用建筑物内部这种独特的地磁异常特征量绘制成基准图，通过载体上的磁传感器测量地磁特征，选择合适的地磁匹配算法与基准图进行相关匹配，实现对载体位置的估计。美国麻省理工学院的 Chung 团队利用室内环境中地磁指纹与惯性导航相结合在某个教学楼内进行定位实验，大多数情况下定位误差可以实现小于 1.64 m。

随着微电子技术与传感器技术的发展，手机内置磁传感器精度也越来越高，在室内定位中运用地磁导航技术前景可观。地磁定位技术只需采集周围磁场地磁特征信息来实现定位，不涉及用户隐私信息，也不需在环境中布置额外设备，未来可在配备高精度传感器的手机上进行定位。地磁导航凭借其独特优势不仅在军事领域中占有重要地位，也成为民用室内定位领域里的热点话题。相信未来随着相关学科的发展，地磁导航将会与人类生活密切相关。

§4.3 地磁匹配基本原理

地球的近地表面上任意一点的地磁信息表现不一，同时，地磁场具有全天时、全地域并随时间短期稳定，故可看作一个天然坐标系并可作为导航场。在这种环境中利用不同的地磁特征来估计载体所在位置，便是地磁匹配(magnetic field contour matching，MAGCOM)的基本过程。匹配中需要以地磁特征为依据，根据地磁场自身的 7 个天然要素或者其对应梯度[12,115-116]。考虑到当前我国的磁场测量技术有限，无法很好地完成对地磁场各个具体分量的精确测量，加之现存的地磁图都是标量信息，即大部分是地磁场总强度和地磁异常信息，异常场随空间变化明显且在时间上稳定不变，实际测量过程中以这些要素为主。

进行地磁匹配时，需要提前将待匹配区域中特征点的地磁信息存储在数据库中，制作完成地磁基准图。当载体在该区域中运动时，通过地磁传感器实时测量出地磁信息，构成测量序列并与数据库中的地磁信息进行匹配，在完成对载体的位置估计后，提供给计算机解算导航信息，也可辅助其他导航系统校正位置误差。地磁匹配的基本原理如图 4.1 所示。

地磁匹配大体可以分为三个过程。

(1)建立地磁基准图。地磁基准图是地磁匹配的基础，本质上是以数字形式存储在计算机中用来表示地理空间位置及对应的地磁信息。地磁基准图的精度决定匹配过程的效率和准确性，因此，如何生成高精度地磁基准图是一个十分重要的研

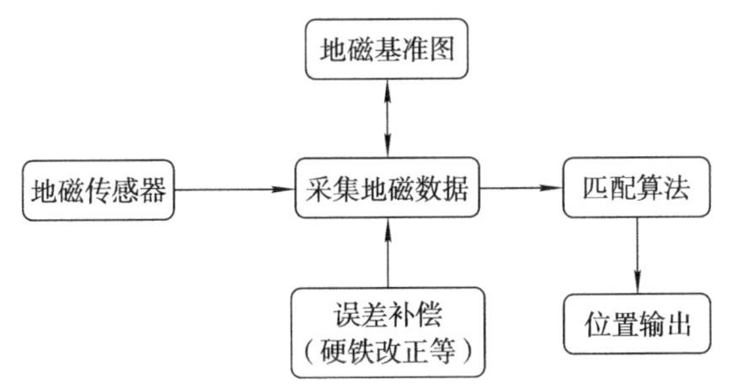

图 4.1　地磁匹配的基本原理

究课题。然而，目前全球的地磁观测点呈不规则且稀疏状态，需要通过合适的地磁图重构技术建立基准图。

(2)实时量测地磁数据。当载体在待匹配区域中运动时，通过携带的磁传感器实时测量所在地理位置上的地磁信息。因此，高精度的磁传感器是实现高匹配成功率的必要条件，需要考虑如何对实测数据进行滤波处理，以去除系统噪声和随机噪声。

(3)选取地磁匹配算法。匹配算法是地磁导航的核心技术，其不仅会影响匹配结果的精度，还会影响匹配的速度。地磁匹配算法最初来源于地形匹配和图像处理方法，近年来出现一些新的组合匹配算法，但仍然有待提高。选择一个合适的地磁匹配算法对于整个地磁匹配过程至关重要。

§4.4　常见的地磁匹配算法

地磁导航已经在民用领域得到广泛使用，但是关于军事中的正式应用报告还未出现，可见该技术还有很多关键问题亟待解决。其中，地磁匹配算法可以称得上是地磁导航的核心技术。地磁匹配算法借鉴了一部分数字地图匹配的内容。匹配定位算法的基本思想是将磁传感器实时测量的地磁序列与基准图中的数据进行匹配，从而得出运动轨迹，即已知两个独立分布变量的集合，通过一种数学变化函数求出目标位置。

地磁匹配本质上就是一种数据关联的过程，类似于地形匹配技术，但它却拥有更多的匹配特征量。匹配点处信息并不完全符合数据库信息，只是最大程度相似，匹配算法的选择直接决定匹配精度，也是影响最终导航精度的重要因素。当前存在的地磁匹配算法主要分为相关度匹配和递推滤波匹配。

相关度匹配过程简单，对载体初始位置要求低，可以分开单独使用，无误差累计，具有灵活的匹配特点和很高的匹配精度。传统的相关度匹配算法可以分成两类：一类以数据之间的相似程度为标准，如互相关算法、相关系数算法、积相关算法、归一化积相关算法;另一类以数据之间差别程度为标准,如平均绝对差算法、均方差算法、绝对差算法、平方差算法[117-119]。具体应用时,两者的区别在于分别对函数求得最大值和最小值。

递推滤波匹配前需要对匹配区域地磁场曲面进行线性化处理,在获得惯性导航系统的位置输出值后,在地磁基准图中读出地磁数据值与实时测量值之差作为观测值,通过扩展卡尔曼滤波器(EKF)相结合。该过程对载体初始位置要求苛刻,同时,需要经过较长时间的连续递推来实现导航,无法获得滤波使用的数据误差统计模型,也会出现滤波发散的情况,其中卡尔曼滤波(KF)成为主流技术[120-121]。根据地磁滤波所用传感器类型不同,大致分为两种实现方式。采用三轴磁传感器时,可以获得地磁信息的全部矢量特征,无须计算总强度,可直接作为观测值进行滤波定位,测量精度对最终定位结果影响很大。若采用高精度的光泵磁力计可以直接获得磁场幅度值,若采用质子磁力计可以获得垂直和水平单一方向磁场幅度值,针对地磁场观测模型非线性特点,部分人提出无损卡尔曼滤波(UKF)算法,并得到广泛应用。

每一种匹配算法都具有自身独特优势,针对不同的载体、不同的运动情况需要选择合适算法。例如:水下潜艇、陆地车辆等的无规律运动,需要采取相关度匹配算法;空中导弹、飞机等的运动有固定路线,则考虑使用递推滤波匹配[122-124]。随着未来各种技术的发展,需要研究出多种组合算法来适应复杂的载体运动情形。

4.4.1 基于相关性处理算法

假设以矢量 $\boldsymbol{M}$ 和 $\boldsymbol{N}_{u,v}$ 之间的某种范数‖*‖表示它们之间的相似程度。其中,$\boldsymbol{N}_{u,v}$ 表示基准图中位置(u,v)上 n 维地磁矢量,$\boldsymbol{M}$ 表示实时测量的 n 维地磁矢量。以下公式中 $D(u,v)$ 表示相关匹配函数,当 D 取得最小值时,即为估计出的匹配位置。

1. 绝对差算法

绝对差表示两者差的绝对值,即

$$D(u,v)=\|\boldsymbol{N}_{u,v}-\boldsymbol{M}\|=|\boldsymbol{N}_{u,v}-\boldsymbol{M}| \tag{4.1}$$

地磁特征信息是一个多维矢量,式(4.1)又可写为

$$D(u,v)=\sum_{i=1}^{n}|N_{u,v}^{i}-M_{i}| \tag{4.2}$$

式中,$N_{u,v}^{i}$ 为基准图数据库中在位置(u,v)上的第 i 个特征量,M_i 为磁传感器实时获得的第 i 个特征量。

2. 平均绝对差算法

采用平均绝对差法可以有效减弱待匹配范围大小对匹配结果的影响。其公式为

$$D(u,v)=\frac{1}{n}\sum_{i=1}^{n}|N_{u,v}^{i}-M_{i}| \tag{4.3}$$

3. 平方差算法

可以将 $\boldsymbol{M}$ 和 $\boldsymbol{N}_{u,v}$ 之差进行平方处理，不会出现正负问题，也不用再计算绝对值，符合优化计算过程。其公式为

$$D(u,v)=\sum_{i=1}^{n}(N_{u,v}^{i}-M_{i})^{2} \tag{4.4}$$

4. 均方差算法

在平方差基础上，通过求平均来减弱待匹配范围大小对匹配结果的影响。其公式为

$$D(u,v)=\frac{1}{n}\sum_{i=1}^{n}(N_{u,v}^{i}-M_{i})^{2} \tag{4.5}$$

5. 积相关算法

假设矢量 $\boldsymbol{M}$ 和 $\boldsymbol{N}_{u,v}$ 之间的夹角为 θ，则有

$$D(u,v)=\boldsymbol{N}_{u,v}\cdot\boldsymbol{M}=\|\boldsymbol{N}_{u,v}\|\cdot\|\boldsymbol{M}\|\cos\theta=\boldsymbol{N}_{u,v}^{\mathrm{T}}\boldsymbol{M} \tag{4.6}$$

由于矢量内积等于相应元素对应相乘再求和，化简式(4.6)可得

$$D(u,v)=\sum_{i=1}^{n}N_{u,v}^{i}M_{i} \tag{4.7}$$

6. 归一化积相关算法

可以在积相关算法上进行归一化处理，去掉其中的错误匹配情况，则有

$$D(u,v)=\frac{\sum_{i=1}^{n}N_{u,v}^{i}M_{i}}{\sqrt{\sum_{i=1}^{n}(N_{u,v}^{i})^{2}\sum_{i=1}^{n}M_{i}^{2}}} \tag{4.8}$$

以矢量相乘的内积形式可表示为

$$D(u,v)=\frac{\boldsymbol{N}_{u,v}^{\mathrm{T}}\boldsymbol{M}}{\sqrt{(\boldsymbol{N}_{u,v}^{\mathrm{T}}\boldsymbol{N}_{u,v})(\boldsymbol{M}^{\mathrm{T}}\boldsymbol{M})}} \tag{4.9}$$

7. 基于豪斯多夫距离的地磁匹配算法

磁传感器在采集地磁数据时，容易受到自身硬铁现象及周围噪声影响，出现各种定位误差，导致定位精度下降。为了提高载体采集特征量序列与基准图采样点上特征量序列的相关性，可以选择豪斯多夫(Hausdorff)距离匹配算法[12,125-127]，它能降低由噪声干扰等引起的地磁数据不稳定的影响，在数据库中寻找出最合适的匹配序列。

豪斯多夫距离又被称为极大极小距离，它描述了两组点集之间的相似程度，已普遍应用于二值图形学中。地磁匹配可借助此算法获得新测度方式[128-131]。

假设有 2 个有限点集为

$$\left.\begin{aligned} A &= \{a_1, a_2, a_3, \cdots, a_m\} \\ B &= \{b_1, b_2, b_3, \cdots, b_n\} \end{aligned}\right\} \tag{4.10}$$

它们两者之间的豪斯多夫距离定义为

$$\left.\begin{aligned} H(A,B) &= \max(h(A,B), h(B,A)) \\ h(A,B) &= \max_{a\in A}(\min_{b\in B}\|a-b\|) \\ h(B,A) &= \max_{b\in B}(\min_{a\in A}\|b-a\|) \end{aligned}\right\} \tag{4.11}$$

式中，$H(A,B)$ 表示两个方向上豪斯多夫距离；$h(B,A)$ 表示 A 集合元素到 B 集合元素单一方向上的豪斯多夫距离，令前者 A 与 B 互换可推出 $h(B,A)$ 的定义。考虑仅比较磁场总强度，同时，它也是一个标量，将 $\|a-b\|=|a-b|$ 看做是 A、B 间的距离范数。从式(4.11)中可以看出，豪斯多夫距离反映出两个点集的不匹配程度，距离越大两个集合相似性越低。

豪斯多夫距离地磁匹配算法与传统算法有一定区别，它不强调点集中具体的匹配点对，使得点与点的关系变得模糊起来，因此，在地磁定位中可以增强抗干扰性和容错性。

选用磁场总强度作为地磁特征量，建立地磁基准图，基于豪斯多夫距离算法完成地磁匹配定位。实验过程中，由磁传感器测量模块产生地磁特征量序列，遍历地磁基准图，将基准地磁数据序列当做集合 A，将特征量序列当做集合 B，运用豪斯多夫距离算法，计算出 $H(A,B)$ 中的最小值，它所对应的位置坐标即为匹配定位结果。

从定位精度的效果分析，平均绝对差、均方差两种算法都优于归一化积相关算法和基于豪斯多夫距离的地磁匹配算法；从匹配计算量分析，它们的复杂性也小于后两者，匹配依据最小余数偏移，在噪声小和数据序列有限时会获得不错的匹配结果，也不会出现发散情况，因此，经常被用于地磁匹配中。基于豪斯多夫距离的地磁匹配算法会模糊点与点之间关系，算法稳定性较好，之前经常用在二值模式判断和边缘图像识别上，但易受周围噪声影响，部分学者提出改进，如平均豪斯多夫距离算法等。常用相关性算法对比情况如表 4.1 所示。

表 4.1　常用相关性算法对比

相关性算法	匹配算法公式	函数条件	优缺点
绝对差算法(AD)	$D(u,v)=\\|\boldsymbol{N}_{u,v}-\boldsymbol{M}\\|=\|\boldsymbol{N}_{u,v}-\boldsymbol{M}\|$	最小值	计算简单、精度差
平均绝对差算法(MAD)	$D(u,v)=\frac{1}{n}\sum_{i=1}^{n}\|N_{u,v}^{i}-M_i\|$	最小值	精度较好
平方差算法(SD)	$D(u,v)=\sum_{i=1}^{n}(N_{u,v}^{i}-M_i)^2$	最小值	精度较差

续表

相关性算法	匹配算法公式	函数条件	优缺点
均方差算法(MSD)	$D(u,v)=\frac{1}{n}\sum_{i=1}^{n}(N_{u,v}^{i}-M_i)^2$	最小值	精度较好
积相关算法(PROD)	$D(u,v)=\sum_{i=1}^{n}N_{u,v}^{i}M_i$	最大值	稳定性不好
归一化积相关算法(NPROD)	$D(u,v)=\frac{\boldsymbol{N}_{u,v}^{\mathrm{T}}\boldsymbol{M}}{\sqrt{(\boldsymbol{N}_{u,v}^{\mathrm{T}}\boldsymbol{N}_{u,v})(\boldsymbol{M}^{\mathrm{T}}\boldsymbol{M})}}$	最大值	算法复杂、效率低
豪斯多夫距离算法(HD)	$H(A,B)=\max(h(A,B),h(B,A))$ $h(A,B)=\max_{a\in A}(\min_{b\in B}\Vert a-b\Vert)$ $h(B,A)=\max_{b\in B}(\min_{a\in A}\Vert b-a\Vert)$	最小值	稳定性较好、精度较好

4.4.2　轮廓匹配算法

基于相关性分析的地磁匹配算法已经在军事和民用领域中得到普遍应用，其中轮廓匹配算法(contour matching,CM)[132-134]也属于该范畴。其基本思想：载体在实验区域中运动一段时间，根据惯性导航系统给出其中一系列轨迹点坐标值 $\boldsymbol{M}$，同时通过地磁传感器实时测出相应的地磁值序列 $\boldsymbol{N}$，再根据惯性导航误差粗略划定一个不确定区域，在该区域内任意平移载体轨迹，通过一定的相关性准则比较平移处、轨迹处地磁值与实测地磁值，寻找出最佳匹配轨迹，如图 4.2 所示。具体匹配算法流程如下。

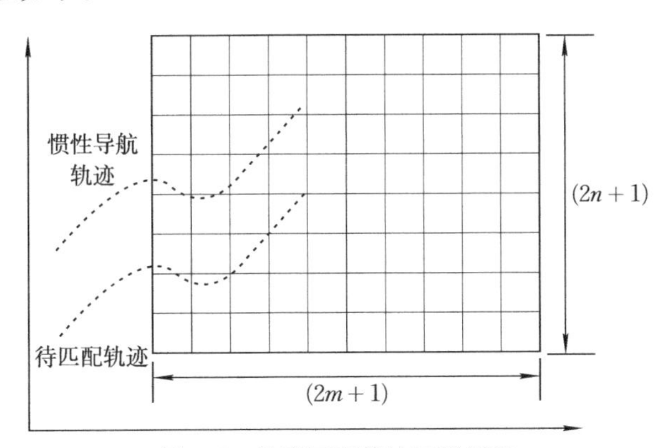

图 4.2　轮廓匹配算法匹配原理

(1)载体在实验区域运动一段时间，所携带磁传感器按照规定采样间隔实时测量所在位置上地磁特征信息，经过信号滤波处理得到地磁信息序列 N_m^i。

(2)以惯性导航系统输出的一系列预估位置为中心，通过惯性导航误差模型确定待匹配的不确定范围为 $(2m+1)(2n+1)$，缩小匹配范围，提高效率，同时，保证载体所处位置。

(3)在不确定区域内,任意平移惯性导航系统轨迹形成待匹配轨迹,待匹配轨迹的个数需要与区域内网格数量相等。

(4)平移待匹配轨迹,查询出其在地磁基准图上对应轨迹的地磁信息序列 L_m^i,再将该序列与实测地磁序列 N_m^i 依据一定相关性分析准则进行运算,从而得到载体的最佳匹配位置。

4.4.3 基于等值线的最近点迭代算法

基于相关分析的地磁匹配算法仅可以完成平移搜索,无法进行旋转来修正航行偏差。因此,人们提出一种基于等值线的最近轮廓点迭代算法(iterative closest contour point,ICCP)[135],它最初被应用在图像配准中。该算法无须预先确定对应估计,仅是一种通过不断重复运动变换确定最近点的过程,以实现对量测轨迹和模型之间的匹配修正。算法要求目标函数计算在欧氏距离平方最小的情况下的解,也就是实测轨迹和真实轨迹之间的最优变换。ICCP 算法的原理如图 4.3 所示。其中:$L_i(i=1,2,\cdots,n)$ 为实验区域中不同的地磁等值线;n 为采样个数;$x_i(i=1,2,\cdots,n)$ 为实际轨迹;$h_i(i=1,2,\cdots,n)$ 为惯性导航轨迹。

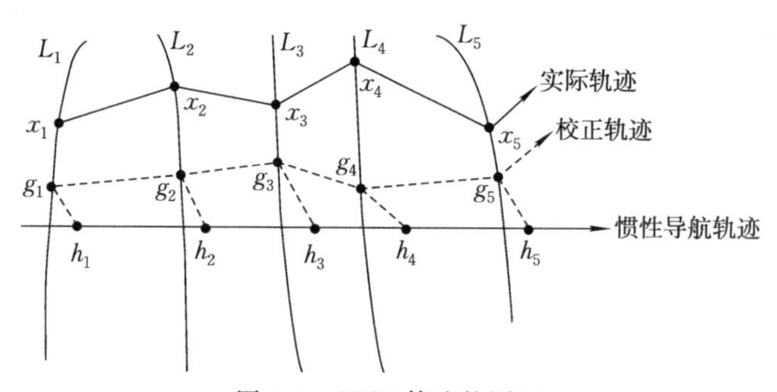

图 4.3 ICCP 算法的原理

由于惯性导航系统存在一定误差,使得惯性导航轨迹和实际轨迹并不能完全重合。根据 ICCP 算法原理,存在一条等值线 L_i 通过点 x_i,相应的点 h_i 也会在该等值线附近,找出其中与点 h_i 距离最近的点记为 g_i,然后对测量曲线进行整体平移和旋转,使得新集合与原集合 g_i 相对应点的路线长度平方和达到最小,重复此步骤直到迭代收敛结束。

ICCP 算法的理论过程:定义目标函数,分别将实际轨迹、惯性导航轨迹两条长线段分成不同长度的若干线段集合 $X=\{X_1,X_2,\cdots,X_N\}$ 和 $H=\{H_1,H_2,\cdots,H_N\}$。假设 $n\in\{1,2,\cdots,N\}$,$\hat{\boldsymbol{y}}_n$ 和 $\hat{\boldsymbol{b}}_n$ 是单位方向矢量,这些被分成的子线段 X_n 又可以表示为($\boldsymbol{x}_n,\hat{\boldsymbol{y}}_n,l_n$),同理,$H_n$ 可用($\boldsymbol{h}_n,\hat{\boldsymbol{b}}_n,l_n$)表示。$\boldsymbol{x}_n$ 和 $\boldsymbol{h}_n$ 分别用来表示所在位置的坐标值(x,y,z),即 $\boldsymbol{x}_n=[x_{n1}\ \ x_{n2}\ \ x_{n3}]^{\mathrm{T}}$ 和 $\boldsymbol{h}_n=[h_{n1}\ \ h_{n2}\ \ h_{n3}]^{\mathrm{T}}$。

匹配两个线段，需要分别对线段对应点之间进行匹配。设 $\boldsymbol{x}_n + u\hat{\boldsymbol{y}}_n$ 和 $\boldsymbol{h}_n + u\hat{\boldsymbol{b}}_n$ 为与 X 和 H 线段两端点距离相等的点，其中满足 $-\frac{l_n}{2} < u < \frac{l_n}{2}$，则 $D_n^2(u) = \|(\boldsymbol{x}_n - \boldsymbol{h}_n) + u(\hat{\boldsymbol{y}}_n - \hat{\boldsymbol{b}}_n)\|^2$ 表示两点之间的欧氏距离平方，即

$$
\begin{aligned}
D_n^2(u) = {} & \|\boldsymbol{x}_n - \boldsymbol{h}_n\|^2 + u(\boldsymbol{x}_n - \boldsymbol{h}_n)^{\mathrm{T}}(\hat{\boldsymbol{y}}_n - \hat{\boldsymbol{b}}_n) + u(\hat{\boldsymbol{y}}_n - \hat{\boldsymbol{b}}_n)^{\mathrm{T}}(\boldsymbol{x}_n - \boldsymbol{h}_n) + \\
& 2u^2(1 - \hat{\boldsymbol{y}}_n^{\mathrm{T}}\hat{\boldsymbol{b}}_n)
\end{aligned}
\tag{4.12}
$$

子线段 X_n 和 H_n 两者间的等效距离为

$$
M(X_n, H_n) = \int_{-l_n/2}^{l_n/2} D_n^2(u)\mathrm{d}u = l_n \|\boldsymbol{x}_n - \boldsymbol{h}_n\|^2 + \frac{l_n^3}{6}(1 - \hat{\boldsymbol{y}}_n^{\mathrm{T}}\hat{\boldsymbol{b}}_n) \tag{4.13}
$$

具体到两条待匹配线段之间距离的表达式为

$$
M(X, H) = \sum_{n=1}^{N} M(X_n, H_n) = \sum_{n=1}^{N}\left[l_n \|\boldsymbol{x}_n - \boldsymbol{h}_n\|^2 + \frac{l_n^3}{6}(1 - \hat{\boldsymbol{y}}_n^{\mathrm{T}}\hat{\boldsymbol{b}}_n)\right] \tag{4.14}
$$

通过适当旋转去掉方向上的误差，再通过平移使两条线段之间达到重合，设平移向量 $\boldsymbol{t} = [t_1 \quad t_2 \quad t_3]^{\mathrm{T}}$，旋转矩阵为 $\boldsymbol{R}$，则变换为

$$
\left.
\begin{aligned}
\boldsymbol{h}_n &\to \boldsymbol{t} + \boldsymbol{R}\boldsymbol{h}_n \\
\hat{\boldsymbol{b}}_n &\to \boldsymbol{R}\boldsymbol{b}_n
\end{aligned}
\right\}
\tag{4.15}
$$

代入式(4.14)可得

$$
M(X, H) = \sum_{n=1}^{N}\left[l_n \|\boldsymbol{x}_n - \boldsymbol{t} - \boldsymbol{R}\boldsymbol{h}_n\|^2 + \frac{l_n^3}{6}(1 - \hat{\boldsymbol{y}}_n^{\mathrm{T}}\boldsymbol{R}\boldsymbol{b}_n)\right] \tag{4.16}
$$

因此，只要求出目标函数极小值即为匹配条件，同时，需要求出平移向量和旋转矩阵。

1. 平移向量求解

假设平移向量 $\boldsymbol{t}$ 满足

$$
\frac{\partial M}{\partial \boldsymbol{t}} = 0 \tag{4.17}
$$

也就是

$$
\frac{\partial M}{\partial \boldsymbol{t}} = \left[\frac{\partial M}{\partial t_1} \quad \frac{\partial M}{\partial t_2} \quad \frac{\partial M}{\partial t_3}\right]^{\mathrm{T}} \tag{4.18}
$$

因此

$$
\frac{\partial M}{\partial t_i} = [\boldsymbol{e}_1 \quad \boldsymbol{e}_2 \quad \boldsymbol{e}_3]^{\mathrm{T}} \quad (i = 1, 2, 3) \tag{4.19}
$$

式中，$i = 1, 2, 3$。假设 $\boldsymbol{e}_1 = [1 \ 0 \ 0]^{\mathrm{T}}$，$\boldsymbol{e}_2 = [0 \ 1 \ 0]^{\mathrm{T}}$，$\boldsymbol{e}_3 = [0 \ 0 \ 1]^{\mathrm{T}}$ 为空间直角坐标系的一个正交基，则有

$$\frac{\partial M}{\partial t_i}=\frac{\partial\left\{\sum_{n=1}^{N}\left[l_n\|\boldsymbol{x}_n-\boldsymbol{t}-\boldsymbol{R}\boldsymbol{h}_n\|^2+\frac{l_n^3}{6}(1-\hat{\boldsymbol{y}}_n^{\mathrm{T}}\boldsymbol{R}\hat{\boldsymbol{b}}_n)\right]\right\}}{\partial t_i}$$

$$=-2\sum_{n=1}^{N}[l_n\boldsymbol{e}_i^{\mathrm{T}}(\boldsymbol{x}_n-\boldsymbol{t}-\boldsymbol{R}\boldsymbol{h}_n)] \tag{4.20}$$

得出

$$\sum_{n=1}^{N}[l_n\boldsymbol{e}_i^{\mathrm{T}}(\boldsymbol{x}_n-\boldsymbol{t}-\boldsymbol{R}\boldsymbol{h}_n)]=0 \tag{4.21}$$

即

$$\left.\begin{aligned}&t_i\sum_{n=1}^{N}l_n=\sum_{n=1}^{N}l_n\boldsymbol{x}_n-\boldsymbol{R}\sum_{n=1}^{N}l_n\boldsymbol{h}_n\\&\boldsymbol{t}=\tilde{\boldsymbol{x}}-\boldsymbol{R}\tilde{\boldsymbol{h}}\end{aligned}\right\} \tag{4.22}$$

式中

$$\left.\begin{aligned}&\tilde{\boldsymbol{x}}=\sum_{n=1}^{N}\omega_n\boldsymbol{x}_n\\&\tilde{\boldsymbol{h}}=\sum_{n=1}^{N}\omega_n\boldsymbol{h}_n\\&\omega_n=\frac{l_n}{\sum_{n=1}^{N}l_n}=\frac{l_n}{l}\end{aligned}\right\} \tag{4.23}$$

由式(4.23)可知，ω_n 为子线段 X_n 在整个线段 X 中所占比例，$\tilde{\boldsymbol{x}}$ 为 X 的质心，同时，证明函数取极小值的必要性。下面再进一步证明函数取极小值的充分性。

$$\frac{\partial^2 M}{\partial \boldsymbol{t}^2}=\frac{\partial\left\{\begin{bmatrix}\frac{\partial M}{\partial t_1} & \frac{\partial M}{\partial t_2} & \frac{\partial M}{\partial t_3}\end{bmatrix}^{\mathrm{T}}\right\}}{\partial \boldsymbol{t}}=\begin{bmatrix}\frac{\partial M}{\partial t_1^2} & \frac{\partial M}{\partial t_2 t_1} & \frac{\partial M}{\partial t_3 t_1}\\ \frac{\partial M}{\partial t_1 t_2} & \frac{\partial M}{\partial t_2^2} & \frac{\partial M}{\partial t_3 t_2}\\ \frac{\partial M}{\partial t_1 t_3} & \frac{\partial M}{\partial t_2 t_3} & \frac{\partial M}{\partial t_3^2}\end{bmatrix} \tag{4.24}$$

又有

$$\frac{\partial^2 M}{\partial t_i t_j}=\partial\left\{-2\sum_{n=1}^{N}[l_n\boldsymbol{e}_i^{\mathrm{T}}(\boldsymbol{x}_n-\boldsymbol{t}-\boldsymbol{R}\boldsymbol{h}_n)]\right\}/\partial t_j$$

$$=-2\sum_{n=1}^{N}\left\{\frac{\partial[l_n(x_{nj}-\boldsymbol{t}-\boldsymbol{R}\boldsymbol{h}_n)]}{\partial t_j}\right\}$$

$$=\left(2\sum_{n=1}^{N}l_n\right)\frac{\partial t_i}{\partial t_j}=2l\delta_{ij} \tag{4.25}$$

满足要求

$$\delta_{ij}=\begin{cases}1, & i=j\\ 0, & i\neq j\end{cases} \tag{4.26}$$

因此可得

$$\frac{\partial^2 M}{\partial \boldsymbol{t}^2}=\begin{bmatrix}2l & 0 & 0\\ 0 & 2l & 0\\ 0 & 0 & 2l\end{bmatrix} \tag{4.27}$$

所得结果为正定矩阵，向量 $\boldsymbol{t}$ 使得 $M(X,H)$ 得到最小值。

2. 旋转矩阵求解

设

$$M(X,H)=\sum_{n=1}^{N}\left[l_n\|\boldsymbol{x}_n-\boldsymbol{t}-\boldsymbol{R}\boldsymbol{h}_n\|^2+\frac{l_n^3}{6}(1-\hat{\boldsymbol{y}}_n^{\mathrm{T}}\boldsymbol{R}\hat{\boldsymbol{b}}_n)\right]=MC-2M \tag{4.28}$$

由于旋转变化只改变向量方向，不会改变向量大小，因此，存在 $\|\boldsymbol{R}u\|=\|u\|$。从式(4.28)可得出，当 M 为极大值时，$M(X,H)$ 取得极小值。运用四元数法可求得旋转矩阵 $\boldsymbol{R}$。假设矩阵 $\boldsymbol{S}$ 为

$$\boldsymbol{S}=\sum_{n=1}^{N}\left[l_n\left(\boldsymbol{x}'^{\mathrm{T}}_n\boldsymbol{h}'_n+\frac{l_n^2}{12}\hat{\boldsymbol{y}}_n^{\mathrm{T}}\hat{\boldsymbol{b}}_n\right)\right] \tag{4.29}$$

假设单位四元数 $\dot{\boldsymbol{q}}=[q_0\ \ q_1\ \ q_2\ \ q_3]^{\mathrm{T}}$ 和 $\sum_{i=0}^{3}q_i^2=1$。

如果以矢量 $\hat{\boldsymbol{v}}=[v_1\ \ v_2\ \ v_3]^{\mathrm{T}}$ 表示绕旋转轴转动角度 θ，相应四元数为

$$\boldsymbol{q}=\left[\cos\frac{\theta}{2}\quad v_1\sin\frac{\theta}{2}\quad v_2\sin\frac{\theta}{2}\quad v_3\sin\frac{\theta}{2}\right]^{\mathrm{T}} \tag{4.30}$$

此时旋转矩阵 $\boldsymbol{R}$ 可以表示为

$$\boldsymbol{R}=\begin{bmatrix}q_0^2+q_1^2-q_2^2-q_3^2 & 2(q_1q_2-q_0q_3) & 2(q_1q_3+q_0q_2)\\ 2(q_1q_2+q_0q_3) & q_0^2-q_1^2+q_2^2-q_3^2 & 2(q_2q_3-q_0q_1)\\ 2(q_1q_3-q_0q_2) & 2(q_2q_3+q_0q_1) & q_0^2-q_1^2-q_2^2+q_3^2\end{bmatrix} \tag{4.31}$$

从推导过程中可以发现，为使得 M 为最大值，需要求出合适的旋转矩阵 $\boldsymbol{R}$，具体求解公式为

$$\begin{aligned}M\boldsymbol{V}&=\sum_{n=1}^{N}l_n\boldsymbol{x}'^{\mathrm{T}}_n\boldsymbol{R}\boldsymbol{h}'_n+\sum_{n=1}^{N}l_n\frac{l_n^2}{12}\hat{\boldsymbol{y}}_n^{\mathrm{T}}\boldsymbol{R}\hat{\boldsymbol{b}}_n\\ &=\sum_{n=1}^{N}(l_n\boldsymbol{x}'^{\mathrm{T}}_n\cdot\boldsymbol{R}\boldsymbol{h}'_n)+\sum_{n=1}^{N}\left(l_n\frac{l_n^2}{12}\hat{\boldsymbol{y}}_n^{\mathrm{T}}\cdot\boldsymbol{R}\hat{\boldsymbol{b}}_n\right)\\ &=\sum_{n=1}^{N}(l_n\boldsymbol{x}'^{\mathrm{T}}_n\cdot\dot{\boldsymbol{q}}\boldsymbol{h}'_n\dot{\boldsymbol{q}}*)+\sum_{n=1}^{N}\left(l_n\frac{l_n^2}{12}\hat{\boldsymbol{y}}_n^{\mathrm{T}}\cdot\dot{\boldsymbol{q}}\hat{\boldsymbol{b}}_n\dot{\boldsymbol{q}}*\right)\\ &=\sum_{n=1}^{N}(l_n\boldsymbol{x}'^{\mathrm{T}}_n\dot{\boldsymbol{q}}\cdot\dot{\boldsymbol{q}}\boldsymbol{h}'_n)+\sum_{n=1}^{N}\left(l_n\frac{l_n^2}{12}\hat{\boldsymbol{y}}_n^{\mathrm{T}}\dot{\boldsymbol{q}}\cdot\dot{\boldsymbol{q}}\hat{\boldsymbol{b}}_n\right)\end{aligned}$$

$$= \sum_{n=1}^{N} (\boldsymbol{U}_{x_n} \dot{\boldsymbol{q}})^{\mathrm{T}} \cdot (\bar{\boldsymbol{V}}_{h_n} \dot{\boldsymbol{q}}) + \sum_{n=1}^{N} (\boldsymbol{U}_{y_n} \dot{\boldsymbol{q}})^{\mathrm{T}} \cdot (\bar{\boldsymbol{V}}_{b_n} \dot{\boldsymbol{q}})$$

$$= \dot{\boldsymbol{q}}^{\mathrm{T}} \left[\sum_{n=1}^{N} (\boldsymbol{U}_{x_n}^{\mathrm{T}} \bar{\boldsymbol{V}}_{h_n} + \boldsymbol{U}_{y_n}^{\mathrm{T}} \bar{\boldsymbol{V}}_{b_n}) \right] \dot{\boldsymbol{q}} = \dot{\boldsymbol{q}}^{\mathrm{T}} \boldsymbol{W} \dot{\boldsymbol{q}} \tag{4.32}$$

式中

$$\boldsymbol{U}_{x_n} = \begin{bmatrix} 0 & -l_n x'_{n1} & -l_n x'_{n2} & -l_n x'_{n3} \\ l_n x'_{n1} & 0 & -l_n x'_{n3} & l_n x'_{n2} \\ l_n x'_{n2} & l_n x'_{n3} & 0 & -l_n x'_{n1} \\ l_n x'_{n3} & -l_n x'_{n2} & l_n x'_{n1} & 0 \end{bmatrix} \tag{4.33}$$

$$\bar{\boldsymbol{V}}_{h_n} = \begin{bmatrix} 0 & -h'_{n1} & -h'_{n2} & -h'_{n3} \\ h'_{n1} & 0 & h'_{n3} & -h'_{n2} \\ h'_{n2} & -h'_{n3} & 0 & h'_{n1} \\ h'_{n3} & -h'_{n2} & -h'_{n1} & 0 \end{bmatrix} \tag{4.34}$$

$$\boldsymbol{U}_{y_n} = \begin{bmatrix} 0 & -\frac{l_n^2}{12}\hat{y}_{n1} & -\frac{l_n^2}{12}\hat{y}_{n2} & -\frac{l_n^2}{12}\hat{y}_{n3} \\ \frac{l_n^2}{12}\hat{y}_{n1} & 0 & -\frac{l_n^2}{12}\hat{y}_{n3} & \frac{l_n^2}{12}\hat{y}_{n2} \\ \frac{l_n^2}{12}\hat{y}_{n2} & \frac{l_n^2}{12}\hat{y}_{n3} & 0 & -\frac{l_n^2}{12}\hat{y}_{n1} \\ \frac{l_n^2}{12}\hat{y}_{n3} & -\frac{l_n^2}{12}\hat{y}_{n2} & \frac{l_n^2}{12}\hat{y}_{n1} & 0 \end{bmatrix} \tag{4.35}$$

$$\bar{\boldsymbol{V}}_{b_n} = \begin{bmatrix} 0 & -\hat{b}_{n1} & -\hat{b}_{n2} & -\hat{b}_{n3} \\ \hat{b}_{n1} & 0 & -\hat{b}_{n3} & \hat{b}_{n2} \\ \hat{b}_{n2} & \hat{b}_{n3} & 0 & -\hat{b}_{n1} \\ \hat{b}_{n3} & -\hat{b}_{n2} & \hat{b}_{n1} & 0 \end{bmatrix} \tag{4.36}$$

又有

$$\boldsymbol{W} = \sum_{n=1}^{N} \left[l_n \left(\boldsymbol{x}'_{ni} \boldsymbol{h}'^{\mathrm{T}}_{ni} + \frac{l_n^2}{12} \hat{\boldsymbol{y}}_{nj}^{\mathrm{T}} \hat{\boldsymbol{b}}_{nj} \right) \right]$$

$$= \begin{bmatrix} s_{11} & s_{12} & s_{13} \\ s_{21} & s_{22} & s_{23} \\ s_{31} & s_{31} & s_{33} \end{bmatrix} \tag{4.37}$$

式中，$s_{ij} = \sum_{n=1}^{N} \left[l_n \left(\boldsymbol{x}'_{ni} \boldsymbol{h}'^{\mathrm{T}}_{ni} + \frac{l_n^2}{12} \hat{\boldsymbol{y}}_{nj}^{\mathrm{T}} \hat{\boldsymbol{b}}_{nj} \right) \right]$，把式(4.33)～式(4.36)代入式(4.37)可以得到

$$\boldsymbol{W}=\sum_{n=1}^{N}(\boldsymbol{U}_{\boldsymbol{x}_n}^{\mathrm{T}}\bar{\boldsymbol{V}}_{\boldsymbol{h}_n}+\boldsymbol{U}_{\boldsymbol{y}_n}^{\mathrm{T}}\bar{\boldsymbol{V}}_{\boldsymbol{b}_n})$$
$$=\begin{bmatrix} S_{11}+S_{22}+S_{33} & S_{32}-S_{23} & S_{13}-S_{31} & S_{21}-S_{12} \\ S_{32}-S_{23} & S_{11}-S_{22}-S_{33} & S_{21}+S_{12} & S_{13}+S_{31} \\ S_{13}-S_{31} & S_{21}+S_{12} & S_{22}-S_{33}-S_{11} & S_{32}+S_{23} \\ S_{21}-S_{12} & S_{13}+S_{31} & S_{32}+S_{23} & S_{22}-S_{33}-S_{11} \end{bmatrix} \tag{4.38}$$

设 $\dot{\boldsymbol{q}}$ 为满足 $\boldsymbol{W}$ 的标准正交特征向量，即 $\boldsymbol{W}\dot{\boldsymbol{q}}=\sum\lambda_i a_i \dot{\boldsymbol{p}}_i$（$\lambda_i$ 为特征值；$i=1,2,3,4$），此时任意单位四元数 $\dot{\boldsymbol{q}}$ 可表达为

$$\dot{\boldsymbol{q}}=a_1\dot{\boldsymbol{p}}_1+a_2\dot{\boldsymbol{p}}_2+a_3\dot{\boldsymbol{p}}_3+a_4\dot{\boldsymbol{p}}_4 \tag{4.39}$$

考虑到 $\dot{\boldsymbol{p}}_i$ 为标准正交向量，则有

$$\dot{\boldsymbol{p}}_i\cdot\dot{\boldsymbol{p}}_j=\begin{cases}1, & i=j\\ 0, & i\neq j\end{cases} \tag{4.40}$$

同时

$$\left.\begin{aligned}&\dot{\boldsymbol{q}}\cdot\dot{\boldsymbol{q}}=a_1^2+a_2^2+a_3^2+a_4^2=1\\ &\boldsymbol{W}\dot{\boldsymbol{q}}=\lambda_1 a_1\dot{\boldsymbol{p}}_1+\lambda_2 a_2\dot{\boldsymbol{p}}_2+\lambda_3 a_3\dot{\boldsymbol{p}}_3+\lambda_4 a_4\dot{\boldsymbol{p}}_4\end{aligned}\right\} \tag{4.41}$$

将式(4.41)代入式(4.32)可得

$$\begin{aligned}MV&=\dot{\boldsymbol{q}}^{\mathrm{T}}\boldsymbol{W}\dot{\boldsymbol{q}}=\dot{\boldsymbol{q}}\cdot(\boldsymbol{W}\dot{\boldsymbol{q}})=\lambda_1 a_1^2\dot{\boldsymbol{p}}_1\cdot\dot{\boldsymbol{p}}_1+\lambda_2 a_2^2\dot{\boldsymbol{p}}_2\cdot\dot{\boldsymbol{p}}_2+\lambda_2 a_3^2\dot{\boldsymbol{p}}_3\cdot\dot{\boldsymbol{p}}_3+\lambda_4 a_4^2\dot{\boldsymbol{p}}_4\cdot\dot{\boldsymbol{p}}_4\\ &=\sum_{i=1}^{4}a_i^2\lambda_i\leqslant\left(\sum_{i=1}^{4}a_i^2\right)\lambda_m=\lambda_m\end{aligned} \tag{4.42}$$

当满足 $\dot{\boldsymbol{q}}=\dot{\boldsymbol{p}}_m$ 且 $\dot{\boldsymbol{q}}^{\mathrm{T}}\boldsymbol{W}\dot{\boldsymbol{q}}=\lambda_m$ 时，$\dot{\boldsymbol{p}}_m$ 便是特征值 λ_m 所对应的特征向量，再将所求 $\dot{\boldsymbol{q}}$ 代入式(4.42)，即可得到旋转矩阵 $\boldsymbol{R}$。

4.4.4　其他地磁匹配算法

近年来，随着对地磁匹配算法研究的深入，一部分改进算法也相继被提出。ICCP 算法在应用时，经常会遇到地磁场数据缓变问题，有学者利用地磁场数据特征量交叉特征的优势，提出适合地磁场数据特点的双等值线(dual iterative closest contour point，DICCP)匹配算法[136-137]，及时矫正惯性导航系统的轨迹，最终实现不错的定位精度。相较于之前的 ICCP 算法，改进后的 DICCP 算法不会增加太多经济成本，仅仅在数学公式基础上增加一个参数即可实现对两个匹配特征量的代入运算，还可以在具有两个匹配特征量的环境中进行定位。

在影像匹配中经常用到的相位相关和快速傅里叶变换(FFT)也可以在地磁匹配中应用。在实际地磁匹配中，经常会出现测量随机噪声的影响，借助地磁信号的频域信息来辅助定位，可以减弱噪声对定位精度的影响。也有学者提出通过地磁基准

图的等值线约束匹配(CCM)[138-139]来粗略划分待匹配区域,再利用相关极值函数寻找频域内待匹配航迹和真实地磁频域之间的相关性,得到最终估计轨迹,不过该算法运算过程较复杂。有学者等将熵的理论应用到地磁匹配中,提出地磁测量熵和差异熵综合的匹配算法,该算法实现效率高、误差累计少,降噪效果明显。有学者在基于点和向量的地磁匹配算法基础上,提出基于蒙特卡洛算法(实质是基于线)的地磁匹配算法,解决了之前匹配出现多值结果的问题。在采用 EKF 算法解决非线性问题时,由于近似非线性函数的概率分布比近似非线性函数更简单,一些学者专家采用随机线化技术对 EKF 算法进行改进,还出现高阶截断 EKF、迭代 EKF 算法等,极大地推广了 EKF 算法在地磁滤波中的应用。UKF 算法利用采样策略逼近状态方程的非线性分布,定位精度比 EKF 更好,同时,利用确定性采样能很好地缓解粒子退化问题。

§4.5 地磁匹配算法的扩展研究

4.5.1 基于重力场与地磁场的组合定位算法

前述相关匹配算法中,或是跟地磁场强度相关,或是采用 ICCP 算法,前提都需要惯性导航系统输出一条指示轨迹,并在一定的误差范围内作为约束条件,然后采用地磁场等值线作为另一个约束条件,只有同时满足这两个条件下的实测点才能作为最优解。如果去掉其中任何一个约束,都会产生多个解。因此,选择这种方法会对路径测量长度有一定要求,从而导致匹配过程的效率和同步性降低。部分学者提出增加重力场等值线作为新的约束来完成定位。

1. 重力场作为新约束条件

在不考虑惯性导航系统的情况下,需要寻找新的约束条件。由定位原理可知,新约束条件需要满足随着空间位置改变而发生变化,同时,需和地磁场变化规律有明显区别。重力场作为地球的天然物理属性,可以作为一种新的无源导航方法,并且具有很好的隐蔽性。

2. 算法思路

设载体处在匹配区域 P 点上,实时测得地磁场强度 M_P 和重力场强度 G_P。理论上,存在相同大小的地磁和重力等值线会相交于一点,该点位置即为对 P 的最优估计。该过程需要地磁和重力等值线的空间分布满足相交规律而不能趋于平行。为了提高匹配效率,可以考虑利用惯性导航系统先输出载体的粗略位置缩小匹配范围,如在定位误差标准差 4σ 范围内寻找最优解。地磁场与重力场等值线相交匹配算法原理如图 4.4 所示。其中:P_{m} 为惯性导航系统输出位置;M_P 和 G_P 为相应强度大小所在等值线;P 为二者交点;σ_x 和 σ_y 为惯性导航定位误差分布在 x 和 y 方向上的标准差。

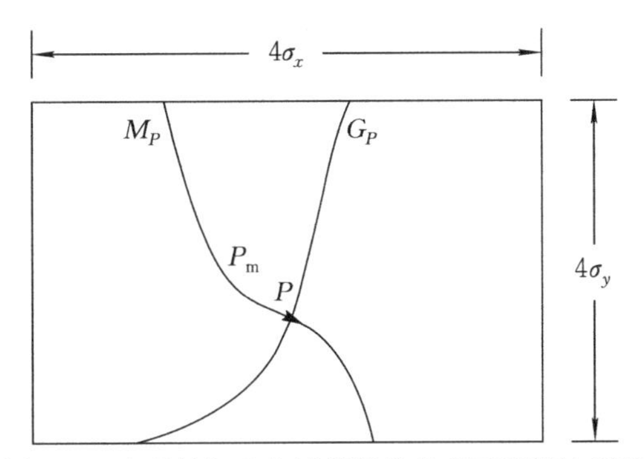

图 4.4　地磁场与重力场等值线相交匹配算法原理

3. 算法求解过程

求解两条等值线的交点有多种方法，如通过高次多项式对等值线进行拟合，但是会带来复杂的方程求解问题。部分学者提出如下方法，可适用于基于重力场与地磁场的组合定位算法。

匹配区域中的地磁测量值以等值线采样点形式存储起来，不同地磁场强度大小的等值线依次记为 M_1、M_2、……、M_n，同一等值线上的采样点坐标记为$(x_{ni}, y_{ni})(i=1,2,3\cdots)$。为了方便存储和查询，地磁场强度按大小升序排列，采样点坐标按等值线绘制方向排列。同理，重力场数据及其等值线也按这种方法处理。接着进行以下步骤。

(1)依据实时测量的地磁值，利用二分法匹配到对应的等值线 M_k，在其所对应的采样点序列和惯性导航输出点 P_m 的误差范围内，寻找到既在等值线 M_k 上又在 P_m 邻域内部的所有采样点序列(x_{k1}, y_{k1})、(x_{k2}, y_{k2})、……、(x_{kp}, y_{kp})。

(2)实时测量重力值，同样利用二分法匹配到对应的等值线 G_j，在其所对应的采样点序列和惯性导航输出点 P_m 的误差范围内，寻找到既在等值线 G_j 上又在 P_m 邻域内部的所有采样点序列(x_{j1}, y_{j1})、(x_{j2}, y_{j2})、……、(x_{jq}, y_{jq})。

(3)计算地磁等值线的子线段序列$[(x_{kr}, y_{kr}), (x_{k(r+1)}, y_{k(r+1)})](r=1,2,\cdots,p-1)$与重力等值线的子线段序列$[(x_{ks}, y_{ks}), (x_{k(s+1)}, y_{k(s+1)})](s=1,2,\cdots,q-1)$的相交点，也就是求解

$$\left.\begin{aligned}(y_{kr}-y_{k(r+1)})(x-x_{kr})&=(x_{kr}-x_{k(r+1)})(y-y_{kr})\\(y_{ks}-y_{k(s+1)})(x-x_{ks})&=(x_{ks}-x_{k(s+1)})(y-y_{ks})\end{aligned}\right\}\tag{4.43}$$

式中，x 既位于$(x_{kr}, x_{k(r+1)})$，又位于$(x_{ks}, x_{k(s+1)})$。

(4)如果满足上述条件求得结果为唯一解，即为位置的最优估计。但是实际情况中存在多个解时，由于定位误差变量在统计上满足均值为 0 的高斯分布，可以在众多解中寻找出与惯性导航系统输出位置 P_m 最近的点作为最优解。

(5)个别情况下会出现没有交点解，可能由于基准图不准确或是测量仪器误差

造成。此时只能将惯性导航系统输出位置 P_m 暂时作为最优解，在以后的路径上通过产生的准确交点解及时修正，这对整个导航系统的定位性能影响不大。

(6)基准图上等值线可能会出现首尾相连的情况，此时针对同一条等值线上的 p 个采样点，除过相邻点形成的 $p-1$ 条子线段外，起点和终点也可以形成一条子线段，导致数据的实际存储形式会复杂很多。

整个理想状态的计算过程中，需要求解 $(p-1)(q-1)$（等值线为非闭合情况下）到 pq（等值线为闭合情况下）个方程组。特殊情况下，同一基准图中会存在两条相同强度值的等值线，导致运算量很大，而借助惯性导航定位来缩小匹配区域，则会明显减少运算量。在同一条等值线上，也要选择合适数量的采样点，数量过多会导致计算量大大增加，反之会影响匹配精度。

4. 测量误差改进

实际定位工作，会受到测量误差影响，需要对这些误差进行量化处理，从而提高定位精度。考虑到磁场强度值与重力场值不存在对应线性关系，并且随着空间位置改变而发生连续变化，考虑引入无损变换(unscented transform，UT)，在存在测量误差干扰的情况下进行定位误差估计。具体过程如下。

(1)选用比例对称采样策略，考虑到测量值为二维向量，设置 σ 采样点个数为5，公式为

$$\left.\begin{aligned}\boldsymbol{\chi}_0&=\bar{\boldsymbol{X}}\\ \boldsymbol{\chi}_i&=\bar{\boldsymbol{X}}+(\sqrt{(2+\lambda)\boldsymbol{P}})_i\\ \boldsymbol{\chi}_j&=\bar{\boldsymbol{X}}-(\sqrt{(2+\lambda)\boldsymbol{P}})_j\end{aligned}\right\}\tag{4.44}$$

其中

$$\left.\begin{aligned}\bar{\boldsymbol{X}}&=[E(\Delta M)\quad E(\Delta G)]^{\mathrm{T}}=[0\quad 0]^{\mathrm{T}}\\ \boldsymbol{P}&=\begin{bmatrix}P_{\mathrm{M}}&0\\0&P_{\mathrm{G}}\end{bmatrix}\end{aligned}\right\}\tag{4.45}$$

式中，$i=1,2$；$j=3,4$；ΔM 是期望为0、方差为 P_{M} 的地磁场测量噪声，ΔG 是期望为0、方差为 P_{G} 的重力场测量噪声；$\lambda=\alpha^2(n+k)-n$，用来估计状态时，k 取值0，n 取值2，α 用来决定采样点的分布规律，通常取一个极小的正值，如$\sqrt{2}/2$。将 $\lambda=\left(\frac{\sqrt{2}}{2}\right)^2(2+0)-2=-1$ 代入式(4.44)，可以得到 σ 对应点的具体形式为

$$\left.\begin{aligned}\boldsymbol{\chi}_0&=\boldsymbol{0}\\ \boldsymbol{\chi}_1&=[\sqrt{P_{\mathrm{M}}}\quad 0]^{\mathrm{T}}=[\sigma_{\mathrm{M}}\quad 0]^{\mathrm{T}}\\ \boldsymbol{\chi}_2&=[0\quad \sqrt{P_{\mathrm{G}}}]^{\mathrm{T}}=[0\quad \sigma_{\mathrm{G}}]^{\mathrm{T}}\\ \boldsymbol{\chi}_3&=[-\sqrt{P_{\mathrm{M}}}\quad 0]^{\mathrm{T}}=[-\sigma_{\mathrm{M}}\quad 0]^{\mathrm{T}}\\ \boldsymbol{\chi}_4&=[0\quad -\sqrt{P_{\mathrm{G}}}]^{\mathrm{T}}=[0\quad -\sigma_{\mathrm{G}}]^{\mathrm{T}}\end{aligned}\right\}\tag{4.46}$$

(2)分别计算均值和协方差对应权值 ω_i^m、ω_i^c 及其初始值 ω_0^m、ω_0^c 为

$$\left.\begin{aligned}\omega_0^m&=\frac{\lambda}{n+\lambda}=-1\\\omega_0^c&=\frac{\lambda}{n+\lambda}+(1-\alpha^2+n)=\frac{3}{2}\\\omega_i^m&=\omega_i^c=\frac{1}{2(n+\lambda)}=\frac{1}{2}\end{aligned}\right\}\tag{4.47}$$

(3)通过磁场强度值和重力场值测量误差进行非线性变换至位置坐标。假设算子 L 表示已提出的定位算法,$\boldsymbol{Y}$ 表示匹配结果,不存在测量误差时有

$$\boldsymbol{Y}=[x_P\quad y_P]^{\mathrm{T}}=L(M_P,G_P)\tag{4.48}$$

存在测量误差时有

$$\boldsymbol{Y}=\begin{bmatrix}x_P+\Delta x\\y_P+\Delta y\end{bmatrix}=L(H_P+\Delta H,G_P+\Delta G)=F_P(\Delta H,\Delta G)\tag{4.49}$$

式中,F_P 表示(M_P,G_P)邻域内的一个连续函数,可以根据 σ 采样点的加权和,对存在测量噪声干扰的定位结果均值和协方差进行估计,即

$$\left.\begin{aligned}\boldsymbol{Y}_i&=F_P(\boldsymbol{\chi}_i)\\\bar{\boldsymbol{Y}}&=\sum_{i=0}^{4}\omega_i^m\boldsymbol{Y}_i\\\boldsymbol{P}_{YY}&=\sum_{i=0}^{4}\omega_i^c(\boldsymbol{Y}_i-\bar{\boldsymbol{Y}})(\boldsymbol{Y}_i-\bar{\boldsymbol{Y}})^{\mathrm{T}}\end{aligned}\right\}\tag{4.50}$$

4.5.2 基于卫星定位与地磁的组合定位技术

1. 卫星定位与地磁组合原理

地磁导航系统不仅可以与惯性导航和重力场结合,与卫星定位结合也是一种常见的方式。基于卫星定位与地磁的导航系统不仅能很好地实现定位以确定载体的运动方向,其中携带的电子罗盘技术还能在无法得到卫星定位信号时独立完成导航任务,具有很高的应用价值,目前已在军事领域得到广泛使用。

定位卫星与电子罗盘组合的导航系统会面临两个问题,分别是组合定位算法设计和连续航向信息输出[140-142]。这种新式组合可以发挥地磁定位和卫星定位各自独有的特点,起到扬长避短的效果。众所周知,卫星定位误差不存在累积性仅是间断性,地磁导航定位会具有一定连续性,仅在信号受到干扰时会出现定位偏差。因此,可以利用卫星定位的特点来对地磁导航进行实时监控和建模,修正后的地磁定位结果可以辅助求解卫星定位模糊度解的整数值。

地磁传感器测量值和卫星定位信号值作为组合导航系统的信息源,其中地磁

导航系统装备有捷联式电子罗盘，可对干扰场起到电子补偿作用，并且可以集成到控制回路中进行数据链接，还能够实时准确测出俯仰角、倾斜角和罗盘航向。卫星导航定位系统由接收机和两组天线构成，接收机及时处理来自天线的输出结果，通过载波测量技术得到两天线之间的相关基线参数和方向信息，以最终确定地面空间位置。卫星与地磁组合定位工作原理如图 4.5 所示。

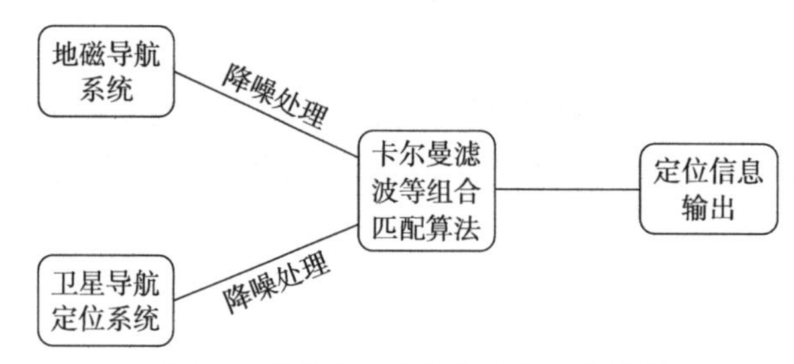

图 4.5　卫星与地磁组合定位工作原理

组合定位需要前期确定地磁导航系统和卫星导航定位系统的误差模型。当传感器实时获得测量信息时需进行滤波处理，利用组合匹配算法预估位置来输出优化的定位信息，因此，提高了航行信息的精度和效率，以及系统的定位实时性。

2. 滤波处理算法

由于载体和磁传感器自身的材料性质会出现软铁和硬铁现象，致使磁传感器在实际测量中出现读数误差，从而进一步形成航行偏差。这种偏差影响可通过泊松方程表达，即

$$\begin{bmatrix} X' \\ Y' \\ Z' \end{bmatrix} = \begin{bmatrix} a & b & c \\ d & e & f \\ g & h & k \end{bmatrix} \begin{bmatrix} X \\ Y \\ Z \end{bmatrix} + \begin{bmatrix} P \\ Q \\ R \end{bmatrix} \tag{4.51}$$

式中，X'、Y'、Z' 为含有测量噪声的地磁观测矢量在载体上的投影分量，X、Y、Z 为不含测量噪声的真实地磁矢量在载体上的投影分量，a、b、c、d、e、f、g、h、k 为载体的软铁系数，P、Q、R 为载体的硬铁常数。

将 X'、Y'、Z' 旋转至水平面上，计算公式为

$$\begin{bmatrix} X_{\mathrm{h}} \\ Y_{\mathrm{h}} \end{bmatrix} = \begin{bmatrix} \cos\varphi & \sin\varphi & -\cos\theta\sin\varphi \\ 0 & \cos\theta & \sin\theta \end{bmatrix} \begin{bmatrix} X \\ Y \\ Z \end{bmatrix} \tag{4.52}$$

式中，θ 表示横滚角，φ 表示俯仰角。

地磁航向角 ϕ 取值范围为

$$\phi=\begin{cases}180^\circ-\arctan\dfrac{Y_h}{X_h} & (X_h<0)\\ \arctan\dfrac{Y_h}{X_h} & (X_h<0,Y_h>0)\\ 90^\circ & (X_h=0,Y_h>0)\\ 270^\circ & (X_h=0,Y_h<0)\\ 360^\circ-\arctan\dfrac{Y_h}{X_h} & (X_h>0,Y_h>0)\end{cases}\tag{4.53}$$

当载体沿直线航行时，可以将从卫星定位信号中解算出的航向角与所在地磁偏角相减，得到磁航向角测量值，再通过式(4.53)中的前两个子式对 X、Y、Z 处理得到 X_m、Y_m、Z_m 测量值，$\boldsymbol{v}$ 为观测中的高斯白噪声，则有

$$\begin{bmatrix}X_m\\Y_m\\Z_m\end{bmatrix}=\begin{bmatrix}1&0&0\\0&1&0\\0&0&1\end{bmatrix}\begin{bmatrix}X\\Y\\Z\end{bmatrix}+\boldsymbol{v}\begin{bmatrix}1\\1\\1\end{bmatrix}\tag{4.54}$$

对式(4.54)中的 X、Y、Z 求导并变形可得

$$\begin{bmatrix}\dot{X}\\\dot{Y}\\\dot{Z}\end{bmatrix}=\begin{bmatrix}a&b&c\\d&e&f\\g&h&k\end{bmatrix}^{-1}\begin{bmatrix}X\\Y\\Z\end{bmatrix}-\begin{bmatrix}a&b&c\\d&e&f\\g&h&k\end{bmatrix}^{-1}\begin{bmatrix}X'\\Y'\\Z'\end{bmatrix}+\boldsymbol{\omega}\begin{bmatrix}1\\1\\1\end{bmatrix}\tag{4.55}$$

此式可看作系统的状态方程，其中 $\boldsymbol{\omega}$ 为系统高斯白噪声。式(4.55)为卡尔曼滤波(KF)的观测方程，由前述可知组合导航系统的噪声满足

$$\left.\begin{aligned}&E(\boldsymbol{\omega}_k)=0\\&\operatorname{cov}(\boldsymbol{\omega}_k,\boldsymbol{\omega}_j)=\operatorname{cov}(\boldsymbol{\omega}_k\boldsymbol{\omega}_j^{\mathrm{T}})=Q_k\delta_{kj}\\&E(\boldsymbol{v}_k)=0\\&\operatorname{cov}(\boldsymbol{v}_k,\boldsymbol{v}_j)=\operatorname{cov}(\boldsymbol{v}_k\boldsymbol{v}_j^{\mathrm{T}})=R_k\delta_{kj}\\&\operatorname{cov}(\boldsymbol{\omega}_k,\boldsymbol{v}_j)=\operatorname{cov}(\boldsymbol{\omega}_k\boldsymbol{v}_j^{\mathrm{T}})=\boldsymbol{0}\end{aligned}\right\}\tag{4.56}$$

由 KF 思想，状态转移一步预测，即

$$\hat{\boldsymbol{X}}_{k/k-1}=\boldsymbol{\varphi}_{k/k-1}\hat{\boldsymbol{X}}_{k-1}\tag{4.57}$$

状态估计和滤波增益为

$$\hat{\boldsymbol{X}}_k=\hat{\boldsymbol{X}}_{k/k-1}+\boldsymbol{K}_k(\boldsymbol{Z}_k-\boldsymbol{H}_k\hat{\boldsymbol{X}}_{k-1})\tag{4.58}$$

$$\boldsymbol{K}_k=\boldsymbol{P}_{k/k-1}\boldsymbol{H}_k^{\mathrm{T}}(\boldsymbol{H}_k\boldsymbol{P}_{k/k-1}\boldsymbol{H}_k^{\mathrm{T}}+\boldsymbol{R}_k)^{-1}\tag{4.59}$$

进一步预测均方误差和估计均方误差为

$$\boldsymbol{P}_{k/k-1}=\boldsymbol{\varphi}_{k/k-1}\boldsymbol{P}_{k/k-1}\boldsymbol{\varphi}_{k/k-1}^{\mathrm{T}}+\boldsymbol{Q}_{k-1}\tag{4.60}$$

$$\boldsymbol{P}_k=(\boldsymbol{I}-\boldsymbol{K}_k\boldsymbol{H}_k)\boldsymbol{P}_{k/k-1}(\boldsymbol{I}-\boldsymbol{K}_k\boldsymbol{H}_k)^{\mathrm{T}}+\boldsymbol{K}_k\boldsymbol{R}_k\boldsymbol{K}_k^{\mathrm{T}}\tag{4.61}$$

此时得到 X、Y、Z 的最优估计，与式(4.52)、式(4.53)相结合可以得到组合系

统最终航向值。考虑到卫星导航定位信号在测量中易受到干扰而不连续，如果输出精度较高的解算解时，即可确定出地磁导航系统的准确误差补偿模型，利用该模型参数可以在卫星信号不稳定时完成对地磁导航系统航向信息的补偿纠正。

4.5.3 粒子滤波算法在室内定位中的应用

利用惯性导航进行室内定位的方法会积累误差，因此，研究者们使用地磁数据来校正定位过程，以消除误差积累。由于误差分布服从高斯正态分布，可采取卡尔曼滤波(KF)的统计学模型来消除误差。一般来说，使用单一地磁数据进行室内定位匹配常用的模型是卡尔曼模型，然而单一磁场数据的分布并不满足高斯正态分布，这时候就需要扩展卡尔曼滤波(EKF)。但无论是上节提出的多数据融合，还是基于地磁三轴数据的匹配，数据的维度都大于1，此时使用针对于多维数据的高斯混合分布的粒子滤波(particle filter，PF)是更优的选择。

粒子滤波是基于非参数化的蒙特卡洛算法来实现的滤波。它的应用范围远比卡尔曼滤波要广，主要原因是卡尔曼滤波中数据样本必须符合一维高斯正态分布，而粒子滤波相对于卡尔曼滤波不仅可以处理服从高斯分布的模型，也可以用于任何的线性或者非线性系统，同时，其精度也很高。粒子滤波的核心思想为基于后验概率的随机状态方程粒子的可能性分布。

相较于更加复杂的滤波，粒子滤波器更加易于实现，算法并不复杂。在面对空间中的非线性系统时，它是一种高效计算最优估计的滤波方法。粒子滤波在计算机影像识别跟踪和自动化跟踪中被广泛使用。

1. 粒子滤波的步骤

1)贝叶斯重要性采样

从后验概率密度 $p(x_k \mid Y_k)$ 中抽取 N 个独立同分布的随机样本 $x_k^{(i)}$，则有后验概率为

$$p(x_k \mid y_k) \approx \frac{1}{N}\sum_{i=1}^{N}\delta(x_k - x_k^{(i)}) \tag{4.62}$$

式中，x 为连续变量。当 x 为离散变量时，后验概率依然可以近似逼近式(4.62)。

2)序贯重要性采样

粒子滤波是利用新数据在历史信息的基础上进行迭代的算法。每当新数据进入观测方程，历史信息的重要性需要重新计算。粒子滤波的最基本的统计学模型是序贯分析，它将这种分析方法应用到蒙特卡洛方法中，是为了实现观测步骤的序贯更新。在重要性采样中，算法计算各个粒子的重要性，这些权重加起来通常会不等于1，为了使权重和等于1，需要将其重要性值归一化。

后验概率密度函数的递归形式可以表示为

$$p(x_{0:k} \mid y_k)=\frac{P(y_k \mid x_{0:k},Y_{k-1})P(x_{0:k} \mid Y_{k-1})}{P(x_k \mid Y_{k-1})} \tag{4.63}$$

粒子权值 $W_k^{(i)}$ 的递归形式可以表示为

$$w_{k-1}^{(i)}=\frac{P(y_k \mid x_k^{(i)})P(x_k^i \mid x_{k-1}^{(i)})}{q(x_k^{(i)} \mid x_{0:k-1}^{(i)},Y_k)} \tag{4.64}$$

接下来对权重数据进行归一化处理，即

$$\tilde{w}_k^{(i)}=\frac{w_k^{(i)}}{\sum_{i=1}^{N} w_k^{(i)}} \tag{4.65}$$

序贯重要性采样算法主要是在待匹配区域随机生成粒子，并将粒子的属性值代入函数方程计算相似概率密度，最终得出粒子的权重，再综合粒子权重和，可以得到某一时刻的状态方程的最优估计。

3）重采样

一般来说，如果粒子的权值方差越大，代表粒子越分散，估值正确性越低；如果粒子的权值越小，或越趋近于零，就代表着粒子越集中，结果正确率越高。然而，随着迭代次数的增加，粒子集会存在权值退化问题。也就是说，经过多次迭代，只有少数粒子的权值较大，其余粒子的权值可忽略不计。粒子越来越集中在少数粒子的周围，这种特性只能求到局部最优解，如果前期匹配有误，那么算法将没有机会改正这种错误。通常采用有效粒子数（N_{eff}）来衡量粒子权值的退化程度，即

$$N_{\text{eff}}=\frac{N}{1+\text{var}\,(w_k^{(i)})} \tag{4.66}$$

式中，N 值越小，表明有效粒子越少，权值退化越严重。

针对存在的有效粒子少的情况，重采样是一个经常被使用的方法。重采样在每步迭代过程中，会直接“杀死”权重低的粒子，再采集同样数目权重高的粒子去填补。重采样策略包括两种：第一种是固定时间间隔重采样，一般是以 1 s 作为一个周期；第二种方法是某些特定事件的动态重采样。

重采样的主要过程：第一步，计算剩余粒子的权值和 λ_i；第二步，在[0,1] 区间生成随机数；第三步，对于每一个随机数，寻找归一化权值累计量大于或等于阈值 k 的标号。 实际运用时，重采样过多也会对算法造成不可估计的影响。重采样过程可能导致粒子多样性的丧失，算法会向局部最优解靠近，但却忽略了全局值。重采样的粒子退化问题在噪声较小的问题下更加突出。因此，较好的重采样算法应该对于权值的增加和退化问题均有考量。

4）输出

根据更新方程计算最优估计值，输出某时刻的状态估计值。接下来从第一步开始重复循环。

2. 磁匹配问题

在室内环境下，由于建筑材料中钢筋结构及现代建筑的其他金属材料、墙体内部的电线分布，以及现代社会中不可缺少的电子设备的存在，室内环境相对于室外环境来说，磁场的分布更具有特异性，这种现象称为磁场异常。由于磁场异常的存在，基于地磁数据的室内定位匹配算法才有用武之地。地磁传感器收集的数据是观测方程的数据来源，未处理的观测数据形式为三维向量，分别是东方向、北方向和垂直方向三个坐标轴上的数值。由于手机传感器的坐标系相对于手机固定不变，当用户采取不同姿势使用手机时，三轴传感器的数据方向相对于空间直角坐标系会发生变化。因此，采用矢量范数作为磁场强度值，即磁场总值。理论上，磁场三轴值的匹配精度更好，但是考虑到用户使用手机的习惯，继续使用合成标量为宜。在实验中，地磁合成量可以作为指纹特征库的基本计算数据。

3. 阶段区分

粒子滤波器的主逻辑构架表明，$k+1$ 时刻的观测方程依赖于 k 时刻的结果。整个匹配算法中，每一步的更新方程，都会含有过去观测粒子中的信息。随着迭代过程的不断重复，历史信息对于整个算法的影响将会不可估量，这对整个算法的置信度和鲁棒性都是不利的。一般来说，为了改善算法效率，历史信息会有一个固定长度，意味着固定次数的循环之后，算法将采用新的观测方程，而并不依赖于上一阶段的观测。如果采用 20 步作为一个阶段，在每个新阶段第一步匹配时，算法会放出 10 倍的粒子数去进行大范围的匹配。这种做法大幅度降低了历史信息对于观测的影响，有助于粗差的剔除。同时，考虑到在地图的数据结构中，拐点是非常重要的信息，拐点的判断可以用到转弯判断模块。还可同时使用多粒子进行匹配，如果匹配结果一致，则认为算法可靠性高。

4. 置信度

对于多模块的复杂算法来说，算法结果的可靠性需要一个有效的评价体系，可以采用一个评价指标即置信度。置信度模块主要用来分析算法可靠性、进行精度估计、检测错误匹配、纠正算法异常。算法中采用的置信度分析过程如下。

1）粒子坐标方差

每当进入粒子滤波器重要性计算步骤时，分析多个粒子的相似度匹配结果。多数情况下磁传感器给出的观测量与基准图上的数据非常相似（算法中的具体表现形式为权重值高的粒子，在地图上的二维坐标非常接近且方差很小），说明当下匹配结果正确的可能性很大，即置信度高。但当权重值高的粒子分散且二维坐标方差大，匹配结果很可能会不精准。在算法中设定相应阈值 $M1$ 和 $M2$（$M1$ 大于 $M2$），分别代表高低的两个可靠性值。当方差超过 $M1$，说明可靠性很高；当方差在 $M1$ 与 $M2$ 之间，表示可靠性一般；当方差低于 $M2$，表示可靠性很低，需要重新布设随机粒子。

2)粒子删除

随着粒子移动,会产生一种情况,粒子出现在不可能出现的位置,如不可到达的位置。这种情况下,需要舍弃该粒子。一般来说,初始的观测方程粒子是随机出现的,这样会提高匹配的准确度。但是,从结果来看,如果粒子被删除得过多,那么粒子的多样性会大大降低,这不利于匹配定位。因此,当粒子的删除率高于一个阈值之后,算法便重新开始随机产生粒子,进入新的匹配阶段。

4.5.4 地磁匹配算法关键技术问题

地磁导航作为一个多领域交叉的学科受到众多学者广泛关注,其中匹配算法是实现地磁导航的核心技术。面对单一算法无法兼顾效率和精度,如何选择出高效率、高精度、计算简便的算法来满足实际项目的需要成为一个亟待解决的问题。

磁传感器测量精度直接关系到地磁基准图精度和载体实时定位测量精度,传感器的设计不能仅仅局限在外形体积的缩小。如何排除外界噪声影响,提高磁场精度,提高采样频率来适应动态测量环境,都是下一步磁传感器需要重点研究的问题。

地磁场天然具有磁场总强度、水平强度、竖直强度、磁偏角和磁倾角等多个物理矢量,当下大多数算法仅仅利用一到两个匹配量导致匹配结果不唯一,降低了导航精度。需要研究多个地磁特征量的融合,以适应复杂环境下的定位,降低全局匹配定位误差,提高匹配精度。

许多图像匹配和地形特征匹配算法思路都可以运用在地磁匹配过程中,而地磁匹配算法需要对测量点信息与基准图导航航迹进行点匹配或者线匹配,无法完成整体大面积匹配。其中,线匹配需要载体累积一定长度的航迹信息才能进行,对匹配算法提出了在实现较精确定位的基础上满足实时性的要求。为降低算法复杂性,减少算法运行时间,可以研究既拥有全局搜索能力又能完成局部定位能力的组合算法,即完成一个由粗到精的匹配过程,如采用相关性算法与滤波技术相结合的联合定位方式。

将磁场测量信息通过卡尔曼滤波技术应用到惯性导航系统的输出信息中,形成新的组合导航方案。相比于之前相关匹配定位仅获得单一位置信息,滤波方式还可以得到速度、位移、航向角信息,不通过相关批处理进行解算,采用每一时刻收集的信息对系统状态进行修正,实时性更好;同时,相关匹配算法所得信息可以作为滤波器的观测量来提高系统精度;未来可以将地形辅助组合导航系统中的相关思路运用到滤波导航技术中,通过地磁场曲面区域线性化技术来构建系统观测方程。不过地磁场变化较平缓时易出现发散现象,线性化误差较大时整个定位精度下降。考虑地磁场特征信息具有矢量特点,未来算法需要充分利用这一优势。

§4.6 室内环境下粒子滤波算法的仿真与结果分析

4.6.1 基于地磁异常现象的室内定位

研究表明，现代建筑物特有的钢筋混凝土结构能产生独特的、具有空间连续变化的环境磁场，正是由于这种连续性的磁场扰动给现有的地磁室内定位提供了可能。在地磁室内定位的研究中，地磁特征匹配算法是核心。目前，地磁匹配算法主要分为三类：第一类基于相关性准则；第二类将其他学科匹配技术引用到地磁匹配算法中；第三类基于滤波迭代思想。第一类基于相关性准则的地磁匹配算法又可分为三种：第一种强调相似程度，如互相关算法（COR）、相关系数算法（CC）、积相关法（PROD）；第二种强调差别程度，如均方差算法（MSD）、平均绝对差法（MAD）、平方差法（SD）；第三种基于豪斯多夫（Hausdorff）距离相似度。这三种算法中，第一种是求极大值，后两种是求极小值。对于第二类将其他学科匹配技术引用到地磁匹配算法中的情况，较多被引入的有图像处理及信号处理技术中的最近点迭代（iterative closest point，ICP）、最近轮廓点迭代（ICCP）等算法的思想。有学者将 ICP 算法加入水下地磁定位中，能更新惯性导航系统的累计误差。有学者在传统的 ICP 算法上提出了改进，使用 RANSAN 方法删除离群值，有效提高了地磁匹配算法的鲁棒性。有学者受到模拟退火算法的启发，进一步使用扇形扫描法搜索最优匹配值。有学者推广 ICCP 算法，能在地磁测量数据有误差的情况下对惯性导航系统的误差进行校正，但是 ICCP 算法会受地磁场数据缓变特性的影响，导致匹配结果并不理想。因此，有学者提出了双重最近轮廓点迭代（dual iterative closest contour point，DICCP）算法，在惯性导航系统精度要求不高的情况下，能得到更高的匹配精度。有学者引入了熵的概念，定义地磁信息熵和地磁差异熵，结合两者提出了新的匹配算法，实验表明该算法的匹配误差并不随实时数据测量误差的增加而增加，计算速度快、具有良好的抗测量误差干扰的能力，符合匹配精度和速度的要求。随后有学者提出基于隐马尔可夫模型（HMM）建立地磁匹配模型，使用维特比（Viterbi）算法确定最优序列值，可实现在地磁特征微弱区域的定位。还有学者提出了基于等值线约束的地磁匹配方法，能够有效地消除初始位置误差并能限制匹配过程中惯性导航系统的积累误差。第三类基于滤波迭代思想的地磁匹配算法，常用滤波手段有扩展卡尔曼滤波（EKF）、无损卡尔曼滤波（UKF）等。

有国外学者提出将粒子滤波算法运用在地磁匹配中，但是在相关仿真实验中容易出现滤波发散现象。地磁场的室内分布会存在不同位置上磁场总强度相近的现象，同时，粒子滤波匹配算法属于点与点匹配，相对真实位置较远的点也具有相似的地磁强度，即具有较高的权值，使得计算出的加权位置会离真实位置更远，由此造成滤波发散。本书研究针对此问题引入豪斯多夫距离度量法中的点集匹配程度思路，提出定位误差约束（positioning error constraint），即对进行迭代的粒子点加以约束，让符合条件的粒子参与迭代，并通过仿真实验分析改进思路的可行性。

4.6.2　粒子滤波原理与算法

粒子滤波算法是一种基于蒙特卡洛思想的最优贝叶斯估计方法，在分析非线性非高斯的动态时变系统问题上具有突出优势。其原理是利用一组已知的在状态空间传播的随机样本，对概率密度函数 $P(X_t \mid Z_{1:t})$ 进行近似，以样本均值代替积分运算，从而得到状态的最小方差估计。整个粒子滤波过程包含预测、更新、重采样三个步骤，预测和更新是利用 t 时刻内（包含 t 时刻）所得到的观测值 $Z_{1:t}=\{Z_1, Z_2, \cdots, Z_t\}$ 递推出 t 时刻的状态 X_t 的值，即近似 $P(X_t \mid Z_{1:t})$。其中预测方程为

$$\begin{aligned} P(X_t \mid Z_{1:t-1}) &= \int P(X_t, X_{t-1} \mid Z_{1:t-1}) \mathrm{d}X_{t-1} \\ &= \int P(X_t \mid X_{t-1}, Z_{1:t-1}) P(X_{t-1} \mid Z_{1:t-1}) \mathrm{d}X_{t-1} \\ &= \int P(X_t \mid X_{t-1}) P(X_{t-1} \mid Z_{1:t-1}) \mathrm{d}X_{t-1} \end{aligned} \tag{4.67}$$

更新方程为

$$\begin{aligned} P(X_t \mid Z_{1:t}) &= \frac{P(Z_t \mid X_t, Z_{1:t-1}) P(X_t \mid Z_{1:t-1})}{P(Z_t \mid Z_{1:t-1})} \\ &= \frac{P(Z_t \mid X_t) P(X_t \mid Z_{1:t-1})}{P(Z_t \mid Z_{1:t-1})} \end{aligned} \tag{4.68}$$

式中，$P(X_t \mid X_{t-1})$ 是由状态运动模型定义，$P(Z_t \mid X_t)$ 由观测模型定义，归一化常数 $P(Z_t \mid Z_{1:t-1})$ 的形式为

$$P(Z_t \mid Z_{1:t-1}) = \int P(Z_t \mid X_t) P(X_t \mid Z_{1:t-1}) \mathrm{d}X_t \tag{4.69}$$

对于高维变量而言进行积分运算求解 $P(X_t \mid Z_{1:t})$ 十分困难，因此基于蒙特卡洛思想采用数值逼近方法去近似求解。假设能从后验概率分布 $P(X_{0:t} \mid Z_{1:t})$ 中独立抽取一个样本集合 $\{x_{0:t}^i \mid 1 \leqslant i \leqslant n\}$，则系统的状态后验概率密度分布可以近似得到

$$\widetilde{P}(X_{0:t} \mid Z_{1:t}) = \frac{1}{N} \sum_{i=1}^{N} \delta(x_{0:t}^i) \mathrm{d}x_{0:t} \tag{4.70}$$

式中，$\delta(\cdot)$ 为狄拉克函数。

对于任何关于 $f(X_{0:t})$ 的期望有

$$E(f(X_{0:t})) = \int f(X_{0:t}) P(X_{0:t} \mid Z_{1:t}) \mathrm{d}X_{0:t} \tag{4.71}$$

其估计值公式为

$$\overline{E(f(X_{0:t}))}=\frac{1}{N}\sum_{i=1}^{N}f(x_{0:t}^{i}) \tag{4.72}$$

可以由式(4.72)得到的估计值进行逼近。

根据蒙特卡洛思想很容易由一组离散的粒子集合近似得到后验概率分布，但是总体而言 $P(X_{0:t}\mid Z_{1:t})$ 不容易确定，因此，无法直接抽样得到样本。常见的解决手段是引入一个已知的容易采样的概率密度分布 $Q(X_{0:t}\mid Z_{1:t})$，则期望求解公式就变成

$$\begin{aligned}E(f(X_{0:t}))&=\int f(X_{0:t})\frac{P(X_{0:t}\mid Z_{1:t})}{Q(X_{0:t}\mid Z_{1:t})}Q(X_{0:t}\mid Z_{1:t})\mathrm{d}X_{0:t}\\&=\int f(X_{0:t})\frac{P(Z_{1:t}\mid X_{0:t})P(X_{0:t})}{P(Z_{1:t})Q(X_{0:t}\mid Z_{1:t})}Q(X_{0:t}\mid Z_{1:t})\mathrm{d}X_{0:t}\\&=\int f(X_{0:t})\frac{\omega_t(X_{0:t})}{P(Z_{1:t})}Q(X_{0:t}\mid Z_{1:t})\mathrm{d}X_{0:t}\end{aligned} \tag{4.73}$$

式中，$\omega(X_{0:t})$ 为未进行归一化计算的重要性权值，即

$$\omega_t(X_{0:t})=\frac{P(Z_{1:t}\mid X_{0:t})P(X_{0:t})}{Q(X_{0:t}\mid Z_{1:t})} \tag{4.74}$$

由于

$$P(Z_{1:t})=\int P(Z_{1:t}\mid X_{0:t})P(X_{0:t})\mathrm{d}X_{0:t} \tag{4.75}$$

则经过变换可得

$$P(Z_{1:t})=\int \omega_t(X_{0:t})Q(X_{0:t}\mid Z_{1:t})\mathrm{d}X_{0:t} \tag{4.76}$$

进一步可得

$$\begin{aligned}E(f(X_{0:t}))&=\frac{1}{P(Z_{1:t})}\int f(X_{0:t})\omega_t(X_{0:t})Q(X_{0:t}\mid Z_{1:t})\mathrm{d}X_{0:t}\\&=\frac{\int f(X_{0:t})\omega_t(X_{0:t})Q(X_{0:t}\mid Z_{1:t})\mathrm{d}x_{0:t}}{\int P(Z_{1:t}\mid X_{0:t})P(X_{0:t})\frac{Q(X_{0:t}\mid Z_{1:t})}{Q(X_{0:t}\mid Z_{1:t})}\mathrm{d}X_{0:t}}\\&=\frac{\int f(X_{0:t})\omega_t(X_{0:t})Q(X_{0:t}\mid Z_{1:t})\mathrm{d}X_{0:t}}{\int \omega_t(X_{0:t})Q(X_{0:t}\mid Z_{1:t})\mathrm{d}X_{0:t}}\end{aligned} \tag{4.77}$$

通过从已知的概率密度分布 $Q(X_{0:t}|Z_{1:t})$ 中采样得到粒子集合，$E(f(X_{0:t}))$ 可近似表示为

$$\overline{E(f(X_{0:t}))}=\frac{\frac{1}{N}\sum_{i=1}^{N}f(x_{0:t}^{i})\omega_{t}(x_{0:t}^{i})}{\frac{1}{N}\sum_{i=1}^{N}\omega_{t}(x_{0:t}^{i})}=\sum_{i=1}^{N}f(x_{0:t}^{i})\tilde{\omega}_{t}(x_{0:t}^{i}) \tag{4.78}$$

式中，$\tilde{\omega}_{t}(x_{0:t}^{i})$ 为归一化后的重要性权值，令其简化为 $\tilde{\omega}_{t}^{i}$ 可得

$$\tilde{\omega}_{t}^{i}=\frac{\omega_{t}^{i}}{\sum_{i=1}^{N}\omega_{t}^{i}} \tag{4.79}$$

重采样是为了解决粒子滤波算法迭代过程中产生的粒子退化问题，其思想是基于粒子权值对后验概率密度函数进行二次取样，对权值大的粒子进行多次选取，权值小的粒子不取。判断粒子退化程度的公式为

$$\tilde{N}_{\text{eff}}=\frac{1}{\sum_{i=1}^{N}(\tilde{\omega}_{t}^{i})^{2}} \tag{4.80}$$

如果 $\tilde{N}_{\text{eff}}$ 值越小表明退化现象越严重。

粒子滤波算法基本原理如图 4.6 所示。

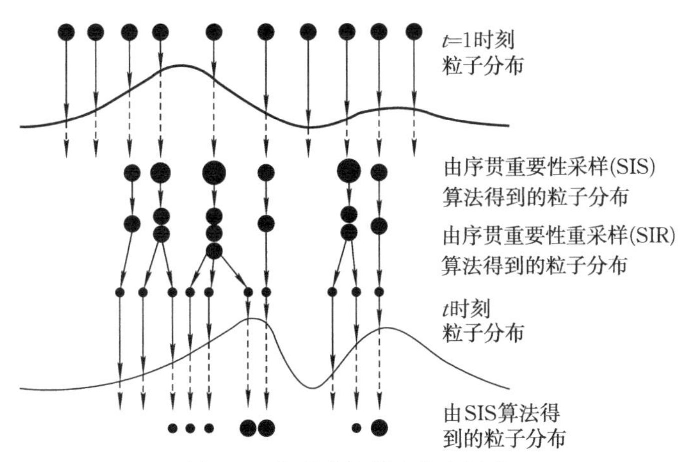

图 4.6　粒子滤波算法基本原理

粒子滤波算法需要依次计算每个粒子的权值并进行重采样，导致计算量大，定位花费时间长，收敛速度慢；同时，由于室内地磁的分布独特性（相差较远的区域有相似的地磁总强度），偶尔会出现匹配过程中定位失败的情况，即粒子收敛在相对真实位置很远的区域。

4.6.3　基于豪斯多夫距离的改进思路及算法流程

豪斯多夫（Hausdorff）距离是一种极大极小距离，不容易随物体自身的改变而改变。豪斯多夫距离定义为

$$\left.\begin{aligned} d_{\mathrm{H}}(A,B) &= \max(d_{\mathrm{h}}(A,B),d_{\mathrm{h}}(B,A)) \\ d_{\mathrm{h}}(A,B) &= \max(\min\|a-b\|) \\ d_{\mathrm{h}}(B,A) &= \max(\min\|b-a\|) \end{aligned}\right\} \tag{4.81}$$

式中，$\|\cdot\|$是某种距离范数，$a \in A, b \in B, A=\{a_1,a_2,\cdots,a_p\}$ 和 $B=\{b_1,b_2,\cdots,b_q\}$ 表示两个有限点集。豪斯多夫距离表征 A 与 B 之间的匹配程度，为实现匹配最高，要求结果最小化。

把其引入粒子滤波地磁匹配算法中，豪斯多夫距离可用来表征滤波后的加权位置与真实位置的匹配程度，值越小则越匹配。如果求得的值越小，相应地参与迭代的粒子越靠近真实位置。设在 $t=1$ 时刻进行初定位得出加权位置 $\tilde{x}_{t=1}$，求出它与 $t=1$ 时刻下真实位置之间的欧氏距离 $d_{t=1}$，即初定位误差，本书将其定义为豪斯多夫距离极大值，并且以初定位误差为半径构造误差圆，则在 $t=2$ 时刻的地磁匹配中，任意参与迭代的粒子(i)与 $t=1$ 时刻真实位置的豪斯多夫距离要满足

$$d_{t=2}^{i} < d_{t=1} \tag{4.82}$$

因此，要求之后的加权位置与真实位置的豪斯多夫距离最小，使得两者匹配程度变高。

具体算法过程如下。

第 1 步：重要性采样

$t=0$ 时刻

FOR：$i=1,\cdots,N$，采样，$x_0^i \sim P(X_0)$ 令 $\omega_0^i = \dfrac{1}{N}$

第 2 步：计算初始定位误差

$t=1$ 时刻

进行初定位得到初定位误差 $d_{t=1}$，设定其为豪斯多夫距离极大值以对粒子进行限定

第 3 步：滤波

$t=2,3\cdots$时刻

FOR：$i=1,\cdots,N$

IF 粒子到 $t-1$ 时刻真实位置的欧氏距离 $< d_{t=1}$

根据状态模型，粒子状态转移：$x_t^i \sim P(x_t^i \mid x_{t-1}^i)$

判断粒子是否为超限粒子，如果是则剔除

获得移动平台在线观测值：Z_t

根据粒子状态从指纹模型中找出对应的磁场强度：z_t^i

权值更新：$\omega_t^i = P(Z_t \mid z_t^i)$

归一化权值：$\tilde{\omega}_t^i = \dfrac{\omega_t^i}{\sum_{i=1}^{N} \omega_t^i}$

END IF

END FOR

第 4 步：判断是否进行重采样

$$\tilde{N}_{\text{eff}} = \frac{1}{\sum_{i=1}^{N}(\tilde{\omega}_t^i)^2}$$

IF $\tilde{N}_{\text{eff}} < N_{th}$

采用重采样算法，根据归一化的权值 $\tilde{\omega}_t^i$ 从粒子集合中重新抽取 N 个粒子 $\{\tilde{x}_t^i, \tilde{\omega}_t^i\}$，设权值为$\frac{1}{N}$

第 5 步：输出加权位置

$$\tilde{X}_t = \sum_{i=1}^{N}\tilde{\omega}_t^i \tilde{x}_t^i$$

第 6 步：采用加权位置与真实位置之间的欧氏距离进行定位误差精度评定

算法中的运动状态模型为

$$x_t^i = x_{t-1}^i + \boldsymbol{HL} + \mu_t \tag{4.83}$$

式中，$\boldsymbol{H} = \begin{bmatrix} \sin\theta & 0 \\ 0 & \cos\theta \end{bmatrix}$，$\theta$ 为移动平台移动方向；$\boldsymbol{L} = \begin{bmatrix} l & 0 \\ 0 & l \end{bmatrix}$，$l$ 为小车移动距离；$\mu_t \sim U(0,l)$，其中 $U(0,l)$ 满足均匀分布。

权值计算模型是基于单变量高斯概率密度函数，其表达式为

$$P(Z_t \mid z_t^i) = \frac{1}{\varepsilon_r\sqrt{2\pi}}\exp - \frac{(Z_t - z_t^i)^2}{2\varepsilon_r^2} \tag{4.84}$$

式中，ε_r 是观测噪声的协方差。

4.6.4　算法仿真与实验结果分析

1. 实验数据

实验数据由装载三轴磁强计和陀螺仪的测量机器人采集了某实验场地的 1.8 m×48 m 的走廊地磁数据。计算磁场总强度的公式为

$$B_{\text{总}} = \sqrt{B_x^2 + B_y^2 + B_z^2} \tag{4.85}$$

式中，$B_{\text{总}}$ 为总磁场强度，B_x、B_y、B_z 为三轴方向的磁场强度分量。为了方便采集，利用现有的规则地板瓷砖进行格网分割，地板瓷砖为 0.6 m×0.6 m 的正方形。采集的数据分为 4 列，每列 80 个点。规划好路径后控制测量机器人采集坐标数据、角度数据、地磁数据，实时计算总磁场强度并记录。然后利用反距离加权(inverse distance to a power)内插法对采集好的格网数据进行处理得到插值数据，并且构造如图 4.7 所示的地磁基准图。

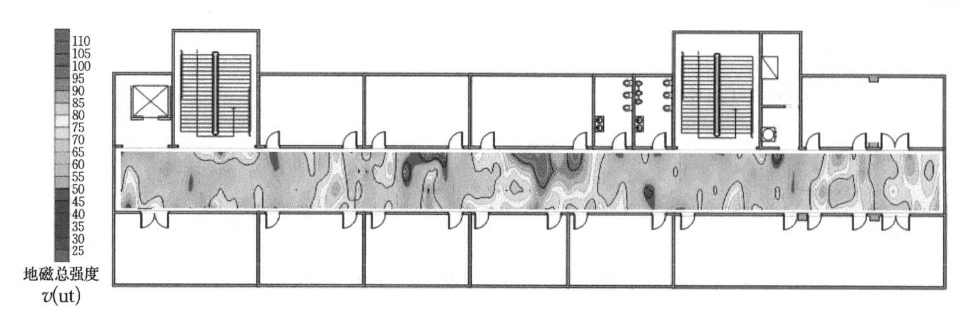

图 4.7 地磁基准图

2. 实验结果

实验中粒子数 N 设定为 400,实验次数为 20 次,经典粒子滤波地磁匹配算法实验结果如图 4.8 所示。基于改进粒子滤波地磁匹配算法主要步骤的实验结果如图 4.9 和图 4.10 所示。

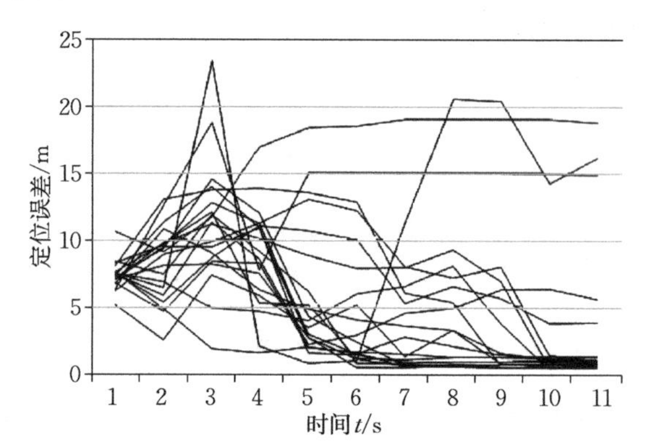

图 4.8 经典粒子滤波地磁匹配算法实验结果

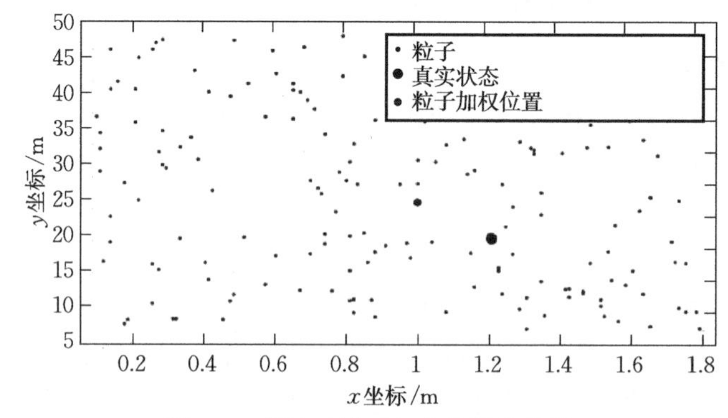

图 4.9 算法改进后初定位误差结果

图 4.10 中椭圆表示由初定位误差构成的误差圆,由于地磁基准图范围的限制,导致圆发生形变。图 4.11 为改进粒子滤波地磁匹配算法最终得出的定位误差

结果。

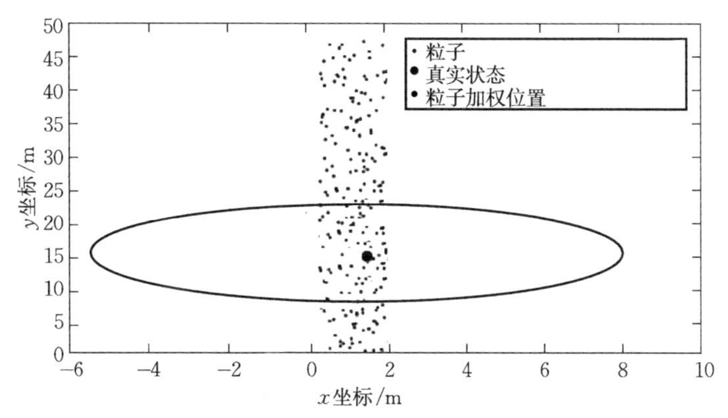

图 4.10　算法改进后误差圆限定定位过程

图 4.12 表示 20 次实验中每次实验定位所需的时间，实验 1 表示基于经典粒子滤波算法的地磁匹配，实验 2 表示基于改进粒子滤波算法的地磁匹配。

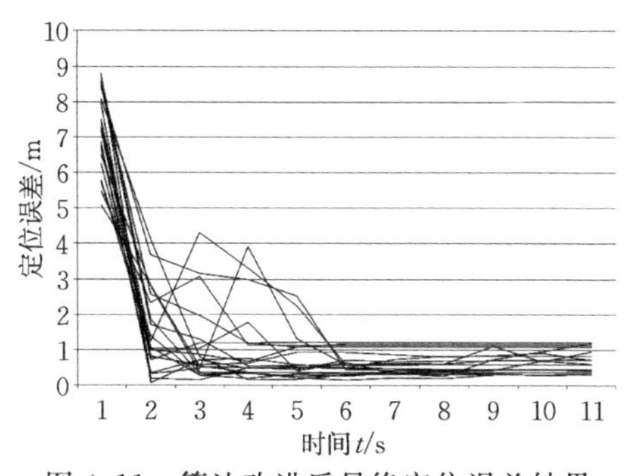

图 4.11　算法改进后最终定位误差结果

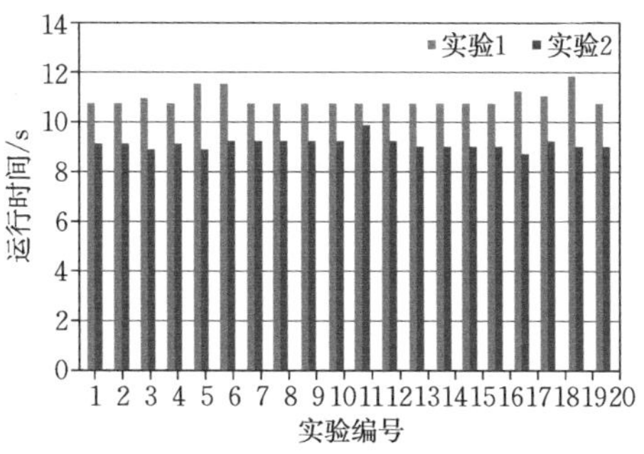

图 4.12　算法改进前后定位时间对比

图 4.13 至图 4.15 表示两次实验中的典型误差分布。

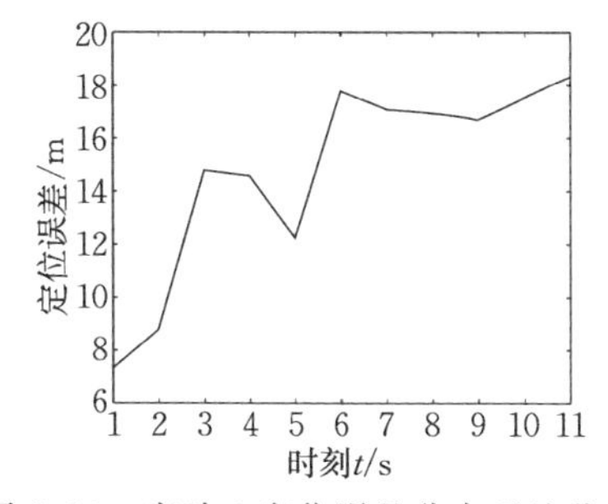

图 4.13　实验 1 定位误差分布无法收敛

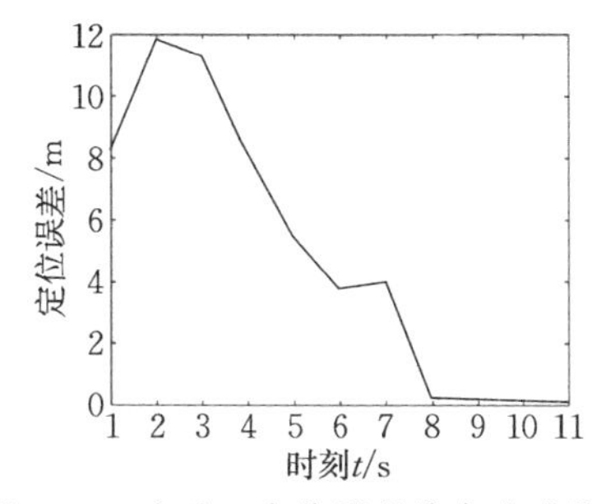

图 4.14　实验 1 定位误差分布出现收敛

通过图 4.8 和图 4.11，以及图 4.13、图 4.14 和图 4.15 对比分析可知，经典粒子滤波算法在地磁室内定位应用中尽管收敛于一点，但是在 $t=6$ 或 $t=7$ 之后才出

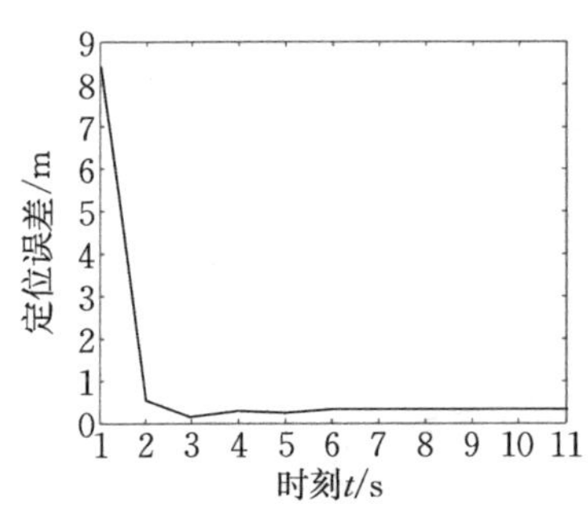

图 4.15 实验 2 定位误差分布结果

现收敛，收敛的稳定性也有待提高，而且会出现定位错误现象；改进后的粒子滤波算法一般在 $t=2$ 或 $t=3$ 时已经开始收敛，而且定位精度更加稳定，收敛之后既不会出现波动现象，也不会出现定位错误现象。

最终可知，改进后的粒子滤波算法尽管加入了第 2 步，但是由于使用更少的粒子进行迭代，因此，在运行时间上大约节省 10%。

3. 总结分析

经典粒子滤波作为地磁特征匹配算法在室内定位中能达到一定的精度要求，并能满足一定的收敛效果，但是某些情况下也会出现滤波发散导致定位丢失。对粒子滤波算法进行改进后，成功解决了定位丢失现象，而且定位精度能达到 1 m 左右，同时，在收敛程度、稳定性及节约时间方面都有明显的提升效果。由于实验场地的限制没有获得更好的地磁基准图，因此，实验缺乏普适性，后期工作的方向就是获取更完善的地磁基准图进行定位实验。

第5章　辅助定位方法

伴随着移动互联网技术的飞速进步，基于位置的服务模式在现代社会中已经取得了巨大的成功。根据搜集而来的用户位置信息提供更加全面和人性化的服务，这已经被大多数人所接受。而相对成熟的室外环境下卫星定位技术而言，室内定位技术尚处于起步阶段，大量的研究资源和专业人员投入室内定位技术的探索和改进上。目前初见成效的技术主要有Wi-Fi定位技术、蓝牙信标技术、地磁定位技术等，其中基于地磁场的室内定位技术具有建设成本低、定位精度高、节能环保可持续的优点。但是，随着研究的深入，逐渐发现地磁数据量庞大，经常在地磁匹配中出现相似点，导致定位偏差较大。为了解决这一问题，需要采用识别用户在室内环境中行为的方法辅助地磁定位技术提高定位准确度。本章将介绍行为识别用于辅助定位的理论与方法。

§5.1　辅助定位及室内用户行为模式分析

5.1.1　辅助定位

用户行为识别是近年来智能环境领域的一个研究热点，根据用户数据采集方式的不同，主要分为基于计算机视觉和基于可穿戴式传感器平台两种方法。而随着移动互联网的迅速发展，后者的集成式传感器平台完全可以由智能手机替代。目前的智能手机不仅集成了大量的微型传感器，而且其操作系统的处理能力非常强大，对于行为识别所需要的大量数据的采集处理可以提供很好的支持[143-145]。利用智能手机传感器采集用户在室内环境下的行为数据，经过去噪分割和特征提取的处理后，采用K-最近邻算法（K-nearest neighbors，KNN）或隐式马尔可夫模型（hidden Markov model，HMM）方法对行为数据进行分类识别，并通过一系列的改进，可以得到很好的改进结果。主要工作包括以下两项。

1. 行为识别算法的选择

采用KNN算法主要存在的问题是，随着训练集规模增大，时空复杂度迅速增加。因此，采用基于密度的样本裁剪方法对训练数据进行精简，可最终达到减少计算量、提高运算效率的目的。而为了提高HMM方法对采样数据变化规律的敏感度，对行为数据段进行细分处理，划分为时长为0.1 s的数据节点再进行处理，最后确定模型参数。

2. 原始行为数据去噪分割及特征提取

使用一阶低通滤波方法剔除加速度数据中的重力分量；方向传感器数据主要进行平滑滤波处理，剔除野值点；磁传感器数据主要考虑硬铁效应，利用其补偿公式进行处理。特征提取主要针对加速度传感器进行，提取其时域和频域特征，包括每轴数据的均值、标准差、任意两轴的相关系数，基于功率谱密度的振幅均值及振幅标准差。

5.1.2 行为识别原理

人体行为识别从广义上讲，是在现实生活环境中，识别系统通过众多传感器设备获取用户运动时产生的行为数据，对其进行处理和分析，利用基于不同算法的行为识别模型对用户的行为进行判断。在对用户的行为有了初步判断的基础上，结合其所处环境信息，可以为用户带来更加人性化和智能化的上层服务，从而得以开发出大量的商业模式。

目前，智能手机上内置了多种类型的微型传感器部件，能够获取多种周边环境信息，这就导致以往只存在于设想中的各类应用有了实现的可能。利用智能手机传感器对用户行为数据及其周围环境信息进行采集，可以消除以往计算机视觉技术带来的制造成本高、约束条件多及隐私安全性差等缺点，同时，相比于其他移动平台或传感器网络，智能手机更具有便携性和可应用性。当前，智能手机中包含的传感器类型主要包括加速度传感器、方向传感器、陀螺仪传感器、磁传感器、光线传感器、近距离传感器及卫星定位设备等。这些传感器可以将采集到的原始数据传输至智能手机系统层，经过处理和分析后得到行为识别结果，再返回到应用层，最后根据识别结果结合环境信息，为用户提供更为适合的服务。

1. 人体运动参数

人体运动行为主要针对室内环境中的用户活动，主要包括静止、行走、跑步、上下楼梯和乘扶梯或电梯等。在用户运动中涉及的力学参数有速度、加速度、角速度、位移、方向等。根据在真实运动中获取的各类参数值的组合，可以分析出用户在室内环境中的行为特点，涉及的参数主要有以下几种。

1）加速度

速度增量和该增量所用时间的比值称为平均加速度。瞬时加速度是指当时间趋于无限小时平均加速度的极限值。加速度为矢量。智能手机中的加速度传感器能够获取用户运动过程中的加速度数据，从而分析用户运动状态，判断用户的运动倾向，如图 5.1 所示。

2）方向角

方向数据包括手机当前方向的水平转动角度和手机机身倾角，主要依靠方向传感器获取。通过获取手机当前方向及运动过程中的转动角度，可以感知用户运动方向的变化，如图 5.2 所示。

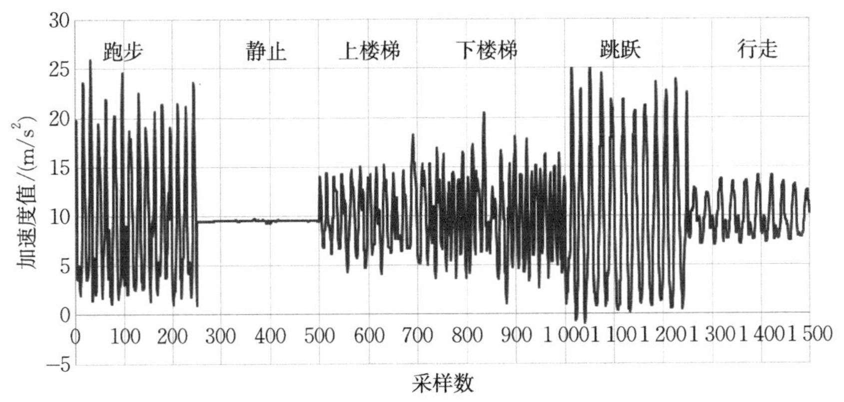

图 5.1　运动过程中加速度数据变化

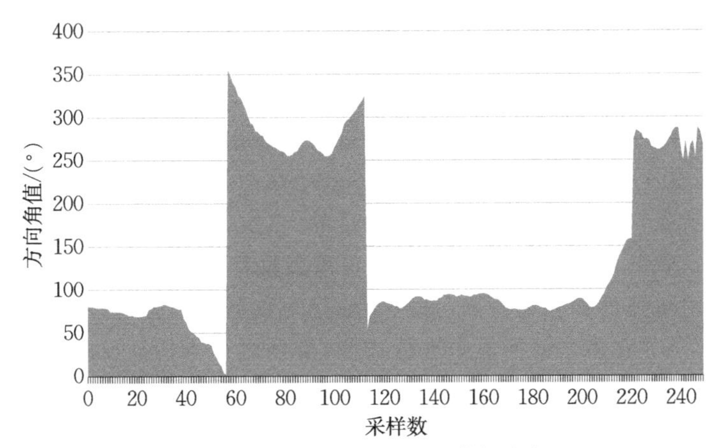

图 5.2　用户转向行为中的数据变化

3)磁场强度

磁传感器读取的数据是空间坐标系三个方向的磁场强度值，其数据单位为微特斯拉(μT)。根据磁场强度的变化可以感知用户是否处于电梯内、是否靠近大型金属物品等特殊场景，如图 5.3 所示。

由以上数据可以看出，在跟随用户运动时，智能手机传感器数据始终处于不断变化之中，这种变化表现出一定的规律性。例如，图 5.1 显示了在不同行为方式转换时，加速度数据会发生较大的改变；而图 5.2 则表示转向行为一旦出现，方向角数据必然会出现断崖式变化；图 5.3 是一段完整的乘坐直升电梯过程的地磁数据变化过程，可以看出随着电梯运动，磁场数据呈现出较大程度的紊乱。这些明显的数据变化可以作为对用户行为进行识别的有效特征，在之后的章节中还会具体介绍这些数据的误差源及去除噪声的方法。

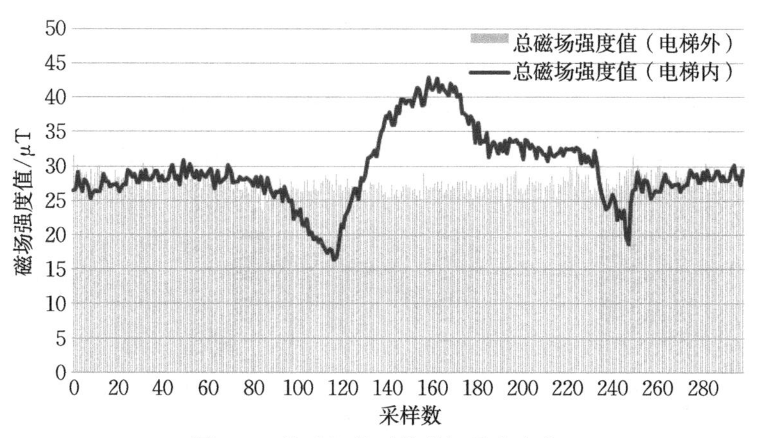

图 5.3 特殊场景下的磁场强度变化

2. 行为识别主要过程

作为近年来智能环境领域的研究热点，人体行为识别技术被广泛地应用于人机智能交互、虚拟现实和视频监控等领域[146-150]。具体的行为识别过程：首先，在室内环境下，利用智能手机传感器对用户运动中产生的身体动作、方向、位移及角度进行感知；其次，利用不同的方法对一连串动作产生的数据流进行去噪和分割，达到剔除干扰噪声、保留真实行为数据的目的；再次，由于经过预处理后的原始数据对行为的反映并不明显，从原始数据中提取数据特征的步骤必不可少，主要提取的特征包括时域特征和频域特征，每段原始行为数据可以提取多种特征值以建立多维特征矩阵，并在多个特征值中进行选取，得到对行为特征反映最为明显的项；最后，基于不同分类识别算法可以实现行为数据集的训练，建立分类模型数据库，并最终对实时采集到的行为数据进行有效分类，达到行为识别的目的。行为识别原理如图 5.4 所示。

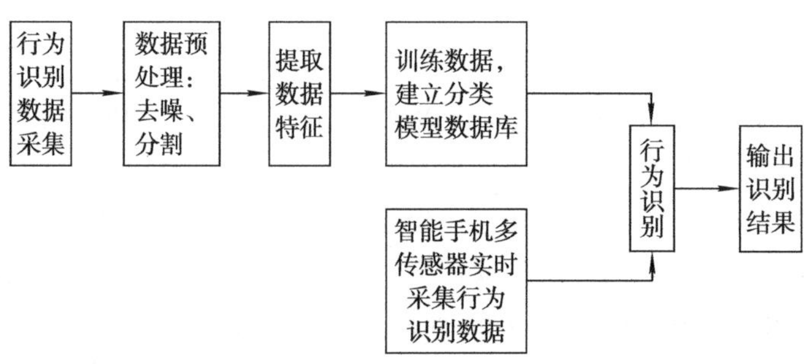

图 5.4 行为识别原理

目前，绝大部分主流智能手机均配备有各种传感器，包括加速度计、方向传感器、陀螺仪、重力传感器、磁传感器等[151-153]，可以在伴随用户运动的过程中获取大量原始行为数据。智能手机内置传感器数据类别及用途如表 5.1 所示。

表5.1　智能手机内置传感器数据类别及用途

传感器类型	所提供数据	用途
加速度计	三轴加速度	体现用户运动状态
陀螺仪	三轴角速度	检测手机姿态
方向传感器	方向数据	测量用户的转动方向
磁传感器	三轴磁场强度数据	检测特殊位置磁场强度变化
光线传感器	光线强度数据	检测手机所处位置光线强度

在所有的智能手机传感器中，加速度传感器对用户行为的反映最为直观，能够直接测量人体的运动状态。例如：当用户由步行改为慢跑时，加速度传感器的垂直轴读数将会有剧烈变化。方向传感器可以感知用户运动方向的改变；陀螺仪能够获取手机姿态信息；磁传感器能够检测特殊位置磁场强度变化；光线传感器能够感知环境信息。利用不同传感器的组合来识别行为也是一个研究方向。本书对用户行为进行识别的过程中，主要采用了加速度传感器、方向传感器和磁传感器数据。

5.1.3　用户的行为模式及数据特征

针对室内场景下的用户行为方式进行研究是地磁室内定位技术研究的重要内容。相对于多种多样的户外运动方式而言，在室内环境中用户能够进行的运动方式较为有限。因此，研究用户在室内环境下的行为方式，主要包括静止、行走、跑步、上下楼梯和乘扶梯或电梯五个部分。不同行为模式之间传感器数据会存在明显的差异。下面针对每一种行为采集加速度传感器、方向传感器和磁传感器数据，进行对比分析。

1. 加速度传感器数据特征

加速度传感器可以感知用户运动过程中智能手机三个方向上的加速度变化，不同行为的加速度数据存在明显差异，如图5.5所示。图5.5(a)表示原地站立的行为，其加速度三轴方向上数据变化很小；图5.5(b)表示缓慢步行的运动行为，其三轴加速度数据存在明显的规律性变化；图5.5(c)表示快速跑步运动行为，其加速度数据出现剧烈波动，变化频率较快；图5.5(d)和(e)分别表示上、下楼梯时的变化情况，可以看出其数据并未出现明显的特征，在行为识别中，上、下楼梯的运动是识别的难点，需要采集大量数据进行训练，并对分类算法提出了较高的要求。由此可以得出，依据加速度传感器数据，可以较为明显地区分各种行为之间的差异。

2. 方向传感器数据特征

方向传感器可以感知智能手机的方向角、倾斜角和旋转角的变化情况，在行为识别研究中，主要利用智能手机在随用户移动的过程中方向角的数值变化来检测用户的朝向，依据角度前后变化值可以判断用户的转向角度和当前方向[151-154]。如图5.6所示，方向角数据起始时处于100°附近波动，随后骤变为350°，表明在用

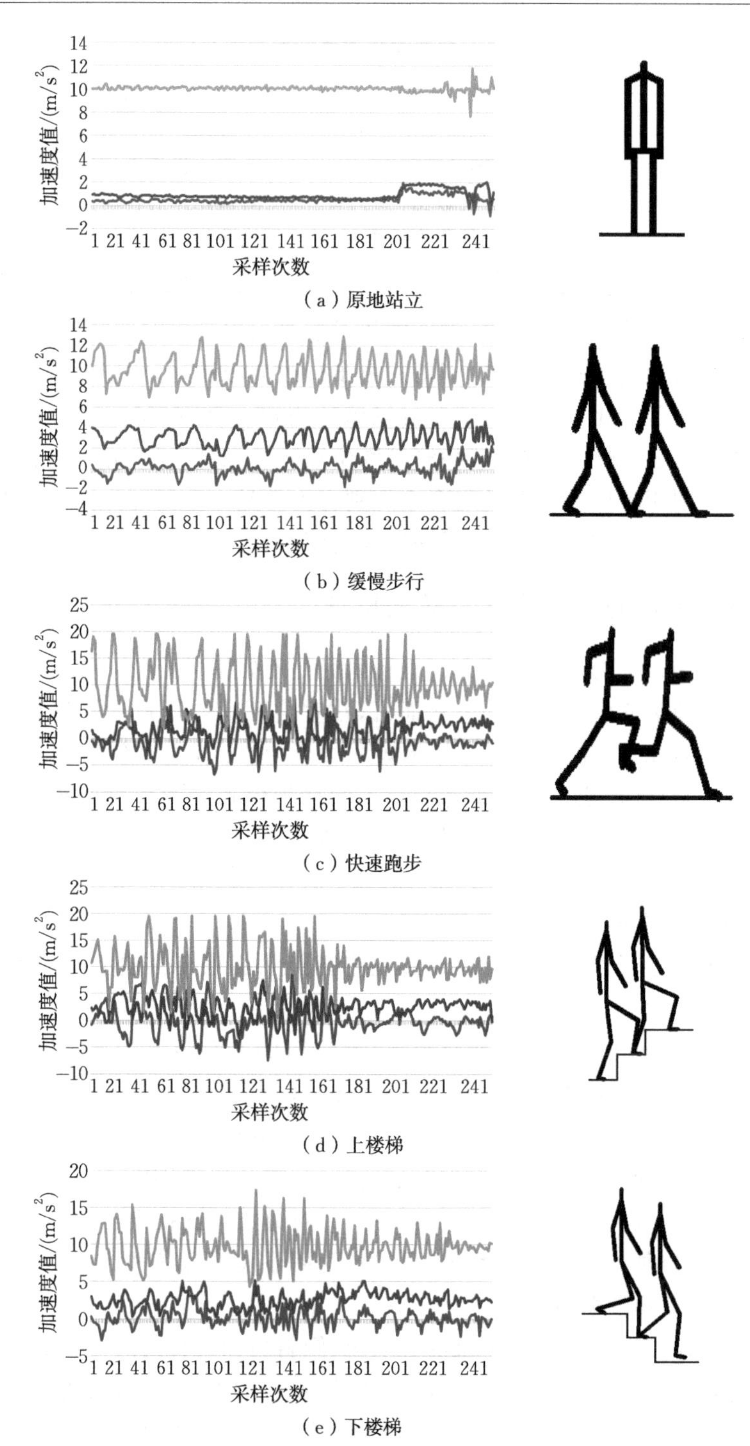

（a）原地站立

（b）缓慢步行

（c）快速跑步

（d）上楼梯

（e）下楼梯

图 5.5 不同行为模式下三轴加速度传感器数据

户运动过程中发生了较大程度的转向，随后方向角再次出现几次较短时间间隔的剧烈变化，说明方向角可以很好地反映出用户的转向行为。

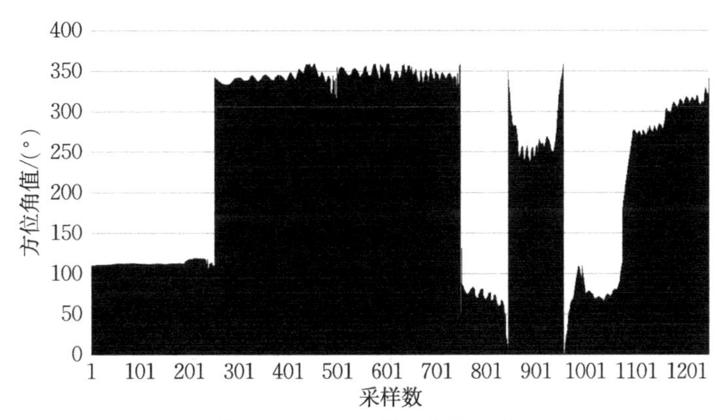

图5.6　运动过程中的方向角

3. 磁传感器数据特征

磁传感器可以感知周围环境磁场强度值的变化，当用户行走至具有较强铁磁性设备或大型用电设施附近时，周围环境磁场受到其影响会出现较大程度的扭曲变形，这些变化可以被智能手机中的磁传感器探测到。利用这一特性可以分析判断用户是否处于电梯等辅助位移设备内。如图5.7所示，在电梯运行过程中，用户所携带的智能手机感应到磁场强度值的变化曲线，在中间位置出现了明显的先下降后上升的现象，这表明随着电梯运行到中段位置，电磁设备对用户周围磁场的影响变大，而当电梯停止运行后磁场再次回到初始水平。

图5.7　电梯运行过程中磁场强度值的变化曲线

综上所述，用户运动过程中的不同行为方式可以依靠不同的传感器数据进行区分，各传感器在行为识别中所起的作用在表5.2中列出。如何综合利用这些算法成为辅助定位的关键。

表 5.2 不同动作的传感器数据变化特征

动作分类	加速度传感器	方向传感器	磁传感器
静止	未出现波动	—	—
行走	规律性变化	—	—
奔跑	大幅度波动	—	—
转向	—	方向角骤变	—
上楼梯	变化幅度与行走类似	—	—
下楼梯	未具有明显特征	—	—
直升电梯	加速度变化较均匀	—	磁场强度值在运行过程中发生剧烈波动

§5.2 行为识别算法研究

行为识别模型可以根据对应于每一个行为的传感器数据特征，对待测试行为的类型进行判断。从数据挖掘的角度来讲，行为识别是一个多级分类问题。可以应用的分类算法有朴素贝叶斯(naive Bayes，NB)、K-最近邻(KNN)、支持向量机(support vector machines，SVM)、人工神经网络、隐式马尔可夫模型(HMM)等。在本节中主要针对 KNN 算法和 HMM 方法进行研究。前者的算法思路较为简单且易于实现，当有新的样本要加入训练集时，不用对数据进行重复性训练，其在众多分类算法中属于性能效果最好的分类器之一；而后者能够分析利用不同行为方式的数据变化规律，找出其表层数据下的隐藏状态，综合考虑行为数据变化的历史过程信息。

5.2.1 基于 KNN 算法的行为识别模型

1. KNN 算法原始模型

在 20 世纪 60 年代，Cover 和 Hart 最先提出了 KNN 算法，该算法是数据挖掘十大算法之一，主要在模式识别领域被广泛地应用。KNN 算法的原理：对某一个未知点，找出其 k 个近邻点，按照最大投票的原则，在这 k 个近邻点中，拥有最多数量近邻点的类别就是该未知点的识别结果。KNN 算法的核心思想是“近朱者赤，近墨者黑”。

在行为识别中，原始的采样数据经过预处理和特征提取后，形式化为特征向量，对于待测试的样本数据，计算其与训练样本数据集的相似度，找出 k 个最相似的样本数据，统计其中比例最大的行为类型，即为该待测试样本的分类结果。其优势在于简单，易于理解，易于实现，无须估计参数，无须训练。算法的具体步骤如下。

(1)针对待测试行为数据提取特征向量。

(2)计算待测试样本与训练样本数据集中每个行为数据段的相似度，利用夹角

余弦的方法计算样本相似度，即

$$\mathrm{Sim}(\boldsymbol{d}_i, \boldsymbol{d}_j) = \frac{\sum_{k=1}^{M} W_{ik} W_{jk}}{\sqrt{\sum_{k=1}^{M} W_{ik}^2} \sqrt{\sum_{k=1}^{M} W_{jk}^2}} \tag{5.1}$$

式中，$\boldsymbol{d}_i$ 为待测试样本的特征向量，$\boldsymbol{d}_j$ 为第 j 类的中心向量，M 为特征向量的维数，W_k 为特征向量的第 k 维。初始 k 值一般设置得较为随意，而后根据实验的测试结果对 k 值进行不断调整。

(3)对样本数据的相似度进行统计计算，在训练集中按从大到小的排序筛选出与待测试样本最相似的 k 个样本数据。

(4)在选出最相似的 k 个近邻样本中，按照顺序对每个行为类型的权重值进行计算，即

$$P(X, C_j) = \begin{cases} 1, & \sum_{d_i \in \mathrm{KNN}} \mathrm{Sim}(\boldsymbol{x}, \boldsymbol{d}_i) y(\boldsymbol{d}_i, C_j) - b \geqslant 0 \\ 0, & \text{其他} \end{cases} \tag{5.2}$$

式中，$\boldsymbol{x}$ 为待测试样本的特征向量；$\mathrm{Sim}(\boldsymbol{x}, \boldsymbol{d}_i)$ 为待测试样本与第 i 类的相似度；$y(\boldsymbol{d}_i, C_j)$ 是分类属性函数，如果 $\boldsymbol{d}_i$ 属于类 C_j，那么属性函数的值取 1，反之取值为 0；b 为阈值，有待于优化选择。

(5)将不同行为模式的权重进行比较，将待测试的样本匹配到权重最大的行为模式中。

KNN 算法来源于类比学习的思想，该分类算法中无须使用参数估计，在基于统计信息的类型识别中是一种十分有效的手段，对于状态未知或是非正态分布的识别问题，该算法可以取得比较良好的识别准确度。

2. KNN 算法的主要缺陷及改善方法

通过上一小节的分析可以较为明显地得出，KNN 算法思路比较简单，实现起来更加容易，在将新的行为数据加入训练数据集合时，不再需要对数据进行重复性训练，因此，该算法的分类性能较为稳定。以上是 KNN 算法的主要优点，但是该算法本身并非完全没有缺陷，主要的问题有两点：算法中 k 的取值，以及随着训练集规模增加而增加的时空复杂度。

在 KNN 算法中需要找出与待分类数据具有较高相似度的 k 个样本数据，因此，k 的取值是确保分类性能达到标准的重要因素。然而，目前为止还没有太好的方法确定 k 值，只能通过在测试中不断调整，找到使分类效果最为理想的 k 值。有学者对确定 k 值的方法进行了一定的改进，即采用动态方法来确定 k 值。

除了 k 值需要确定之外，随着训练数据量和特征向量维数的增加，KNN 算法的时间复杂度和空间复杂度都会出现快速增加的现象。其主要原因是在每一次识

别新的行为数据时，待分类的数据特征需要与训练数据集中的所有数据进行相似度的计算和比较，取出结果中靠前的 k 个已知类型的行为特征。在此过程中，该算法的时间复杂度为 $O(mn)$；其中，m 是选出的特征项的个数，n 是训练集数据的个数。

为了改善 KNN 算法的性能，降低该算法的时空复杂度，提高算法的运行效率，针对分类过程中的不同部分有以下几种较为常用的优化方法。

(1)降低空间维度计算部分距离。为了降低行为数据特征向量的维度，舍弃掉一部分多余的属性信息，计算空间向量 $\boldsymbol{m}$、$\boldsymbol{n}$ 的欧氏距离，即

$$D_k(\boldsymbol{m},\boldsymbol{n})=\sqrt{\sum_{i=1}^{k}(m_i-n_i)^2} \tag{5.3}$$

利用式(5.3)将 d 维空间降为 r 维空间，这样处理的前提是假设利用 r 维向量空间计算的部分距离能够有效地代表全部空间。

(2)利用特殊结构加速搜索过程。在这种方法中，需要根据某种规则建立起搜索树结构，在该结构上，训练样本点都存在被动选择的互相连接关系。而在分类中，先要计算出搜索树结构的根节点，随后计算属于该根节点的其他训练样本点。重复执行以上操作，依次递归直到将最近邻点找到。

(3)修剪训练样本降低空间复杂度。该方法是在模型训练的过程中，按照某种规则，剔除对模式识别无益的训练样本数据。例如：为了降低算法的空间复杂度 $O(n)$，把周围属于同样分类的样本点剔除，这样对决策边界并没有改变，同时，也不会造成误差率的增加，还可以减少访问数。

3. 针对行为数据进行训练样本裁剪

综合前文的分析可以明确地了解到，由于行为数据的训练集和测试集较为庞大，使得 KNN 算法速度会变得很慢。因此，针对行为数据的特点改进 KNN 算法识别模型的方法主要是对训练数据集的裁剪，也就是上面提到的改善 KNN 算法的第三种方法。在原始行为数据的基础上，通过预处理和特征提取得到训练数据集，在此训练数据集中再次进行筛选，剔除旧训练数据集中一些对行为特点表达不准确的样本数据，将更能突出反映行为特征的数据挑选出来，作为新的训练数据集。通过这种筛选方法，训练数据集的规模减小，算法的计算复杂度降低。当进行行为分类识别步骤时，将待分类的样本数据与筛选得到的训练数据集进行比较，判断二者的相似程度。这种方法可以较为明显地降低分类算法的计算量，同时，对算法的时间、空间复杂度的降低也有很大帮助。

原始训练集样本裁剪方法实现的基本步骤如下。

首先，确定训练数据样本中某一个样本 X 的邻域范围 ε，根据其邻域范围内包含的其他样本数量判断该区域内样本密度的分布情况。设置一个最小样本数量 $minSim>0$，以其为标准将不同样本的邻域分为高密度区域、均匀密度区域和低

密度区域。

随后，根据该样本邻域内的其他样本类别情况确定其邻域的属性，主要分为内部区域和边界区域。若邻域内所有样本均属于同一类别 C，则属于内部区域，反之为边界区域。

当 X 样本处于边界区域时，该样本的邻域内存在某个样本 Y，此时若样本 Y 的邻域被检测为高密度区域，则在样本裁剪过程中直接被裁剪掉。这样尽量将 X 样本邻域内与 Y 样本性质相同的样本数据裁剪，直到使得 X 邻域密度趋于均匀为止；反之，若 Y 邻域为低密度区域则直接保留。

当 X 样本处于内部区域时，选取一个整数 $lowSim$，使其满足 $0 < lowSim < minSim$。与边界区域样本处理类似，如果是 X 邻域内样本数量大于 $lowSim$，则裁剪掉 X 样本邻域内的 Y 样本，Y 的特点是邻域为高密度区域，这样处理直到 X 邻域内样本数量等于 $lowSim$ 为止。其结果是使得内部区域的样本分布密度低于边界区域的样本分布密度。由于 $minSim$ 的值对分类模型的影响较小，因此，其值一般为类别平均样本数的 5% ～ 8%，而 $lowSim$ 为 $minSim$ 的 0.7 ～ 0.8 倍。在已知 $minSim$ 的情况下，对于样本集合 D，有

$$\mathrm{Dsy}(D)=\frac{1}{D}\sum_{i}^{|D|}\mathrm{Dsy}(X_i) \tag{5.4}$$

式中，$\mathrm{Dsy}(D)$ 是样本集合 D 的平均数，$X_i \in D$。由此可以确定邻域半径 $\varepsilon = \mathrm{Dsy}(D)$。

经过原始训练集的样本裁剪之后，训练数据样本的分布密度趋于均匀，在对分类精度影响最低的情况下，达到了减少分类的计算量、降低算法运行的时间复杂度、提高运算效率的目的。

5.2.2　基于 HMM 方法的行为识别模型

1. HMM 模型

HMM 模型是统计模型，用来描述一个含有隐含未知参数的马尔可夫过程。该模型最重要的步骤是从待观测的数据中通过某种方法确定马尔可夫过程未知的隐含参数。随后应用这些隐含的未知参数对数据进行有效的分析，主要的应用领域有语音识别、基因匹配、信息检索及模式识别等。在 HMM 模型中，观察到的事件与状态并不是一一对应的，而是通过一组概率分布相联系。从原理上来讲，HMM 模型是一个双重随机过程，主要利用可观测序列来观察其模型状态，通过计算出的某些概率密度分布来实现将各个观测序列表现为各种状态，而隐藏状态序列与对应的观测序列之间有对应的概率密度分布，因此，可以实现从隐藏状态到可观测状态的输出。如图 5.8 所示，方形表示一个隐藏状态，菱形表示一个可观测状态，虚线箭头代表从一个隐藏状态到下一个隐藏状态的转换，实线箭头则表示从

一个隐藏状态到一个可观测状态的输出。

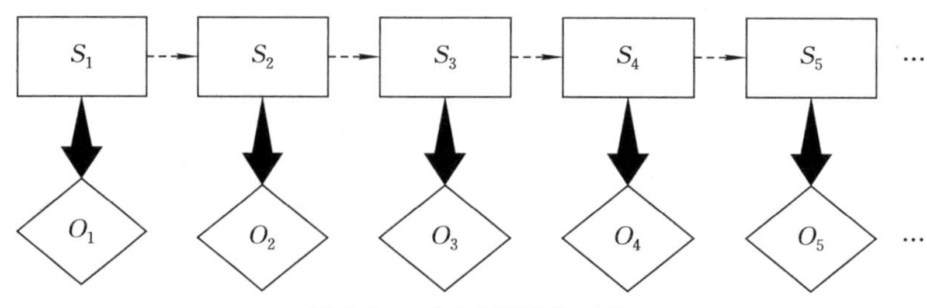

图 5.8 HMM 模型的原理

HMM 方法具体地可以用两个状态集合和三个概率矩阵来进行描述。

对于隐藏状态 S，这些隐藏状态的获取并不能通过直接观测得到，不同的状态之间具有马尔可夫性质，是 HMM 模型中真实的可观测序列实际所隐藏的状态信息。在行为识别中，其代表着用户的行为模式，如跑步、行走、上下楼梯等这些隐藏在传感器数据之后的参数，如图 5.8 中所示的 S_1、S_2、S_3 等。

可观测状态 O 是通过观测可以直接获取数据的可观测状态，该状态在 HMM 模型中与隐藏状态 S 具有关联性。在行为识别中，其表示为不同的传感器数据，是通过采集程序可以获取并经过处理的行为数据段，如图 5.8 中所示的 O_1、O_2、O_3 等。需要注意的是，通常情况下可观测状态 O 与隐藏状态 S 在数目上并不完全一致，不同的可观测状态有可能表达同一种隐藏状态。

在初始时刻，隐藏状态存在一个概率矩阵 $\boldsymbol{\mu}$，称为初始状态概率矩阵。例如：$t=1$ 时，$P(S_1)=p_1$，$P(S_2)=p_2$，$P(S_3)=p_3$，则初始状态概率矩阵 $\boldsymbol{\mu}=[p_1 \quad p_2 \quad p_3]$。

不同的隐藏状态之间存在某种相互转移的概率，构成了隐藏状态转移概率矩阵 $\boldsymbol{A}$。其中，$A_{ij}=P(S_i \mid S_j)$，$1 \leqslant i \leqslant N$，$1 \leqslant j \leqslant N$。该式的含义是当 t 时刻的隐藏状态为 S_i 时，在 $t+1$ 时刻隐藏状态转变为 S_j 的概率。

观测状态转移概率矩阵 $\boldsymbol{B}$，又称为混淆矩阵。其中，$B_{ij}=P(O_i \mid S_j)$，$1 \leqslant i \leqslant M$，$1 \leqslant j \leqslant N$。该式含义是 t 时刻的隐藏状态为 S_j 时观测状态为 O_i 的概率，N 为隐藏状态数目，M 为可观测状态数目。

在 HMM 方法中主要使用参数 $\lambda=(\boldsymbol{A},\boldsymbol{B},\boldsymbol{\mu})$ 来表达模型。作为由标准马尔可夫模型扩展而来的 HMM 方法，在原模型的基础上加入了可观测状态序列及隐藏状态与可观测序列之间的概率关系。在基于 HMM 方法的行为识别模型中，给定了可观测序列，即传感器数据特征，给定了代表行为模式的隐藏序列和可观测序列的数目，需要确定模型参数 $\lambda=(\boldsymbol{A},\boldsymbol{B},\boldsymbol{\mu})$，使得 $P(O \mid \lambda)$ 最大化，也就是说，在模型参数 $\lambda=(\boldsymbol{A},\boldsymbol{B},\boldsymbol{\mu})$ 的调整过程中，使得某种可观测序列出现的概率达到最大。

2. 用户行为识别模型训练

为了完成对 HMM 模型的训练过程，主要采用智能手机传感器采集的行为数据，计算出 HMM 模型两个主要的参数：隐藏状态转移概率矩阵 $\boldsymbol{A}$ 和观测状态转移概率矩阵 $\boldsymbol{B}$。

利用 HMM 方法进行行为识别主要需准备三项数据：可观测序列及其数目、隐藏序列数目。在行为识别过程中，智能手机传感器数据可作为可观测序列，而可观测序列和隐藏序列的数目并不确定。因此，需要通过一定的处理得到可观测序列和隐藏序列的数目。

将智能手机传感器获取的表达用户运动状态的数据集合作为可观测序列，对 HMM 模型进行训练。在这个过程开始前，需要确定可观测序列作为输入值的具体数目信息。模型训练数据的采集方式是在设定好的采样时间和采样频率下，采集某一种行为方式的传感器数据。在这种模式下采集的行为数据，只包含某一种行为产生的数据特征。利用单一行为数据的采集模式，获取了不同行为相对独立的数据信息，随后对单一的行为数据段进行特征值提取，得到的特征值即作为 HMM 模型的输入数据，这样特征值的数目就代表了观测状态的数目。但是，使用统计学度量作为特征值存在一定的缺点，计算的特征值往往会忽略行为数据中内在的规律性，造成识别模型对采样数据的规律性敏感度不高，反而对采样数据值的大小比较敏感。

本书研究通过加窗的方法将数据分割为时间长度为 2 s 的数据段，由于采样频率为 50 Hz，因此每段数据为 100 组采样值，每组包含三轴加速度数据、方向传感器数据及三轴磁场数据。如果针对 2 s 长度的数据段进行第 3 章中提到的特征值提取，再进行模型训练，会造成之前提到的对采样数据规律性敏感度不高的问题。因此，采用分切的方式对行为数据段再次进行处理。具体处理方法是按照时间排序，将该行为数据段分切为更小的数据节，保证每个节点内的数据只是运动过程中局部变化的一部分，使得每一数据节点的影响削弱到最小，对整体变化规律的干扰降低，然后对每一数据节点的数据再进行特征值的提取操作，使其作为可观测状态的输入信息。

在本书研究中，将分割后的 2 s 数据段继续分切为 20 份，每份时长为 0.1 s，采样数据个数为 5 个，即为一个数据节点，针对该数据节点提取特征值。图 5.9 中显示了一个行为数据段内的 Z 轴加速度的变化情况，采样数据个数为 100 个，时长为 2 s。按照之前介绍的操作，分切后提取均值特征值，如图 5.10 所示。

经过上述处理，对于可观测序列的特征值向量依然需要进行矢量量化。对于表达效果一样的特征值而言，其具体数值存在一定差异性，同时，在模型训练的过程中，需要的状态序列应该是整型的。因此，使用 K-均值（K-means）聚类算法实现矢量量化。先将行为特征值数据划分到 5 个聚类之中，随后将特征值数据所属类的索引作为模型的输入数据，最后可观察值变为小于 5 的正整数值，从而实现了可观测序列数目的计算过程。

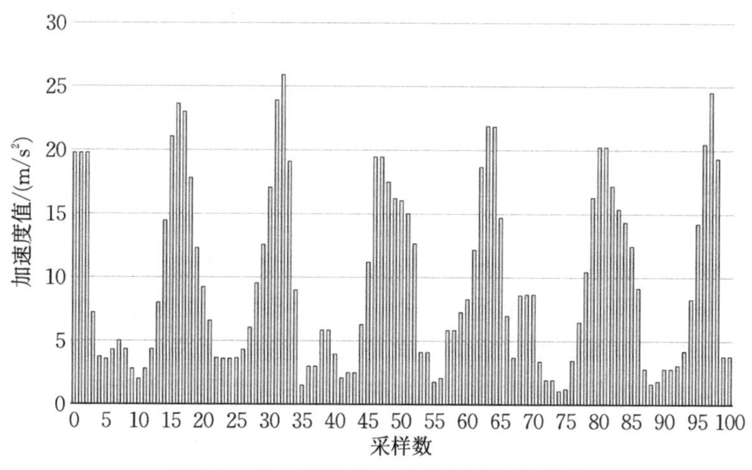

图 5.9 单一数据段内 Z 轴加速度的变化

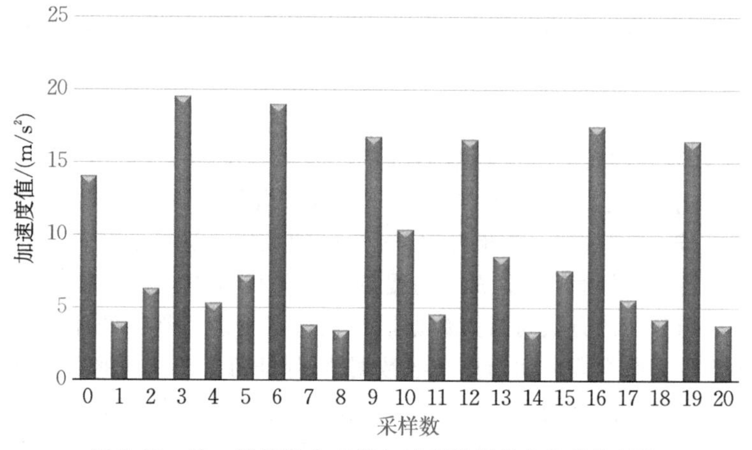

图 5.10 单一数据段内 Z 轴加速度数据节点均值特征值

对于隐藏状态数目的确定，采用设置行为模式基本单元的方法进行。通过可观测状态的输入，获得其对应的行为模式基本单元序列。根据之前分切行为数据段的方法，当分切程度较大时，时间间隔变得足够小，其间的行为数据变化可以近似地看成是一维空间下匀速往复运动的点值。因此，该点的状态特征是正向、负向和静止，则行为模式基本单元的状态集合为{正，负，零}。对于表征用户任何一个完整行为的数据集，都可以通过这三种状态的序列组合而成。在本书研究中将隐藏状态数目设置为 3，通过行为模式基本单元，可以将行为数据集与待识别的目标行为一一对应。

3. 建立 HMM 模型

在确定训练数据集的可观测状态和隐藏状态的数目之后，可以着手建立

HMM行为识别模型。一般而言，对于行为识别中的每一类行为模式，需要分别进行HMM模型的训练，分别得到其对应的HMM识别模型。利用这种方式训练出来的行为模型，彼此之间具有独立性，而且来源于不同行为模式的训练样本数据之间基本上不会出现互相干扰的问题。由于其良好的独立性，当出现新的行为模式时，根据其产生的样本数据继续训练新的行为模型即可，无须对现有的行为模型进行改变，这就赋予了其较好的可延伸性。在本书研究中，利用三轴加速度、方向传感器及磁传感器采集到的数据作为行为识别的训练样本数据，每个轴的采样数据分别训练一个行为模型，最终的行为识别结果由这些识别结果共同确定。

HMM模型的训练过程就是利用已知的训练样本数据，不断地调整模型的参数 $\lambda=(\boldsymbol{A},\boldsymbol{B},\boldsymbol{\mu})$，使得 $P(O\mid\lambda)$ 最大化，即可观测序列出现的概率最大。在一般的实际应用中，能够评估模型参数是否达到最理想状态的方法是不存在的，因此，在实际操作中一般应用迭代方法使求解目标局部最大化，如Baum-Welch方法。

在这一部分的研究中，利用MATLAB工具完成HMM模型的训练和识别过程。其主要步骤：设置该模型的可观测状态数目、隐藏状态数目及样本数据集；模型参数初始化，初始的3个概率矩阵是随机产生的，需要限制的条件是，初始化概率矩阵 $\boldsymbol{\mu}$ 之和为1，状态转移矩阵 $\boldsymbol{A}$ 和观测概率矩阵 $\boldsymbol{B}$ 中每行每列的概率之和均为1；在程序中调用dhmm_em函数，其参数为经过初始化的 $\lambda=(\boldsymbol{A},\boldsymbol{B},\boldsymbol{\mu})$，而返回值为模型训练完成之后的可观测序列与HMM模型匹配度，以及模型参数 $\lambda=(\boldsymbol{A},\boldsymbol{B},\boldsymbol{\mu})$。

通过以上训练过程，获得了待识别的行为模式所对应加速度传感器的三轴数据、方向角数据与磁场总强度数据的匹配度(表5.3)，以及模型参数 $\lambda=(\boldsymbol{A},\boldsymbol{B},\boldsymbol{\mu})$。在训练模型的实验中，发现训练模型所产生的匹配度与参与训练的样本数量有一定关系，主要是因为相同行为方式的每次采样数据并不完全相同，而随着训练样本数据量的增大，这种数据本身的内在差异会不断产生积累，由此造成了模型训练的匹配度下降。

表5.3 行为识别训练模型的匹配度

传感器数据轴	行走	奔跑	静止	上、下楼梯	乘坐电梯
Acc_X	−3.598 6	−3.897 3	−3.142 9	−2.358 5	−1.894 7
Acc_Y	−3.203 2	−3.573 2	−3.071 7	−2.169 8	−1.678 2
Acc_Z	−3.897 1	−4.563 8	−3.172 7	−2.516 3	−1.947 6
Azimuth	−1.214 3	−1.376 7	−1.220 9	−2.498 9	−1.085 4
TMFS	−0.996 3	−0.972 6	−0.833 8	−0.820 9	−3.717 2

§5.3 智能手机传感器数据获取与预处理

行为识别数据采集系统工作流程如图 5.11 所示。传感器数据可以较为明显地反映用户的行为,因此,准确、快捷、高效获取传感器数据成为下一步需要进行的研究。同时,对于获取到的原始数据,因包含较多的干扰噪声,并不能直接进行行为识别,需要进行误差源分析和预处理。而单纯的传感器数据流对于行为识别而言,并不能将行为之间的差异最大化地表达出来,因此,对剔除干扰噪声之后的传感器数据进行特征提取是必不可少的步骤。

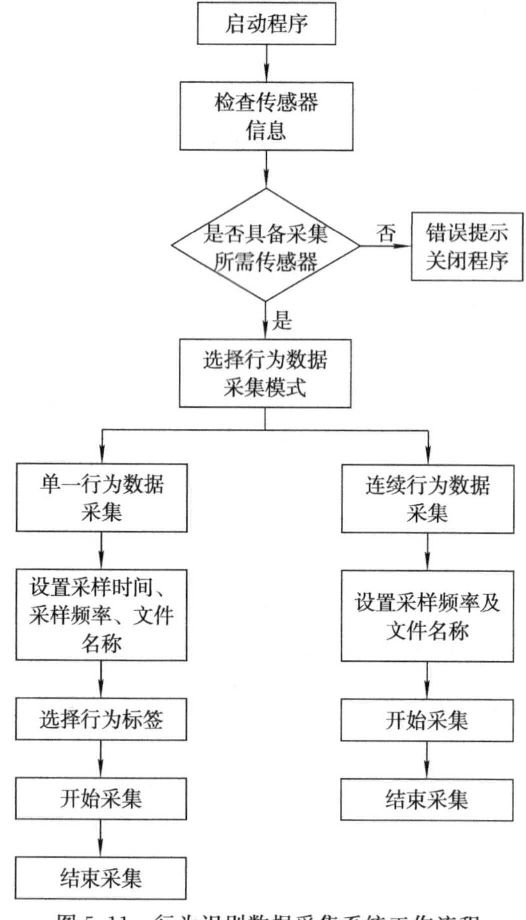

图 5.11 行为识别数据采集系统工作流程

5.3.1 智能手机传感器

智能手机相对于传统的功能性手机而言,其主要区别在于操作系统层面的人性化、智能化,以及硬件设备功能上的多样化。硬件设备功能的丰富是进行软件开发的基础,而智能手机本身就是一个硬件设备的集成器,集成了处理器、显示器及大量的传感器。这些微型传感器通常由敏感元件和转换元件组成,前者主要用来感知周围环境的状态信息,后者可以将环境信息转换为系统可以识别的电信号。通过这些微型传感器,智能手机可以感知用户周围光线、温度、磁场、方向、运动趋势、地理位置等一系列参数,系统通过这一系列的参数变化自主地改变设置,为用户提供更加人性化、智能化的服务。下面介绍本书研究所用到的几种主要的传感器元件。

1. 加速度传感器

当智能手机跟随用户移动时,加速度传感器能够捕获其不同方向上的加速度数据变化。在行为识别中,随用户运动而改变的加速度大小与方向主要依靠加速度传感器获取。微型加速度传感器中存在一个感应重力模块,包含有可以随其运动而改变方向的重力块和各个方向上的压电元件。当用户的方向改变时,重力块会接触到不同方向上的压电元件,产生大小不同的作用力,因此,其输出的电信号会不断变化,从而根据输出信号的不同对手机加速度的大小和方向进行判断。目前,绝大多数智能手机上均配有三轴加速度传感器,可以感知手机三个方向上的加速度信息,其三轴方向如图5.12所示。

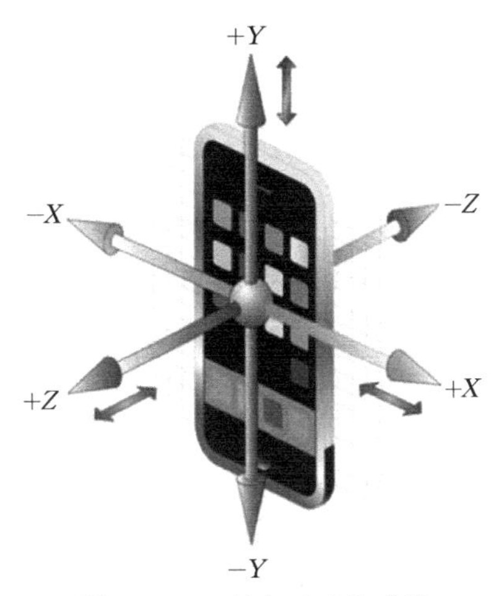

图5.12　三轴加速度传感器

智能手机内置的三轴加速度传感器,其 Z 轴正方向为垂直于手机屏幕指向上方,Y 轴正方向为平行于屏幕且垂直于 Z 轴指向前方,X 轴正方向为垂直于 Z 轴与 Y 轴,指向手机右侧。在研究加速度数据的过程中,加速度数值的正负十分重要,代表了三个方向上的速度变化趋势,并以此可以得出合加速度的方向,从而获取用户的运动趋势及运动速度。

2. 方向传感器

方向传感器是用来检测智能手机本身处于何种方向状态的电子设备。可以输出手机处于正竖、倒竖、左横、右横及俯仰等不同状态下的数据信息。方向传感器由 X、Y、Z 三轴坐标表示,如图5.13所示。

智能手机的方向传感器三轴坐标值均以角度数据表示,其单位为度。方位角或偏航角表示以 Z 轴为中心旋转的角度,其含义是指手机自身的 Y 轴与地磁场北极方向之间所夹的角度,即手机顶端指向与磁北方向的角度。当手机绕着 Z 轴旋

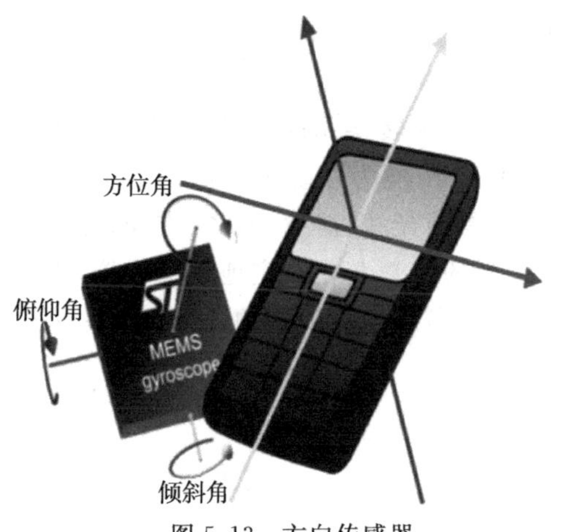

图 5.13 方向传感器

转时，该角度值将发生改变，范围是0°～360°。俯仰角表示以 X 轴为中心旋转的角度，即手机顶部或尾部翘起的角度。当手机绕着 X 轴旋转时，该角度值会发生变化，范围是－180°～180°。当 Z 轴正向朝着 Y 轴正向旋转时，该角度是正值；当 Z 轴正向朝着 Y 轴负向旋转时，该角度是负值。假设将手机屏幕朝上并处于完全水平状态，此时俯仰角度为 0°；当手机顶部缓慢抬起，直至手机沿 X 轴旋转 180°，此时屏幕变为朝下水平状态，在此过程中，该角度由 0°变为－180°；反之，若由手机底部开始抬起，直至手机沿 X 轴旋转 180°，该角度则由 0°变为 180°。倾斜角表示以 Y 轴为中心旋转的角度，即手机左侧或右侧翘起的角度。当手机绕着 Y 轴旋转时，该角度值将发生变化，范围是－90°～90°。当 Z 轴正向朝着 X 轴正向旋转时，该角度是负值；当 Z 轴正向朝着 X 轴负向旋转时，该角度是正值。

方向传感器提供的三个角度值可以帮助确定手机姿态，其中最主要的是方位角或偏航角数据，在行为识别中，依靠该角度数值的变化可以判断用户在运动行为中发生了多大程度的转向。

3. **磁传感器**

磁感应器如电子罗盘，也叫数字指南针，手机可以借助其感知用户周围环境磁场的变化，当用户在接近或进入大型用电设备或铁磁性物品时，磁场会呈现明显的波动现象。利用这一特点可以判断用户在室内特定场景下的行为趋势。微型磁传感器如图 5.14 所示。

5.3.2 原始数据预处理

利用上一节中介绍的行为数据采集流程可以获取大量的用户行为数据，将这些数据作为本书研究的原始数据，其中存在一定的误差和噪声，因此消除干扰误差和降低数据噪声是必不可少的处理。需要利用一些方法对原始数据进行预处理，在尽可能保全用户行为信息的前提下，将对行为识别效果产生影响的误差剔除。在完成以上操作后，还需要对行为数据集的特征进行提取和选择。

图 5.14 微型磁传感器

1. 行为数据误差源分析

利用智能手机传感器采集用户行为信息的方法较为便捷高效，但是行为数据中通常会含有一定的干扰噪声，而在进行数据分析和行为识别处理时，噪声的存在对其结果会造成不同程度的影响。因此，在进行特征提取与行为识别前，对采集到的用户行为数据进行预处理，降低不同来源的干扰噪声和误差对数据的影响是十分重要的步骤。以下针对行为数据采集工具获取的加速度传感器、方向传感器及磁传感器数据进行分析，研究其干扰噪声的主要来源。

对于加速度传感器而言，智能手机采集到的三轴加速度信息，包含用户行为本身产生的加速度变化和客观存在的重力加速度数据，而在行为识别中，重力加速度数值始终固定不变，对识别模型来讲不具有任何作用。因此，为了得到用户的真实行为加速度，需要提前消除重力分量。在众多的研究方法中，一阶低通滤波被认为是获取加速度传感器三轴重力分量较为行之有效的方法，用原始加速度数据减去计算得到的重力分量，就得到真正表征用户行为的加速度值。如图 5.15 所示，从 Z 轴加速度剔除重力分量前后的对比可以看出，重力加速度的剔除并没有影响加速度数据对于行为信息特征的表达。

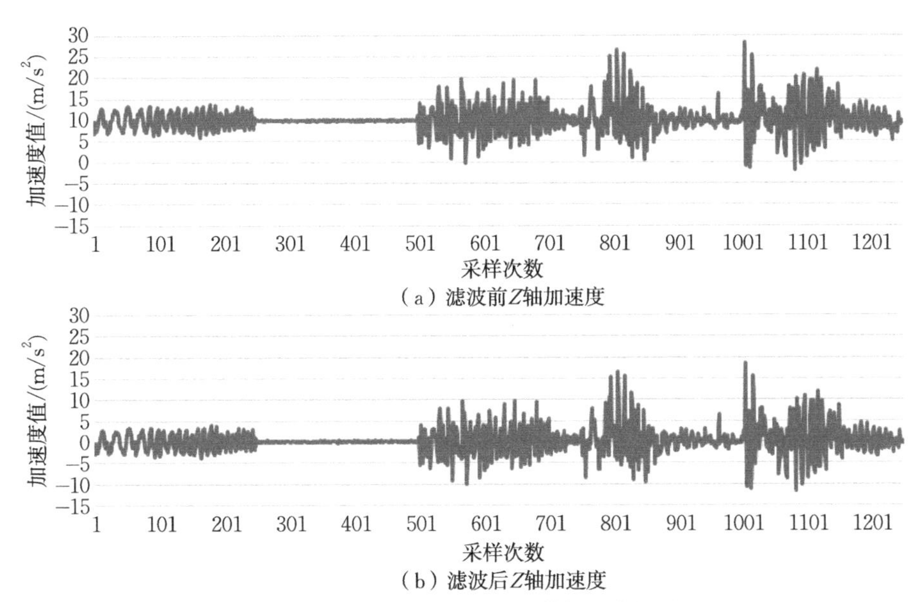

图 5.15　一阶低通滤波前后 Z 轴加速度的对比

同时，对加速度传感器和方向传感器数据而言，数据序列中经常会出现一些明显的突变值，其偏离了大部分数据所呈现的趋势，被称为野值点。野值点的产生主要是由于智能手机传感器硬件本身的不稳定性及手机操作过程中的抖动和晃动造成的。为保证传感器采集数据的准确性，在数据处理前完成对这些野值点的剔除是至关重要的。

磁传感器数据的主要影响因素是干扰磁场。磁传感器本身的各个电子元器件在设计时的位置是相对恒定的，通电后会产生一个相对恒定的干扰磁场，该干扰磁场称为硬铁干扰场。这些干扰与磁传感器的相对位置固定，因此，在磁传感器输出值上加一个定值即可消除硬铁干扰。由于磁传感器的体积较小，硬铁干扰场在传感器周围均匀分布，产生的合成磁场分量是不变的。智能手机的磁传感器在出厂前一般未经硬铁补偿，因此，在采集到的原始数据上进行硬铁补偿，可以消除铁磁性材料带来的干扰磁场的影响。硬铁补偿的公式如式(3.1)与式(3.2)所示，下面再次集中列出。

$$x_{sf}=\max\left(1,\frac{y_{max}-y_{min}}{x_{max}-x_{min}}\right)$$

$$y_{sf}=\max\left(1,\frac{x_{max}-x_{min}}{y_{max}-y_{min}}\right)$$

$$x_{off}=\left(\frac{x_{max}-x_{min}}{2}-x_{max}\right)x_{sf}$$

$$y_{off}=\left(\frac{y_{max}-y_{min}}{2}-y_{max}\right)y_{sf}$$

$$x_{v}=h_{x}x_{sf}+x_{off}$$

$$y_{v}=h_{y}y_{sf}+y_{off}$$

相对于加速度传感器和方向传感器的数据处理而言，磁传感器数据误差的改正较为简单，因此，该部分主要在数据采集流程中实现。

2. 行为数据去噪与分割

1)平滑去噪

平滑去噪作为数据预处理方法被广泛应用于基于传感器的用户行为识别中。在采集行为数据的过程中，由于各种各样的环境因素和操作因素，行为数据中通常会夹杂各种误差，为了消除误差，需要对原始数据进行平滑滤波。平滑滤波的主要方法有滑动平均滤波、中值滤波、低通滤波等。滑动平均滤波的原理是将原始数据中相邻的数据平均值作为新的数据来表达信息，因此，该方法中数据邻域大小的选择会对处理效果产生较大影响，邻域太大会使得边缘信息缺失，太小又不能达到剔除误差的效果。中值滤波的原理是采用窗口分割数据，针对每个窗口内的数据先进行排序，在新的序列中找到中间项，以此作为新的数据表征信息。低通滤波方法需要预先设置好截止频率，以此为标准，当数据信号低于该频率时得到保留，反之则剔除，通过这种操作实现隔绝原始数据中高频信号的目的。

人体动作行为的频率一般处于较低水平，正常行走行为每秒 1 步以上，而跑步行为一般不超过每秒 5～6 步，因此，可以认为人的运动行为频率为 1～5 Hz。对于能够较为明显地反映行为的加速度数据，本书研究采用一阶低通滤波方法进行去噪处理，对原始数据中的周期性干扰噪声可以起到抑制作用。一阶低通滤波处理效果如图 5.16 所示。一阶低通滤波的计算公式为

$$Output[n]=Output[n-1]\times(1-\alpha)+Input[n]\times\alpha \tag{5.5}$$

式中，$Output[n-1]$ 为上次滤波输出值；$Input[n]$ 为本次采样值；α 为滤波系数，通常 α 的值远小于 1，其大小影响着滤波方法的效果，但是 α 值的确定并没有统一的方法。

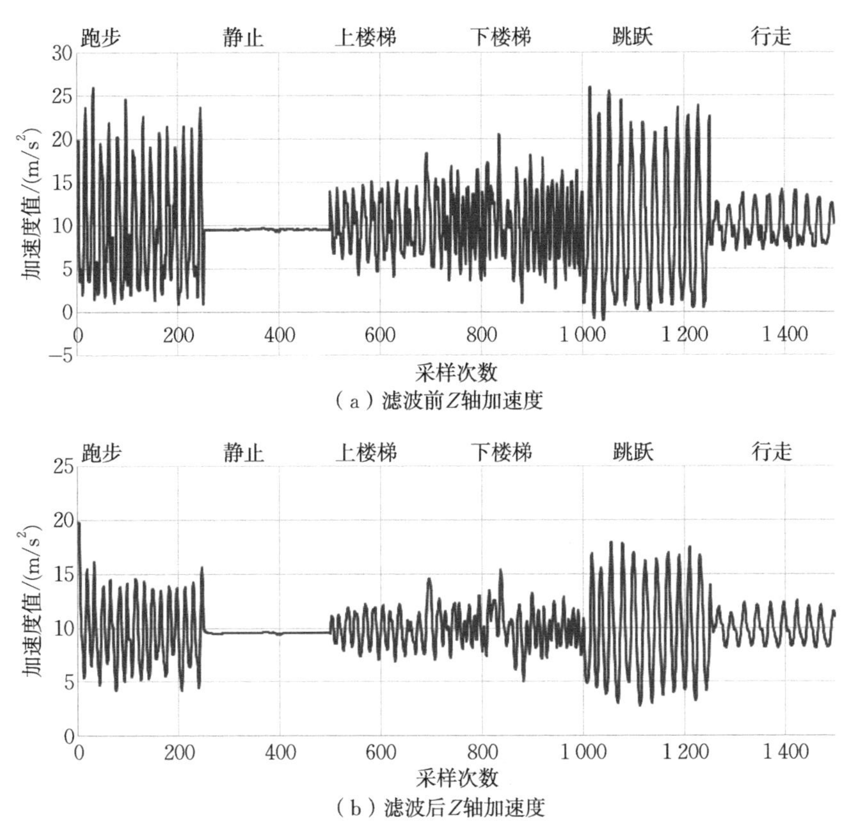

（a）滤波前Z轴加速度

（b）滤波后Z轴加速度

图 5.16　一阶低通滤波处理效果

方向传感器和磁传感器数据主要反映用户运动过程中的方向变化，以及周围环境磁场的变化情况，其中包含的高频数据分量主要由手机传感器硬件造成，对于行为识别影响不大，因此，只考虑对数据中较为明显的野值点进行剔除，主要利用滑动平均滤波方法。其计算式为

$$Output[i]=\frac{1}{w}\sum_{j=0}^{w-1}Input[i+j] \tag{5.6}$$

式中，$Input[i]$ 表示方向传感器获取的原始数据；$Output[i]$ 表示输出数据；w

表示在平均化处理中数据窗口的大小，即窗口中的数据个数。滑动平均滤波处理的效果如图 5.17 所示。

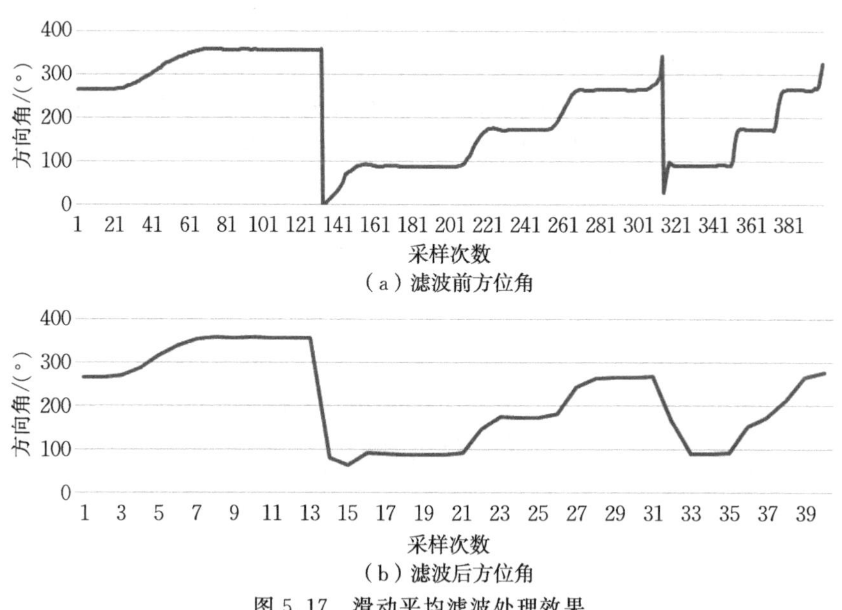

(a) 滤波前方位角

(b) 滤波后方位角

图 5.17 滑动平均滤波处理效果

2)数据分割

数据分割是指把连续数据流分割成小片段，对每一个片段进行行为特征的提取。一般来讲，数据分割可分为两大类：重叠式分割和非重叠式分割。第一种方法使用数据重叠的滑动窗口，使相邻两个片段之间存在一部分重合数据，在不同的行为之间转换时，重叠式分割是十分有用的；第二种方法是使用固定大小的窗口，无数据重叠的分割方法，降低了分割的计算复杂性，因此，当数据随着时间推移被不断检索时，这是一种很好的方法。

在本书研究中，通过智能手机传感器采集到连续的用户行为数据，其中包含用户随机进行的不同运动方式的信息。在用户行为模式发生改变时，数据流中并没有表现十分突出的分割特征点。因此，需要在分割数据的基础上提取数据特征值，该特征值作为行为识别模型的输入数据。对于大量连续且无明显分界线的行为数据流而言，采用重叠式分割的方法更有利于体现行为模式转换过程中的行为数据变化情况。

由于在数据采集阶段设置采样频率为 50 Hz，即每秒记录 50 次数据，而用户行为在 1 s 时间内很难发生剧烈变化。为了不影响特征值的提取操作，分割后的行为数据段中所包含的行为数据量应当适中，既不能使数据量较少而无法反映行为特征，也不能使数据量过大而影响模型的识别效果。因此，数据分割的滑动窗口设置为 2 s 时长，相邻窗口之间存在 1 s 时长的数据重叠，如图 5.18 所示。

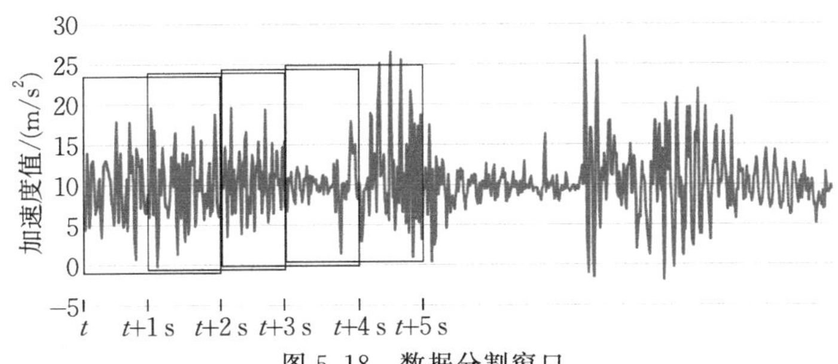

图5.18 数据分割窗口

3. 行为数据特征提取

特征提取是指在经过去噪分割处理后的行为数据中，通过计算处理挖掘出能够反映用户行为模式的信息。特征提取是将原始数据与行为识别过程相连接的桥梁，对于用户行为识别起到至关重要的作用。在本书研究中，方向传感器和磁传感器数据只是反映用户转向信息和周围环境磁场的变化情况，并不影响对用户行为模式的识别结果，因此，特征提取部分主要针对三轴加速度数据进行。

一般来讲，将原始的行为数据输入行为识别模型后，其识别效果较差，因此，需要对原始的行为数据进行特征提取，将表现行为特征的数据从原始的传感器数据中提取出来，进而确保通过训练得到正确的识别模型参数，为行为分类过程的顺利进行提供保障。特征提取从本质上讲，可以看作是从统计学角度对原始行为数据进行压缩和降维。目前时域分析法、频域分析法和时频分析法三类方法在行为数据特征的提取上得到了较为广泛的使用。

首先，利用加速度传感器获取的三轴加速度信息提取时域特征，其中最为常用的有平均值、标准差、传感器每两轴数据的相关系数等。在数据分析中时域特征值具有一定的实际物理含义：平均值作为整个滑动窗口信号的DC分量，体现了加速度数据的低频特点；标准差用来捕获不同行为间传感器数值范围的不同，表征加速度信号的稳定性，体现行为数据分布离散或集中的程度；相关系数是指每两个轴之间，协方差和标准差乘积之间的比值，相关系数特征能够表征不同维度之间的行为转换，如依靠相关系数可以将行走、奔跑和上楼区分开，因为行走、奔跑是在一个维度上转换，而上楼的行为包含了不同维度间的转换。其次，为了体现三轴加速度信号的频域特点，需要对原始数据进行快速傅里叶变换，计算处理后的数据特征值。频域特征的种类较多，下面采用基于功率谱密度的振幅均值及振幅标准差，主要针对三轴加速度传感器数据提取其时域和频域特征，包括每轴数据的均值 $\overline{X}$、标准差 σ、任意两轴的相关系数 $\mathrm{corr}(x,y)$，从而达到准确提取特征的目的。提取特征用到的公式主要有

$$\overline{X}=\frac{1}{N}\sum_{i=1}^{N}X_i \tag{5.7}$$

$$\sigma=\sqrt{\frac{1}{n}\sum_{i=1}^{n}(x_i-\bar{x})^2} \tag{5.8}$$

$$\operatorname{corr}(x,y)=\frac{\operatorname{cov}(x,y)}{\sigma_x\sigma_y} \tag{5.9}$$

$$\mu_{\mathrm{PSD}}=\frac{1}{N}\sum_{i=1}^{N}C(i) \tag{5.10}$$

$$\sigma_{\mathrm{PSD}}=\sqrt{\frac{1}{N}\sum_{i=1}^{N}(C(i)-\mu_{\mathrm{PSD}})^2} \tag{5.11}$$

通过以上计算，由原始行为数据得到其特征值，组成特征矩阵，并对其进行规范化处理。设原特征矩阵为 $\boldsymbol{F}(i,j)$，$i=1,2,\cdots,N$；$j=1,2,\cdots,M$。其中，N 为行数，即特征矩阵的样本个数；j 为列数，表示每个特征向量的维数，即根据原始数据计算而来的特征数据。则规范化后的特征矩阵为

$$\boldsymbol{f}(i,j)=\frac{\boldsymbol{F}(i,j)-\boldsymbol{M}(j)}{\boldsymbol{S}(j)} \tag{5.12}$$

式中

$$\boldsymbol{M}(j)=\frac{1}{N}\sum_{i=1}^{N}\boldsymbol{F}(i,j) \tag{5.13}$$

$$\boldsymbol{S}(j)=\sqrt{\frac{1}{N-1}\sum_{i=1}^{N}(\boldsymbol{F}(i,j)-\boldsymbol{M}(j))^2} \tag{5.14}$$

在分类识别模型中，由众多数据特征值组成的特征矩阵通常存在着维数高、数据量大的问题。在识别中，不同特征的重要程度不同，一些特征值所隐含的信息是无用的。为了降低识别模型的计算量，需要进行特征矩阵的简化。本书的研究在众多的数据降维方法中选择了主成分分析法。其具体操作是将原特征向量替换为多个无关的向量，为了达到最大限度地保存样本数据量和降低特征矩阵维度的目的，评估替换后的特征向量对识别效果的影响，按照贡献度的大小重新建立样本数据，而不至于造成原样本中主要信息的损失。通过以上方法将传感器数据特征矩阵的维数降低到 15。经过特征提取、规范化及降低维度的处理之后，得到包含用户行为信息的特征矩阵，然后再参与识别模型的训练和分类过程，从而达到识别用户行为的目的。

第6章　室内地图构建

§6.1　室内地图现状及特点

6.1.1　室内地图现状

如今，大城市里人们的室内活动时间越来越长。据日本调查研究发现，人们每天几乎90%的时间都在室内活动。同时，“室内”的范围也在不断扩大，日本东京的建筑物覆盖率已经达到了57.2%，并且这些数字仍在不断地增长。当然，中国也不例外。由于各种室内场所覆盖面积的飞速增加，许多大型室内环境的建筑结构变得异常复杂，非常不利于快速、准确地查找所需的位置信息。因此，建立大型场所的室内地图以辅助人们的室内活动就显得十分必要。

近几年，国内外学者对室内环境的定位与导航开展了大量的研究，各种定位技术已基本趋向成熟，并且实现了可应用于部分地区的商业化软件，被嵌套在手机、平板计算机里。但关于室内地图的自身设计，还鲜有人提及。由于室内地图一般嵌套在移动电子设备中，因此，室内地图属于网络电子地图的一种，但它又与一般的网络电子地图不同。主要表现为以下几个方面。

(1)一般网络电子地图的表现方式是二维的，而室内地图则多是三维的。

(2)室内地图描述的对象是有边界的，并且比例尺的意义并不明显。

(3)室内地图(如大型商场、医院、飞机场、室内运动场等)的表达方式与描述的空间环境关联性更大。

(4)不同场所的室内地图用途不同，并且不同用户对室内地图的要求差异也更大，如室内运动场的运动员与观众。

以上种种原因导致了室内地图的设计与表达有别于一般的网络电子地图，必须引起足够的重视。

目前，很多公司已经研发出相应的室内导航程序，他们通过绘制大型商场、会议中心和机场的室内地图以避免人们迷路。这种地图可以准确地告诉你如何从美食广场走到洗手间，其中一些甚至可以定位某个小卖部的沙丁鱼罐头，如Fastmall、MiceUo、Point inside等都是此类导航程序。

2011年10月13日，百度地图室内图功能正式上线。目前该功能的实现主要集中在北京、上海、广州、深圳，以商场室内地图为主。在商场等室内环境类别中，包含关注点内部精确地图和动态(优惠、服务等)信息。它不仅可以帮助用户更清晰地辨别室内地理位置,未来还可以实现查看店铺详情信息的功能。

6.1.2 室内地图设计

1. 室内地图设计的基础理论

作为一种新型的地图应用领域,室内地图设计[155-157]使传统的地图空间认知论、信息传输论和地图感受论都发生了明显的变化。首先,由原来的室外空间认知转入室内空间认知,无论是空间的结构关系还是所包含对象的属性特征都发生了很大的转变;其次,信息传输的主体不再是单一的地图产品,由于室内服务本身的特点,用户位置信息也常常被提供空间服务的地图产品所获取,因此,用户的位置信息与地图产品提供的服务信息在用户与地图之间不断地双向流动,构成了室内地图信息传输的双向性;再次,受到室内嘈杂环境的影响,用户心理活动不可避免地发生着变化,这种变化也影响着用户对地图产品的视觉感受效果,因此,室内地图的图面设计应以简单、清晰为准;最后,随着移动位置服务的发展,室内地图也只有被嵌套在移动终端上才能为人们的日常出行发挥更大作用,网络地图与移动地图[158-161]已成为室内地图发展的主要方向,因此,网络地图与移动地图的基础理论也需要被引入室内地图中来。

2. 室内地图的数据组织与处理

建筑物类型不同,室内地图的表达对象也不同。常见建筑物内部的对象有:人、电梯、楼梯、走廊、卫生间、安全通道、建筑物的边界及建筑物内的专属对象(如超市中的商品、运动馆中的座椅、火车站中的候车室等)等,这些对象既有区别又有联系,既有规律又无章法可循。例如:每一座建筑物可能都会有电梯、卫生间等,但数量与位置却不尽相同;每一座建筑物内不可能都有超市中的商品、运动馆中的运动场地或火车站里的候车室等特殊建筑物内的专属对象,但基本都会有几种具有特色的、重要的对象。因此,如何组织和处理这些数据并分类分级需要进一步研究。同时,建筑物内部的对象很多,而室内地图的主要载体(指手机、平板计算机等)的显示范围又很小,究竟哪些是用户最感兴趣的,或者哪些是用户最需要的也需要分析。

3. 室内地图的图形与模板设计

符号设计、色彩设计及表示方法设计是图形设计的基础。目前,室内地图的图形设计主要沿用室外地图的设计方法,并没有考虑室内与室外环境特点的不同、用户心理变化的不同,以及地图承载载体的不同等,这就造成了地图图面要素多,而用户需求信息不明显的现象。动态符号对用户刺激性强、形象生动,可以大量地引入到室内地图的表达中。

室内地图服务于不同的室内环境,室内环境的不同导致用户的心理变化特征差异很大。例如:图书馆的环境比较安静,读者心理上一般较为平缓;室内运动场的氛围比较嘈杂,观众心理上也较容易激动;飞机场的室内空间比较复杂,登机顾客心理上容易出现急躁的情绪。另外,从本质上讲,任何形式的地图产品都是为用户服务并用于认识和掌握客观世界的工具。因此,一种地图产品的设计离不开用户的个性化需求,单一、机械的地图产品不仅很难给人以美的享受,更重要的是它也不适合多样化的室内建筑风格的设计要求。因此,将室内地图按照建筑环境及用户需求的不同来分类,建立多用途、多环境下的室内地图设计模板,对于用户快速、准确地认知室内空间是非常必要的。

4. 室内地图的交互设计

交互设计是随着电子地图,特别是网络地图而兴起的一种地图设计模式。交互设计主要体现在地图的界面组织、地图操作习惯、制作流程等方面。如图 6.1 所示,中间一列从上到下依次是交互设计中所需关注的不同交互要素,交互要素所指向的即为对应的设计方式。

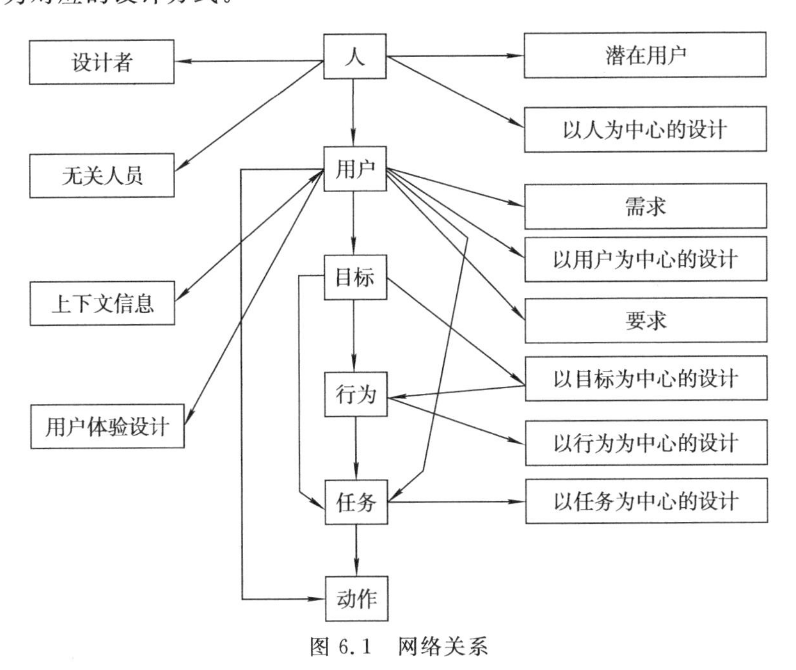

图 6.1　网络关系

交互设计方式一般分为以用户为中心的设计、以目标为中心的设计和以任务为中心的设计三种。考虑室内环境与用户需求的特殊性,室内地图的交互设计需要融合以上三种设计模式,以室内环境即目标导向为基础,兼顾用户的行为及目标特性,才能建立完善的室内地图交互设计模式。

5. 室内地图的设计理念

与纸质地图一样,室内地图设计也离不开信息数据的处理、地图符号的设计、整体效果的设计及表示方法、内容的研究等一系列地图设计流程。但进入信息时代与网络社会,物联网、智慧地球成为全社会关注的热点,移动通信、移动定位、移动网络、智能终端成为社会基础设施的重要构成。作为指导人们室内活动的地图产品,室内地图究竟怎样设计才能为这个信息社会发挥更大的作用,本书认为设计理念起着至关重要的作用。其中,设计理念可以理解为室内地图设计的基本思想、最终目的或根本宗旨。

向用户提供信息服务是地图设计的根本宗旨。从社会产业的发展来看,位置信息服务已成为现代服务业的重要构成之一,也是未来移动应用的第二大发展方向,而其中的关键之一则是对高精度、多视角的位置地图的需求。因此,室内地图的设计也应该以向用户提供基于位置的全方位室内服务为根本目的,实现以位置为基础、以用户为中心、以服务为宗旨的室内地图产品。

随着移动存储设备的迅猛发展,地图产品,特别是基于互联网运营的电子地图给传统的纸质地图带来了巨大的冲击,人们越来越倾向于使用自己的移动存储设备——手机进行导航,因此,室内地图的发展也应当把基于网络的移动电子地图作为自己的研究重点,而不是停留在制作商场的指示牌上。

以前,地图设计一直以地图制图者为中心,较少考虑用户的特征,特别是用户的个性化行为,如今人们已逐渐认识到这个问题,将用户行为逐步引入地图设计的各个环节中。而对于室内地图的设计,由于不同的室内环境迥然有异,甚至同一场所的不同用户需求也差异明显,因此,室内地图的个性化设计不仅关系到用户的行为特征,还关系到室内环境的结构特点,即只有将两者结合起来,建立其基于用户行为与室内环境的双重中心,才能设计出更加合理的产品。

由此可见,室内地图设计必须以不同室内环境的空间属性特征为基本出发点,以建立基于网络运行的移动电子地图为根本途径,以提供用户个性化、全方位的基于位置的信息服务为最终目的。

6.1.3　室内地图的特点

随着互联网、移动通信、移动定位及智能移动终端的普及与应用,位置服务已成为构建智慧城市、实现智能交通、应对自然灾害、提供公共服务等的重要基础支撑。其中,高精度的位置地图是促进位置服务发展的关键。而随着室内定位技术的发展,位置服务已从室外拓展到室内,室内地图成为室内位置服务的重要支撑工具。室内空间(如大型购物中心、博物馆、展馆、会议中心、机场、火车站、地下车库等)结构复杂多变,并且有多楼层、悬空阁楼和廊道等。因此,室内地图采用何种表示方法,才能科学有效地表达室内空间要素,更好地引导人们快速进行室内导航和应用,是目前室内智能位置服务研究的重点问题。关于室内地图的表示方法,国内外学者已经进行了大量的研究实践,并且取得了相应的成果。

总体上，目前室内地图表示方法还比较单一，大多用平面结构图或示意图，视觉效果参差不齐。对于室内地图到底需要表示哪些要素、如何表示等一系列理论和方法问题缺乏系统研究，缺少统一的指导原则和标准，这直接影响室内地图的应用效果和信息获取程度，难以满足室内智能位置服务的需求。

地图是按一定的数学法则，以图形、文字相结合的符号系统表示人类所认识的自然、人文环境的一种记录方式。既然室内地图也是地图的一种，它就应该符合现有地图的基本特征。但由于室内地图表达的空间是特殊的封闭建筑物，其数学基础、符号体系、表示内容等又有着不同之处。

室外地图表示的是室外开阔的空间，主要表达自然、人文环境，如地形地貌、人口、经济、农业等。室内地图作为室外地图的一种延伸，所表达的是室外地图中看不见的室内密闭空间下的建筑内部结构特征、物象分布特征等。这就造成了两种地图空间认知特征、表示内容、数学基础等根本上的不同。室内空间没有了路网的概念，而着重体现的是建筑物内部各建筑空间的面域，一个个面相互夹合而成的空白区域就成了人们可以自由行走的廊道；室内空间还有了多楼层的情况，相当于在一个大的空间中又有着很多层次的小空间；另一个重要的区别就是室内空间内的一些重要节点信息，如建筑物出入口、楼梯位置、门的位置等，都是要着重表示的，而这些在室外空间都是不重要的信息点或不需要表达的。

室内地图空间认知特点与室外地图不尽相同。在室外，人们基于地图的认知采用的是绝对坐标系，而室内只存在一个相对的位置，人的参考框架是前后、左右、上下，不能用室外东、南、西、北的方式描述方向。人们在使用室内地图定位时，需要将由室内地图生成的数字地图旋转到与室内实地方位一致，而这无疑会增加用户对室内空间及其物体认知的时间，尤其对于那些没有经验的用户而言，还经常容易搞错方向。室内空间与室外空间相比，范围小、几何特征较为明显。但是由于建筑物本身内部结构不同，加上楼层、楼梯、电梯、墙壁及复杂的通道，就会遇到楼层多次转换、方向频繁变换的问题，室内空间及各空间之间的关系变得纷繁复杂。这种复杂的室内空间特点会对室内定位、定向、路径寻找产生较大的影响，从而影响人们的认知效果。相对于室外，用户要额外承受对超链接及其内容的认知负担。

根据室内空间的基本特征，室内地图是按一定的数学法则，以图形、文字相结合的符号系统表示封闭、有限空间内的结构分布和地理信息的一种地图。其主要研究内容是那些大到足以让人迷路、空间结构复杂的大型场馆内部，各要素的空间分布及相互关系的图形表达方法和导航服务模式。由于室内与室外地图表达的空间环境不同，室内地图表示内容和表示方法与室外地图既有相同之处也存在很多差异。因此，如何表达室内空间的点、线、面和体，需要设计新的数据组织和图形表达方式。

§6.2 室内地图构建方法

室内地图也是地图的一种,其表示方法也与传统地图的表示方法有着相同之处,也可以分为二维表示法和三维表示法。

6.2.1 二维室内地图表示法

室内地图二维表示法主要包括:定点符号法,线状符号法和面状符号法[162-163]。

定点符号法用于表示具有固定位置的点状个体现象,如电梯、电话亭、自动取款机等。每个符号代表一个或一种地物或现象,这是一种不依比例尺的符号(按比例尺不能表示轮廓和形状),可以表示制图对象的分布位置、质量和数量特征。

线状符号法用于表示呈线状分布的地物,如建筑边界、室内各区域边界、路径指引、室内的网线和电缆等。线状符号的长短和位置与制图对象对应,而以符号的形状、亮度和颜色表示制图对象的质量特征,以粗细表示制图对象的数量差异。

面状符号法是用界线、符号或网纹、颜色表示制图对象的分布范围,如室内各种商铺、餐厅、休息区等。面状符号由范围界线和区域组成,因此,具体表示方法有表示范围界线、范围界线加底色、范围界线加符号、面状网纹符号、单个符号等形式。范围界线也有形状、粗细与颜色的不同,需要根据制图对象分布的具体特点来选择面状符号法的具体表现形式。

6.2.2 三维室内地图表示法

三维室内地图是今后室内地图的重要发展方向,其表示方法主要分为两种:一种是通过三维建模软件建立的三维实体模型来表示地图要素,称为实体模型表示法;另一种则是通过平面设计软件制作的二维透视图来表示制图区域,一般称为几何透视表示法[164-167]。

实体模型表示法一般用于表示室内详细、逼真的地物特征,由于三维模型具有交互、旋转漫游及浏览等特性,用户可以根据自己的需求对地物的特征做分析和研究。这种表示方法也有两种形式:一种是通过颜色面块表示地物,另一种是通过详细建模后贴图表示[168-169]。用颜色面块来表示地物是针对不同的地物进行分类颜色设计,使用户在阅读地图时,更易于理解不同类型的地物分布特征,也更容易找到自己感兴趣的区域,适合做较简单的分析研究。通过详细建模并贴图的方法,大部分是做室内设计的分析,将楼梯、房屋、门、电梯甚至是桌子、椅子等模型都绘制出来，并贴上逼真的照片纹理；这样的表示方式可以使用户看到建筑的所有细节特征，可以身临其境地漫游浏览。例如：室内装修设计时的效果图不仅采用真实纹理贴图，并且把各种细节的模型都绘制出来，便于设计者能更好地对设计效果进行调整。这种纹理贴图的方式运用在机场、商场、医院等室内地图中，也会使用户对复杂的室内环境有更好的认知。

几何透视表示法是对二维室内地图的一种美化，不仅样式更加新颖美观，而且增加了空间感，更有利于对空间的认知和分析。这种透视表示法广泛用于商场的室内示意图中。这种表示法也有色块和纹理两种表示地物的方式。由于用透视法表示的室内地图大多是示意性的，所以采用色块表示地物的方式较多；纹理表示方式中的纹理也并不是照片贴图，而是手工绘制的类似纹理[170-171]。

室内空间具有封闭、多层的特点并采用相对地理方位，这决定了室内地图的表达存在一个由外到内、由多层到单层的层次关系，不同层次的地图上表示的内容及表达形式都是不同的。因此，理论上室内空间最好是根据不同尺度、不同层次采用二维、三维表示法相结合的形式，这样可以真实反映室内各个层次及地物的详细特征。

6.2.3 SLAM 构图方式

同步定位制图(simultaneous localization and mapping，SLAM)逐渐成为机器人研究领域的热点问题，被认为是实现移动机器人自主化的核心技术。

同步定位制图本质上是一个系统状态(包括机器人当前位姿及所有地图特征位置等)的估计问题[172]。从这一角度，其求解方法可大致分为基于卡尔曼滤波(KF)的方法、基于粒子滤波(PF)的方法、基于图优化的方法三类。

基于 KF 和 PF 的方法主要依据递归贝叶斯状态估计理论。在从初始时刻起到当前时刻 t 的观测信息及控制信息均已知的条件下，对系统状态的后验概率进行估计(由于 PF 方法是一种非参数化滤波器，这里将其单独作为一类)。根据后验概率表示方式的不同，提出了多种基于卡尔曼滤波的方法，如 EKF-SLAM 方法、UKF-SLAM 方法、扩展信息滤波(extended information filter，EIF)方法、稀疏扩展信息滤波(sparse extended information filter，SEIF)方法。基于卡尔曼滤波的方法，在满足高斯分布假设、系统的非线性较小时，能获得较满意的效果。基于粒子滤波的 SLAM 方法中具有代表性的算法包括基于 Rao-Blackwellized 粒子滤波器即 RBPF 方法。该方法假定地图特征点之间彼此是独立无关的，仅通过机器人的轨迹关联，将 SLAM 问题分解成机器人路径估计和地图部分共两个后验概率的乘积形式。通过分解使基于粒子滤波的 SLAM 方法的计算效率大大提高。有学者基于 RBPF 提出了 FastSLAM 方法，并通过进一步优化提出了 FastSLAM 2.0 方法。FastSLAM 是基于粒子滤波的 SLAM 方法的代表，国内外不少学者在此基础上,对该方法进行了局部改进和完善,使该方法在室外小规模环境下也能得到比较满意的效果。与基于卡尔曼滤波的方法相比,FastSLAM 方法能用于非线性系统。基于递归贝叶斯状态估计理论的方法与卡尔曼滤波方法具有相似的计算框架,即根据机器人系统的运动模型和传感器的观测模型,在隐马尔可夫模型(HMM)的假设下,实现系统状态的预测更新和观测更新,并且可以实现地图的在线更新,具有较好的实时性。但这类滤波方法多采用增量式的地图创建过程,由于系统参数和传感器观测等存在的不确定性,会造成误差的逐渐累积,最终可能导致地图的不一致性。在大规模环境中应用时,基于递归贝叶斯状态估计方法很难保证地图的一致性和精度。

随着 SLAM 问题研究的深入,其应用逐步从小规模环境向大规模环境发展。基于图优化的 SLAM 方法,由于采用了全局优化处理方法,能获得更好的地图构建效果,是大规模环境下 SLAM 问题的主要研究方法,也是目前国内外学者研究的热点方法。

国外学者对该类方法的研究非常活跃,但国内学者对该类方法的研究相对较少。针对这一现状,本书对该类方法的建模原理、基本实现框架等进行介绍。基于图优化的 SLAM 方法涉及的内容较多,国外一些学者通常将这类方法划分为前端和后端两大部分。前端主要解决地图的构建问题,而后端则主要是基于图的优化估计。这一划分有助于理解基于图优化的 SLAM 方法的基本框架,因此,本书也遵循这一划分方法。值得一提的是,在现有的图优化方法概述文献中,绝大多数研究集中在后端的优化方法上,并假设前端的地图构建过程已经完成。但在本书中,作为一个完整的 SLAM 系统,前、后端是密不可分的。

本书主要对基于图优化的 SLAM 方法的建模基础(三种图描述方法)、帧间数据关联和环形闭合检测方法等进行总结。由于数据关联和环形闭合检测与系统所使用的传感器有关,本书仅侧重于视觉的方法。除了对上层的方法进行分类介绍之外,也对特征提取、特征匹配、运动估计、环形闭合检测等内容的具体方法进行总结,并在对相关方法的介绍中加入了最新的研究成果,目的在于让读者对该类方法有一个全面而具体的了解。

6.2.4 EyesMap 3D 平板

EyesMap 3D 平板是一款具有革命性的新测量设备,它可以进行坐标计算,实时计算对象和环境体的面积,而且可以进行快速三维建模。该设备是由性能强大的平板电脑和两个集成摄像头,以及一个深度传感器、一套惯导系统、一套卫星定位系统和其他设备等共同构成,如图 6.2 所示。

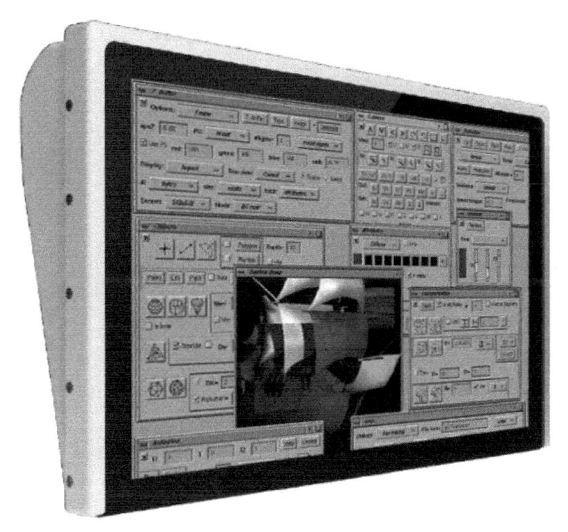

图 6.2 EyesMap 3D 平板

1. 测量方式

(1)直接在屏幕上测量。EyesMap 3D 平板系统可以实现实时测量。采集目标影像,选取需要测量的目标点、距离或表面进行量测,这些都会自动计算并显示在屏幕上。

(2)三维景深实时扫描。EyesMap 3D 平板内置有深度传感器,它提供了一种有效的方法能快速、便捷地捕获点云,并可以对室内场景、房间、人或物体进行扫描。

(3)采用三维摄影测量的精确扫描。EyesMap 3D 平板系统可以迅速生成高密度和高精度点云。建筑物或者硬币大小的物体可以 100% 自动建模,物体的纹理也能够被准确地捕获。同时,该系统也可以处理来自其他相机的图片。

(4)全自动生成正射影像。EyesMap 3D 平板系统可以标记控制点坐标,定义参考坐标系,通过多张影像自动生成正射影像。

2. 应用领域

EyesMap 3D 平板具有很广泛的用途,可以应用于测绘学、考古学、土木工程与建筑、犯罪现场调查、建筑学、动物学、室内设计、三维工业、医疗、三维视频与游戏、生物学、艺术、林业、形态学、车祸事故现场调查等诸多行业。

EyesMap 3D 平板可以应用于室内环境的扫描及室内建模。图 6.3 为 EyesMap 3D 平板对室外墙壁进行扫描的结果,然后运用相应软件进行建模的效果如图 6.4 所示。

图 6.3 室外墙壁扫描数据

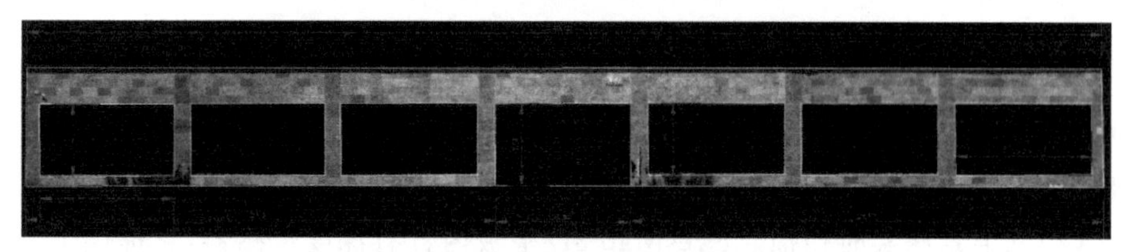

图 6.4 室外墙壁扫描数据建模效果

其室内扫描效果如图 6.5 所示，建模处理效果如图 6.6 所示。

图 6.5 室内楼梯扫描数据

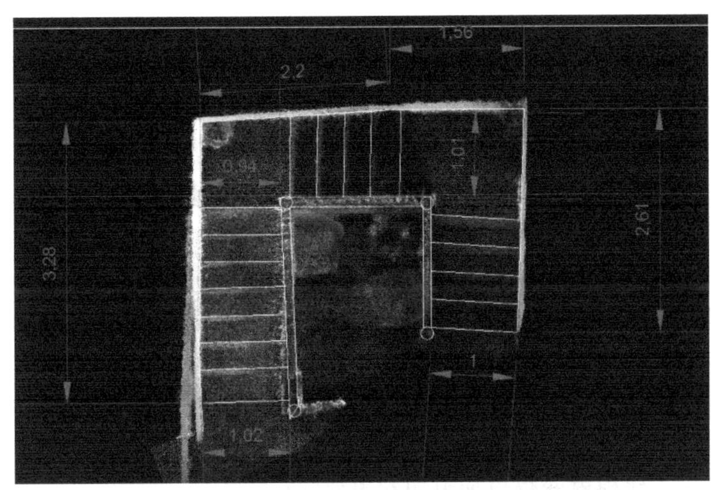

图 6.6　室内楼梯扫描数据建模效果

6.2.5　全息位置地图

在泛在信息和大数据环境下，信息彼此之间分散孤立，传统电子地图难以承载和综合利用泛在信息。大数据改变了人们关于传统电子地图功能服务的思维模式，从苛求地图的精确性转向精确与模糊混杂的共存，从追问因果关系转而追求相关关系。地图功能的丰富、拓展与演变需要一种新型的地图产品，以满足现代社会人类的位置信息服务需求。全息位置地图是泛在信息环境下以位置为核心实现多维时空动态信息关联，提供泛在空间信息智能服务的新型地图。其中，多维动态场景建模是全息位置地图创建位置的本体，是汇聚、关联、分析、传递和表达与位置相关的泛在信息的过程，同时也是全息位置地图基础数据建模的基础。本节面向全息位置地图室内多维动态场景建模需求，在室内空间语义划分的基础上，定义了室内空间语义概念、概念属性及概念之间的关系集合，在此基础上提出面向全息位置地图的室内空间本体建模方法，并实现了一种室内空间本体建模工具。

泛在信息、语义位置和多维动态场景是构成全息位置地图的三大要素。泛在信息是全息位置地图的数据来源，涵盖地球表面的基础地理信息、独立地理实体

（如建筑物）的结构信息、地理实体间的关联信息、各行业的信息、人的自身及其喜好信息等。语义位置是全息位置地图关联与融合泛在信息的手段，根据具体应用在时态、主题、层次、粒度等方面的需求，泛在信息能够直接或间接地与语义位置关联形成特定事物或事件的总体信息。在现实世界中，语义位置既可以是坐标、地名、地址等表达的直接位置，也可以是结合距离、方位、拓扑等空间关系描述的间接位置；在虚拟空间中，电话号码、IP 地址、统一资源定位符（uniform resource locator，URL）等同样可以指示用户登录或者发表信息的位置。多维动态场景是以位置为核心，关联、分析、传递和表达泛在信息的多维地图承载物，可以是影像图、全景图、三维模型、激光点云及其他信息表达形式，为全息位置地图提供位置及位置相关泛在信息的自适应表达。从三大要素的作用可知，多维动态场景是构建全息位置地图的基础，并且由于人类 80%～90%的时间处于室内环境，室内环境的多维动态场景建模就变得更加迫切和重要。

本节面向全息位置地图的室内空间本体建模方法，提出了一种新的室内空间语义划分，定义了室内空间的语义概念、概念属性及概念之间的关系集合，并采用室内空间本体进行形式化表达；设计了一种室内空间本体建模工具，采用可视化方式，利用本体知识库进行室内空间多维动态场景建模。

1. 室内空间语义划分

结合全息位置地图的语义位置要素，从功能和结构两个方面对建筑物室内空间进行语义划分，如图 6.7 所示。在室内空间功能层面，结合人们对室内空间的认知，将室内空间语义划分为四类：入口、容器、障碍物、连接。在室内空间结构层面，对上述四类室内空间进行以下分类和定义。

（1）入口分为连接室内外入口、连接室内入口和虚拟门三种。连接室内外入口指位于室内外过渡空间的节点对象，负责连接室内外空间，如建筑物的出入口和窗户；连接室内入口指连接室内不同功能空间的节点对象，如房间的门、窗户和门洞等；虚拟门是人为设置的连接不同室内空间的虚拟节点，在现实世界不存在相应的建筑结构，如室内大厅中黄色分割线。

（2）容器是室内的功能空间对象，主要功能是包含其他对象，包括楼层、房间、子空间、通道四类。其中：楼层是建筑物内部最大的容器，包含其他三类功能空间；房间是楼层中完全封闭的功能空间；子空间是半封闭的功能空间，如学生机房的机位、办公室的隔间；通道则是完全开放的功能空间。按照空间延伸方向，通道可以分为水平通道和垂直通道。水平通道包括走廊、大厅、电动步道、斜坡；垂直通道跨越多个楼层，包括逃生梯、楼梯、自动扶梯和电梯。

（3）障碍物包括建筑家具、建筑施工和移动对象三类。障碍物语义主要应用于室内导航，是能够阻碍用户在室内通行的对象或结构。对于不同的导航对象而言，同一对象既可能是障碍物，又可能是非障碍物。例如：室内建筑施工产生的“小沙堆”，对于身体健康的导航用户是可以跨越的非障碍物，但是对于腿脚不便的导航用户则是无法通行的障碍物。因此，障碍物的定义需要结合具体的室内导航上下文，以便在路径规划时考虑是否需要避让。

(4)连接指两个室内空间之间的连通，如楼梯是两个楼层之间的连接，门是房间和走廊之间的连接。

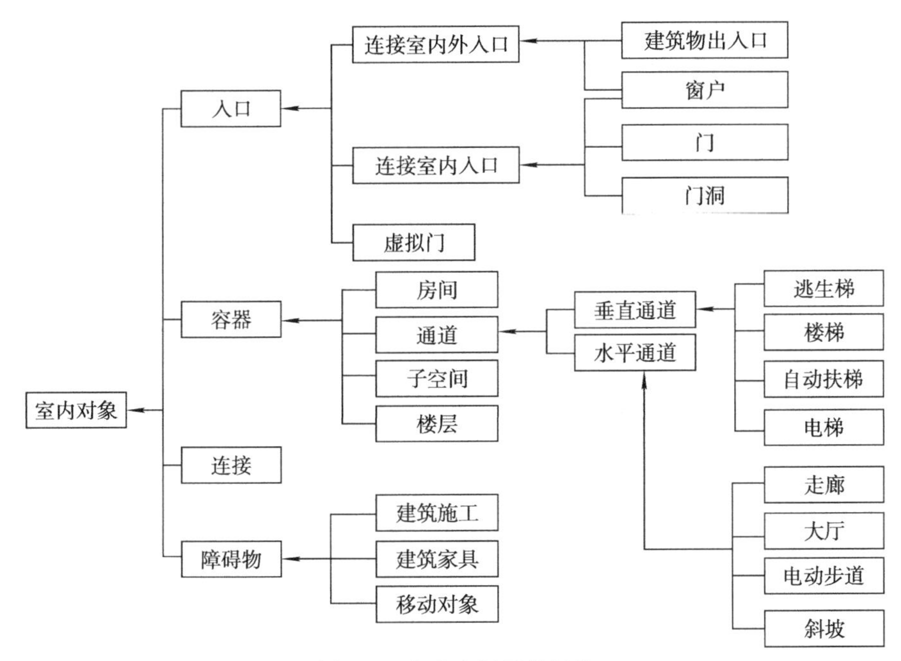

图6.7　室内空间语义划分

2. 室内空间本体建模

本体是在某个知识领域中明确规范的概念和关系的描述。考虑本体在语义和关系表达方面的优势，室内空间本体建模方法采用网络本体语言(web ontology language，OWL)对室内空间语义进行形式化表达，进而获取了一组室内空间本体概念集合。针对本节所提出的室内空间本体概念，设计了如表6.1所示的本体概念属性集合，包括室内空间的几何表达(矢量和栅格)、形状、材质、用途、权属等属性。例如：房间的属性有房间的ID(包括二维和三维)objID_2d和objID_3d、房间的名称name、房间所在的建筑物编号buildingNo、房间所在的楼层编号levelNo、房间的用途usage、房间的权属信息owner、房间的类型objectType、房间标注点的栅格行号objectLocationRow、房间标注点的栅格列号objectLocationCol等。

表 6.1 室内空间对象本体的属性集合

属性名称	类型	说明
objID_2d	32 位无符号整数	室内对象在二维空间中的标识编号
objID_3d	32 位无符号整数	室内对象在三维空间中的标识编号
name	字符串	室内对象名称
objectType	8 位无符号整数	室内对象类型
levelNo	16 位有符号整数	楼层编号
buildingNo	32 位无符号整数	建筑物编号(可能是不同建筑物之间的连接体,也看作是建筑物)
usage	字符串	对象的用途
owner	字符串	对象的权属信息
functions	字符串	功能
height	单精度浮点型	高度
width	单精度浮点型	宽度
levelRasterMap	字符串	楼层的栅格图(用字符串表示文件名)
box2D	32 位无符号整数	二维几何对象的最小外包矩形
box3D	32 位无符号整数	三维几何对象的最小外包矩形
objectLocationRow	32 位无符号整数	标注点的栅格行号
objectLocationCol	32 位无符号整数	标注点的栅格列号
objectImportance	8 位无符号整数	同一类对象的粒度(重要性),缺省为 0
2DGeometry	32 位无符号整数	二维几何对象——Geometry(点、线、面)
3DGeometry	32 位无符号整数	三维几何对象——Geometry(体或组)
houseNumber	16 位有符号整数	空间对象所对应的房间号
doorDirection	8 位无符号整数	开门方向(出、入、出入、应急)
breast	单精度浮点型	窗户底部到地面的高度
hole	布尔值	窗户没装玻璃,只有洞
glass	布尔值	窗户已装玻璃
connectRelation	字符串	垂直通道楼层间的连接关系
stairwayDirection	8 位无符号整数	楼梯方向(上、下,上下)

在建筑物内部、地下等室内空间中,人们很难分清东、南、西、北的具体方位,因此,方向关系在室内空间起到的作用有限。针对提出的室内空间语义划分,本书主要定义了室内空间概念的拓扑关系,包括相邻(adjacent)、垂直(vertical)、对面(opposite)、相交(intersect)和包含(contain)五种,如表 6.2 所示。在室内空间中,相邻关系主要是房间、子空间和水平通道三种本体概念类及其子类之间的关系,如"202 房间"与"204 房间"相邻、"5 号机位"与"7 号机位"相邻等。垂直关系是任意两个室内空间本体概念在垂直方向上的序列关系,包括楼上和楼下两种,如"202 房间"在"302 房间"楼下、"1 号大厅"楼上是"5 号会议室"。对面关系主要描述房间、子空间、障碍物三类本体概念之间的关系,如"202 房间"在"203 房间"对面等。

相交关系主要描述垂直通道与容器之间的关系，如“1 号楼梯”与“2 楼和 3 楼”相交。包含关系主要是容器概念及其子类的自我嵌套，以及容器概念与入口概念之间的关系，如“1 楼”包含“101 房间”、“102 房间”包含“3 号机位”、“203 房间”包含“4 号门”等。

表 6.2　室内空间概念的拓扑关系

空间关系名称	描述
相邻(adjacent)	两个本体实例的空间结构位于同一楼层，并且几何上至少有一个公共边
垂直(vertical)	两个本体实例位于不同的楼层空间，并且在同一平面的几何投影相交
对面(opposite)	两个本体实例的空间结构与同一水平通道相连，并且位于水平通道两侧，相互之间位于直观可视范围
相交(intersect)	两个本体实例的空间结构存在交叉
包含(contain)	一个本体实例的空间结构在另一个本体实例的空间结构内

3. 室内本体语义建模工具

考虑很多本体建模工具在进行大规模本体建模时代价较大，并且本体概念之间的关联关系缺少直观表达，室内空间本体建模方法提出了一种基于地图的室内空间本体建模工具。利用已建立的室内空间本体知识库，采用地图可视化的方式对室内场景进行本体建模，能够实时地表达本体实例及实例之间的关联关系。

该工具包括五部分：实例面板、地图面板、查询面板、本体面板和结果面板。实例面板用于录入本体实例信息，编辑本体实例的数据属性与对象属性。地图面板分为二维地图与三维地图：二维地图是将室内地图矢量图储存在空间数据库中，并使用地图服务器将空间数据库中的矢量地图发布为网络地图服务(web map service，WMS)与网络要素服务(web feature service，WFS)，最终在工具中调用该服务来显示地图并与地图进行交互；三维地图是使用 3ds Max 构建实验室内的三维模型，并通过三维引擎控制三维模型并与用户交互。查询面板可以在地图面板的右上角选择不同的楼层和不同的地图要素。本体面板主要用于显示室内空间本体知识库。该工具的建模流程如图 6.8 所示。首先建立室内空间的二维和三维地图场景，确定室内空间对象的数据组织结构及对象间关联关系，建立室内本体知识库；然后基于场景获取本体概念及实例，判断是否有可用知识库，若有，则可视化构建本体，否则需要录入本体概念及实例。

针对全息位置地图室内场景建模的需求，提出了基于室内空间语义划分的室内本体建模，并设计了基于室内本体的语义建模工具。该工具采用地图可视化的方式实现室内本体的构建，包括本体的对象属性和数据属性，能够有效支持室内空间泛在信息的语义查询，以及在二维和三维地图场景中显示查询结果。

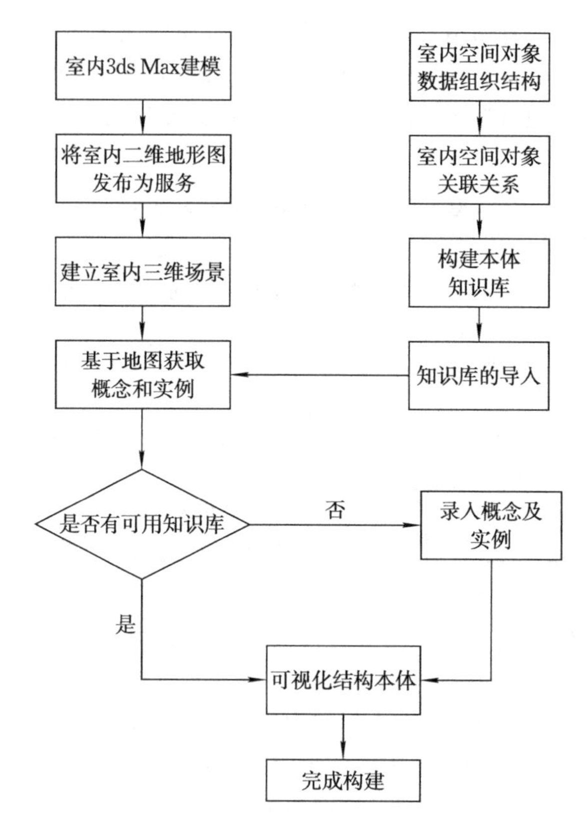

图 6.8 基于本体的室内空间语义建模工具的建模流程

§6.3 SLAM 室内建模

6.3.1 SLAM 技术发展历程

如图 6.9 所示，给出了即时定位与地图构建(SLAM)技术的发展历程。在 1986 年以前，还未形成 SLAM 的概念，只在地图已知的情况下研究定位问题。1986—1990 年，Smith、Self、Cheeseman 等对该问题进行了大量研究，并明确地定义了 SLAM，因此，SLAM 也称为并发建图与定位(concurrent mapping and localization，CML)。

扩展卡尔曼滤波器(EKF)模型主导时期：Castellanos 等提出的基于图像和激光在 EKF 框架的算法是以激光为主的定位；SeS 等利用双目相机，提出在 EKF 框架下通过特征点运动估计的算法；Davison 利用单目相机，最早提出在 EKF 框架下的实时 SLAM 系统，成为之后许多单目系统的鼻祖。但是 EKF 的方法具有一定的局限性，因此，又提出了粒子滤波(PF)、Rao-Blackwellised 粒子滤波器(RBPF)、无损卡尔曼滤波(UKF)等改进的方法。

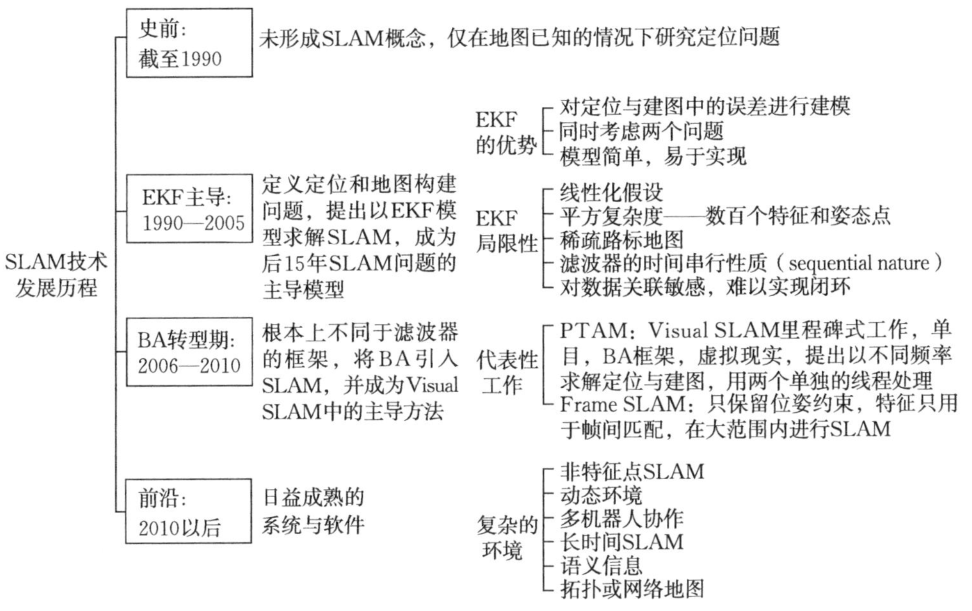

图 6.9　SLAM 技术发展历程

光束平差法(bundle adjustment，BA)转型期：源于摄影几何的 BA 算法，用于优化所有帧位姿约束的误差。2000 年，运动恢复结构(structure from motion，SfM)被引入 SLAM 算法中。在计算机视觉领域，SfM 技术与 SLAM 技术类似。早期的 SfM 技术一般是离线处理，后来研究出实时 SfM 技术并应用到 Visual SLAM，代表性工作主要有平行跟踪与地图构建(parallel tracking and mapping，PTAM)和 FrameSLAM。

到 2010 年之后，SLAM 技术进入前沿阶段，涌现出大量成熟的系统和软件，也随着各种传感器的发展，形成了大量研究成果，如 HectorSLAM、Orb-SLAM、LSD-SLAM、SVO、RGB-D-SLAM v2 和 DTAM 等。

6.3.2　SLAM 室内建模原理

1. SLAM 算法

SLAM 算法主要分为三大部分：前端、后端、地图创建。其中，前端又叫跟踪或前端建图，跟踪又可以分成 odometry 和 loopclosure。而 SLAM 算法按照传感器的不同主要分为三大类：基于相机的 SLAM 算法、基于深度相机的 SLAM 算法、基于激光的 SLAM 算法。常用的传感器有单目相机、双目或多目相机、全景相机、深度相机(RGB-D 数据)、二维转轴雷达、可穿戴设备等。其中，基于激光的

SLAM 算法研究较早，理论和工程均较成熟。

本节以 RGB-D-SLAM 算法为例，介绍 SLAM 算法的关键步骤。前端主要包含特征点提取和特征点匹配及运动估计。后端主要是优化部分，研究人员提出了通用图优化算法(general graph optimization，g2o)，一个用于求解图优化问题的 C++框架，专门用于求解图优化问题。g2o 框架中包含了 3 个线性求解器 CSparse、CHOLMOD 和 PCG。CSparse 和 CHOLMOD 求解器是基于楚列斯基(Cholesky)分解的方法，PCG 是采用雅克比块预条件件器进行迭代的方法。这些求解器都包含了传统的高斯-牛顿(Gauss-Newton)或利文贝格-马夸特(Levenberg-Marquardt，LM)迭代优化方法的思想。使用 g2o 框架包含的求解器求解这个问题时，会给每一个时刻的位姿一个初始估计值，保持求出的关键帧之间的运动关系不变，然后用梯度下降的方法来迭代，从而求解出使目标函数最小的优化变量。优化结束后将会得到机器人全局优化后的位姿、运动轨迹。在地图创建部分，RGB-D-SLAM 方法获得的地图是彩色点云图，创建过程是把关键帧对应的点云放置在同一个坐标系下的过程(图 6.10)。创建完成后可以对点云地图进行滤波、降采样处理，分别用于保持精确度和节省存储空间。

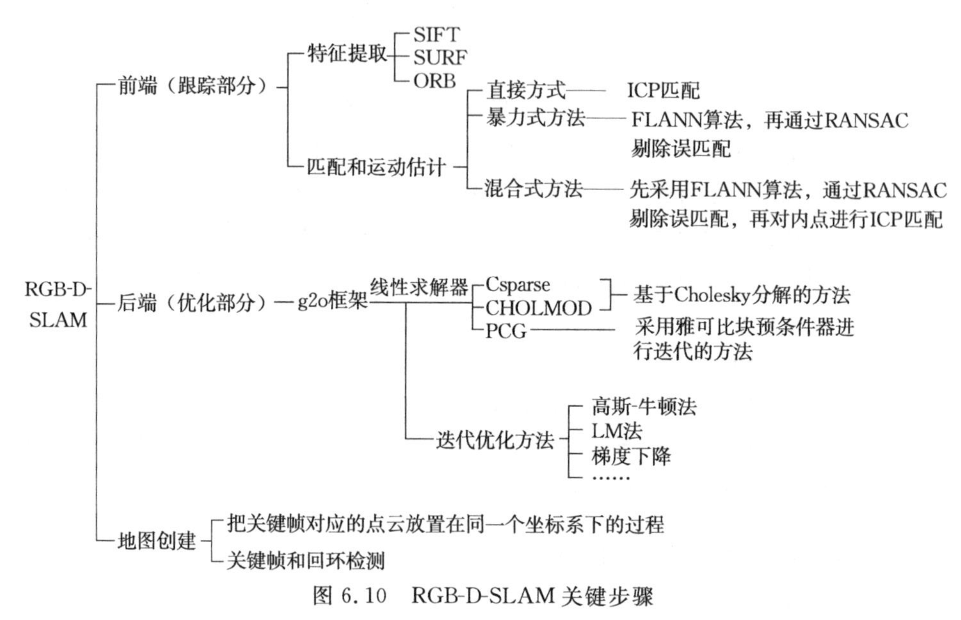

图 6.10 RGB-D-SLAM 关键步骤

按照算法处理的各个关键步骤的不同对 SLAM 技术进行划分，可以得到如图 6.11 所示的技术分类。

2. 基于 SLAM 算法的地图构建

路标地图(landmark map)由环境中的三维特征点组成，如单目 SLAM 中基于特征方法构建的地图。其构建方法：根据摄像机模型，把图像二维特征点投影到世界坐标系下变为三维点。该地图的优点为占存储空间少、易扩展、易满足实时创建要求，缺点为稀疏，可能导致无法识别地图中的内容。

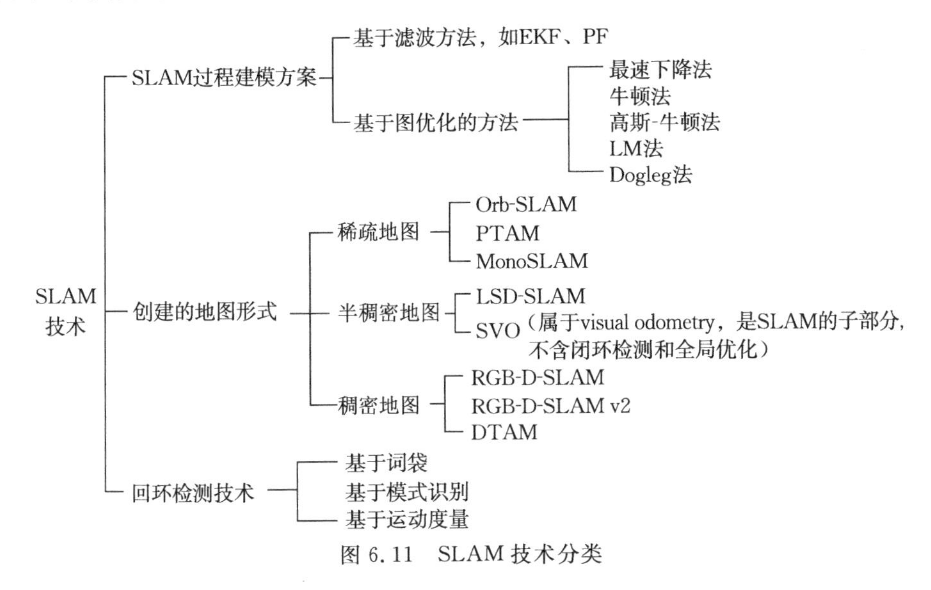

图6.11　SLAM技术分类

度量地图(metric map)尽可能精确地表达环境，包含了环境中许多细节，如距离、大小、颜色等，通常都是基于一个全局坐标系创建的。度量地图通常指二维或三维的网格地图，常见的有黑白或者点云地图，如RGB-D-SLAM构建的点云图、基于直接法的单目SLAM构建的地图。该地图的优点为精度高，更适用于测绘，也适合于定位、导航和避障（点云地图转成基于八叉树的地图才能用于避障）；缺点为计算量大，构建困难、不易扩展，占用存储空间大。

拓扑地图(topological map)使用抽象的方式表达环境，图中节点表示环境中具有显著特征的地点，弧表示节点之间的关系。该地图的优点为构建简单、易扩展，比度量地图占用的存储空间少很多，适合路径规划。缺点为不能用于需要高精度地图的场合，如避障。

混合地图指尽力结合度量地图和拓扑地图优点而构建的地图。

6.3.3　SLAM技术的分类

SLAM技术的一种简单分类方法是按照移动机器人的空间移动方式划分，即分为2D SLAM和3D SLAM。2D SLAM指的是机器人在二维平面上移动时进行的自定位和地图绘制；而3D SLAM指的是机器人在三维空间里移动时进行的自定位和地图绘制。

SLAM技术早在移动机器人问世时已经被提出。早期的机器人一般为轮式机器人，这类机器人都以类似轮式结构作为行走机构，采用视觉传感器或激光传感器来进行环境感知。在比较光洁平整的室内地面环境下，它们的 SLAM 靠二维线阵激光传感器完成，即采用 2D SLAM 技术。十多年前，2D SLAM 已经是机器人领域中的一项成熟技术，目前已经很少有学者在这方面进行学术研究了。因为它对工作环境有非常严重的依赖，并且精度不高。原则上，它要求二维激光传感器绝对水平安装，并在机器人运动过程中保持激光传感器的姿态水平，进而保证二维线阵激光传感器的激光扫描面水平，否则二维构图会出现失准并产生严重误差。为了提高算法适应性，往往给二维激光传感器配一个惯性测量单元或航姿参考系统等角度姿态传感器，帮助矫正水平扫描激光由于地面不平(哪怕一个小石子、一个停车场的减速带或一级台阶，甚至地面有几度的倾斜)引起的扫描面不水平所带来的二维地图构建错误问题。由于 2D SLAM 先天技术架构的局限性，它主要应用在低成本、低精度的室内定位和构图需求方案中，如现在流行的千元级产品清洁扫地机器人使用了基于激光传感器的 SLAM 模块。

为了解决 2D SLAM 技术的不足，研究人员开始提出 3D SLAM 技术，该技术是现在国际学术研究的热点。这主要归因于机器人本体平台的快速发展。人形机器人、无人机、无人驾驶汽车、月球车、火星探测车等一系列全地形、全空间的移动机器人本体平台，对 SLAM 技术的三维化提出了要求和挑战。例如：目前在机器人领域非常著名的谷歌旗下机器人公司——波士顿动力(Boston Dynamics)的双足人形机器人 Atlas 采用的就是 3D SLAM 技术；还有美国国家航空航天局喷气推进实验室的猿形机器人 RoboSimian 也采用了 3D SLAM 技术。

3D SLAM 的实现手段是多样的：在室内等小范围环境识别和构图方面，可以采用视觉传感器，如单目或双目摄像机、微软的三维体感摄影机 Kinect 或英特尔的 realsense 类的 RGB-D 深度传感器等；在室外大场景环境中的工业级应用，往往采用激光和视觉传感器结合的里程计方法。

3D SLAM 技术是目前 SLAM 技术发展的方向，在机器人领域，在虚拟现实(virtual reality，VR)、增强现实(augmented reality，AR)、室内高精地图、室内定位与导航、人工智能和深度学习等相交叉的领域，也是研究热点，技术不断更新；而 2D SLAM 技术不过是 3D SLAM 技术的一个子集，因在技术路线上的缺陷导致应用环境有限，除了极少数低成本和特殊工业场合应用外，很多时候已经被弃之不用了。

欧思徕(北京)智能科技有限公司研发了一款采用 3D SLAM 技术的激光影像背包式测绘机器人。该产品可以跋山涉水、翻山越岭，在运动中能完成全空间、全地形的高精度建模。该技术解决了现有地面移动测量系统对卫星导航定位信号的依赖问题，可以用于无卫星导航定位信号环境中的移动测绘。相较于传统的固定式激光雷达换站式扫描的测绘方法，该测绘机器人可以连续移动测量扫描，极大地提高数据采集的效率，并且具有良好的机动性；相较于只适用在地面水平环境下的基于二维 SLAM 推车式的移动测绘系统，该测绘机器人能够在各种复杂的环境下进行数据采集，操作简单，可用于不同移动载体。

3D SLAM 激光背包测绘机器人是一个背负式系统。当工作人员背负作业时，激光扫描仪的运动轨迹是一条与工作人员行走步态有关的非线性和高动态的曲线。按照一般的理解，激光扫描仪如果安装在移动测量系统中，一定要有一个高精度的定位测姿系统（POS）与之匹配，这样，激光扫描仪得到的激光点才能获取对应的位置和姿态数据，进而合成三维的激光点云。同时，常规的移动测量系统的载具在室外一般是汽车，而汽车由于采用四轮结构的底盘，因而其转弯半径受限，所以它的行驶轨迹往往是局部连续可微的平滑曲线。而同样是基于激光的移动测量系统，3D SLAM 激光背包测绘机器人既没有用卫星定位，也没有惯性测量单元，在如此高动态非线性的运动采集方式下，却能获得非常高精度的三维空间点云成果。为了能解算出激光点云数据的高动态非线性位姿，3D SLAM 激光背包测绘机器人产品通过研究激光点云的处理算法，从这些杂乱无章的点云中找到线索，求取其中隐含的更稳定的高阶特征点和特征向量，并连续跟踪这些特征点和特征向量，进而高精度地动态反向解算机器人的位置和姿态。这种高精度地动态反向解算位置和姿态的方法颠覆了传统的测绘方法，为测绘技术开拓了一种新的思路。

6.3.4　3D SLAM 技术的应用

1. 3D SLAM 技术在室外建筑群三维建模和大比例尺地图绘制中的应用

通过空中航拍倾斜摄影手段，可以快速地重建出大面积地面建筑模型。但是，由于地面植被覆盖、城区高楼互相遮挡等原因，采用倾斜摄影进行城市建模的方法不利于描述城市建筑模型中 30 m 以下底商部分的细节，也就更谈不上精确建模了。而采用 3D SLAM 自定位技术的激光影像背包测绘机器人，因为它的工作原理不依赖卫星和惯导的组合惯性导航系统定位，可用步行的方式在高楼、树林等无卫星定位参考信号的地区进行数据采集，尤其是那些远离主干道的建筑物、居民小区、企事业单位等传统移动激光测量车不能到达的地方，进而得到非常精确的数据成果，包括室外建筑群的高精度结构数据、全景影像数据、三维模型和大比例尺地图等。倾斜摄影三维建模的特点是宏观大区域建模，3D SLAM 激光影像背包测绘机器人的特点是微观小范围精细建模。两者各有特点，互为补充。

例如：北京某施工单位完成待验收建筑项目，主体建筑为 4 栋高层，数据外业采集时间 10 分钟，精度 1 cm。原始点云数据（白模）如图 6.12 所示，实景着色图像如图 6.13 所示。

通过与倾斜摄影测量技术相比，结合图 6.12 和图 6.13 所示效果，可以看到只有采用基于 3D SLAM 激光背包测绘机器人的步行方式，才能保证在施工工地采集到具有高通过性的数据，其他方式如机动车车载、手推车车载等都无法胜任此类外业工作。

图 6.12 利用 3D SLAM 技术获取的建筑群原始点云数据

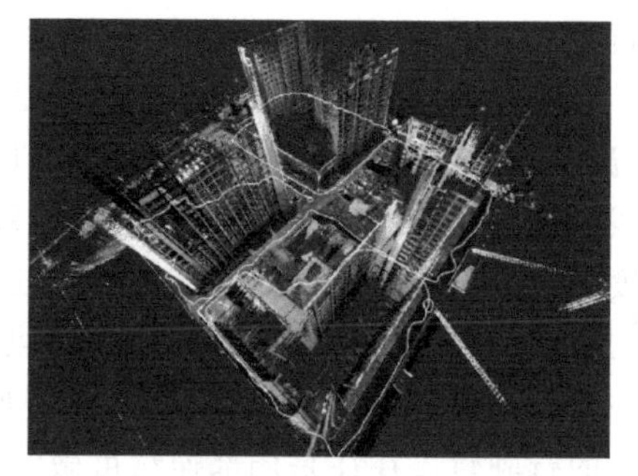

图 6.13 利用 3D SLAM 技术建模的实景着色图像

2. 3D SLAM 技术在高精度室内地图构建与定位导航中的应用

3D SLAM 激光影像背包测绘机器人具有采集方便、精度高、不需要卫星定位信号等特点，可以为任何建筑物，包括住房、办公室、商场、工业厂房、公共场所等进行高精度室内地图构建，并可依据高精度室内地图在室内地下等无卫星定位信号覆盖的环境中进行高精度定位与导航。图 6.14 为室内高精度地图绘制结果。

图 6.14 3D SLAM 技术在高精度室内地图构建与定位导航中的应用实例

3. 3D SLAM 技术在建筑工程项目信息管理中的应用

3D SLAM 激光影像背包测绘机器人的特点包括：高速的现场数据采集，高精度的数据处理和点云建模，拥有定位测姿系统自定位核心算法且不依赖卫星定位信号和惯性导航系统的约束，室内、室外、地下、地上三维空间全地形作业，等等。这些特点使其非常适用于建筑工程施工行业的结构数据每日动态采集、项目施工全过程电子档案生成、工程现场物资堆放空间规划与管理、工程质量实时管控等建筑信息模型（building information model，BIM）应用。如图 6.15 所示，为 3D SLAM 技术在建筑工程项目中的 BIM 应用实例。

4. 3D SLAM 技术在电力和通信铁塔巡检与管理中的应用

电力铁塔和通信铁塔是非常通用的长距离传输线缆的中继支撑平台。这些铁塔的选址复杂性较高，在市区、山区、农田、戈壁等不同地形地貌情况下，施工和使用单位都需要对它们进行巡查和监管。除了常见的人工巡检外，近来采用无人机

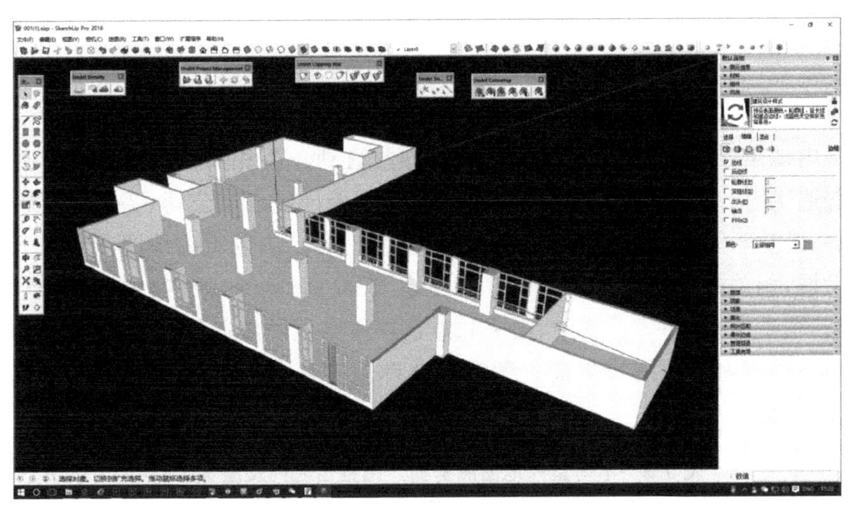

图 6.15　3D SLAM 技术在建筑工程项目中的 BIM 应用实例

结合激光和影像等自动化的巡查方法也逐渐成熟。与此同时，作为多地貌多地形的应用，地面激光和影像相结合的巡检方式也被广泛使用。这种地面数据采集方式可以更近距离、更精确地得到现场结构数据，对需要进行精确数据模型管理和巡查的应用更为适用。当然，传统的基于固定式三维激光扫描仪的作业模式效率非常低，参与作业人员较多。在保证精度的情况下，采用 3D SLAM 激光影像背包测绘机器人移动作业可以提高工作效率 10 倍以上，并只需一名作业人员，因此，可以极大地缩短外业施工周期，提升整体项目收益。

北京市某高压传输线路中继支撑铁塔站址，共有铁塔 4 座，高度约 55 m，图 6.16 为内业处理建模后的数据成果。

图 6.16　3D SLAM 技术在电力和通信铁塔巡检与管理中的应用实例

§6.4　室内地图数据标准

室内地图在许多年前就已进入研发视野，直到一些相关行业巨头介入后才引起了普遍关注。国际上室内地图服务商主要有 Micello 公司、谷歌、微软必应(Bing)、诺基亚等。2011 年开始，随着百度等的加入，国内室内地图产业也开始了加速发展，相关的公司和产品主要有百度地图、高德、图聚(原名“图渊”)、点道、四维图新、积米、智慧图等。其中，图聚和点道以室内地图数据制作为主，它们分别是百度和高德室内地图的提供商。各室内地图服务商产品推出时间及服务范围如表 6.3 所示。

表 6.3　不同室内地图服务商产品推出时间及服务范围

公司或产品	室内地图覆盖范围	室内地图推出时间
Micello 公司地图	54 个国家的 15 000 个场所，中国 6 个	2009 年
谷歌地图	美国、英国、法国、日本、加拿大、瑞典、丹麦、瑞士等 8 个国家的 10 000 个公共场所	2011 年 11 月 29 日
微软必应地图	64 个国家的 5 300 个场所	2012 年 6 月
诺基亚地图	45 个国家的 49 000 个场馆，不包含中国	2011 年 3 月
百度地图	中国，6 000 条室内地图信息	2011 年 10 月 13 日
图聚	中国 347 个城市的 14 000 多个建筑物	2010 年
高德地图(点道)	中国 29 个城市的 760 个场所	2012 年 9 月 12 日
四维图新趣逛地图	北京、上海、广州和深圳等城市的 250 多个场所	2013 年 7 月

通过目前国内外室内地图产品的对比，发现不同公司的室内地图产品存在多方面的差异，主要表现在以下几个方面。

(1)室内地图数据来源五花八门。不同室内地图服务商获得室内地图的来源不尽相同，网络、线下搜集、用户提供、商家提供等均是可能的来源，不同来源的数据其格式、表现形式、信息量和精度等均有所不同。

(2)室内地图数据内容的侧重点和详细程度不一致。例如：谷歌室内地图具有丰富的楼层平面布局细节和关注点(point of interest，POI)标注，而百度室内地图的 POI 还比较少。不同室内地图服务商对 POI 深度信息的挖掘程度差异较大，图聚室内地图上有关一个店铺的属性信息多达 50～100 个，谷歌、点道等室内地图的此类信息则一般仅有 3～5 个。

(3)室内地图表达方式差异较大，图形颜色、图形符号、注记符号等各有不同。谷歌室内地图的楼层平面布局图色彩配置较淡，而微软必应室内地图的室内布局多以紫色、绿色等色块突出显示；国内百度和高德的室内地图主要用多种颜色的色块表示楼层平面布局，配色比较乱，没有规则可循。

国内外室内地图服务商产品存在的诸多差异，究其原因主要是在室内地图领域国内外尚没有统一的行业规范和标准。各公司分别独立包揽地图采集制作的所有环节，根据自己的实际需要制定相应的数据生产技术方案。由于室内地图原始资料来源有所差异，并且各公司数据处理团队技术水平、软硬件设施不一致，造成数据格式不一、数据内容各异、地图表达方式不同等问题，给数据共享、交换带来极大不便，室内地图数据更新和维护也难以有效进行。室内地图数据的标准化问题已成为当前制约室内地理信息应用的一大瓶颈，开展室内地图数据标准研究是当务之急。

6.4.1　室内地图数据标准编制现状

目前，室外地图数据标准比较完善。在我国，由国家归口管理，以企业为主开展相关标准编制工作，形成了《国家地理信息标准体系框架》及2022年新的《自然资源标准体系》中的"测绘地理信息标准"，并在该体系指导下形成10余项导航地图数据标准，涵盖交换格式、数据生产、存储格式、数据模型、质量规范等各个方面。工业和信息化部牵头的"卫星导航应用系统标准研究制定"专项制定了一系列有关导航电子地图的国家标准和行业标准，涉及导航电子地图数据的采集、处理、交换及服务各个方面。因室内地图与室外地图在数据内容、展现方式等方面有诸多不同，室外地图标准的相关内容很难直接借鉴，但其体系结构等可以作为室内地图标准研制的参考。

国内仅有个别公司透露了室内地图数据制作的部分流程，但没有对室内地图数据的数据模型、数据格式等进行具体说明。国内外研究人员对室内地图的设计和制作方法进行了研究，但尚没有达成室内地图数据制作方案的共识。总之，室内地图数据标准研制已经引起国内外相关机构的注意，但距离完善的室内地图标准的制定还有很长的道路。

6.4.2　室内地图数据标准编制目的与范围

室内地图数据标准编制的目的在于规范室内地图数据的采集、制作、发布、交换和共享，便于室内地图的标准化及其推广应用。

室内地图数据标准规定室内地图的数据源、数据模型、数据格式、数据质量要求、地图符号及数据处理一般流程等内容。该标准应普遍适用于表示室内地理空间信息的电子地图编制、地图数据屏幕显示和纸张地图出版。

室内地图数据标准的用户包括室内地图数据的生产者和使用者。例如：该标准可以用于室内地图数据采集，生产者可以用它来规范自己的产品；而室内地图数据产品的使用者也可以用它来陈述需求，因此，也是该标准的用户。

6.4.3　室内地图数据标准编制原则

室内地图数据标准制定时依据的原则将直接影响数据标准的制作，进而影响室内地图数据的生产和应用。鉴于室内地图数据内容、数据结构等的特殊性，在制定数据标准时除了考虑与已有国家标准、行业标准相兼容，并遵循实用性、时效性、可扩展性等一般室外地图数据标准的原则外，还应着重考虑以下几个方面的问题。

1. 考虑用户习惯的延续性

室内建筑计算机辅助设计(CAD)图的应用已经有多年历史，对于图纸上的房间、房门等基本要素的表示方法，已经形成了普遍的国际性符号体系认同习惯；通用的标志(如卫生间等)用公共信息图形符号，也已经在人们的日常生活中形成习惯。因此，在标准中应合理吸纳建筑 CAD 图图式标准和通用公共信息图形符号图式，以保持对室内地理要素认知的延续性。

2. 满足室内地图可视化表达的需要

室内地图利用矢量数据展示室内空间要素的几何、属性和拓扑信息。与室外地图相比，室内地图更注重小区域、大比例尺、高精度和精细化的内部元素展现。因此，室内地图数据标准应满足室内地图可视化表达的需要，包括三维立体可视化表达，能准确表现室内地物空间对象和对象特征。

3. 满足室内位置服务的需要

室内地图最重要、最广泛的应用是室内位置服务。因此，编制室内地图数据标准时，应通过合理的数据制作技术方法保证室内地图数据的空间位置精度。与此同时，通过矢量数据拓扑规则与科学的三维室内地图数据模型设置，确保室内地图数据的空间分析支撑能力，尤其是跨楼层的一体化空间分析、路径规划等能力。

4. 为室内地图数据规模化生产提供指导

室内地图数据标准的作用主要是指导室内地图数据的采集和生产，消除室内地图不同生产部门在数据内容和格式、地图表达方式等多方面的差异，便于数据的交换和共享。因此，室内地图数据标准需要通过对室内地图数据的采集、生产和表达各环节进行规范和约束，实现既独立又完整的室内地图数据采集获取、生产、质量检查等环节，为规模化生产提供规范基础和作业指导。

6.4.4 室内地图数据标准体系结构

室内地图数据标准应包含一套完整的室内地图空间数据采集、处理、编码、索引、更新、集成、应用和服务标准及技术规范体系，从而对室内地图数据的采集、处理与集成过程中的元数据信息、数据模型、交换格式、数据精度等具体细节进行统一规定。具体包括但不限于以下几项标准。

1. 元数据标准

元数据标准是室内地图数据标准的重要组成部分。元数据标准从数据标识、空间特征、属性特征、时间特征、质量评价、数据管理、数据形式等各个方面全面描述室内地图数据本身及其产生过程。

2. 空间参考标准

平面坐标系、高程系是制定室内地图数据标准的基础。室内地图数据空间坐标系应完整支持空间分析、语义关联、拓扑关系和地图展现等，尤其能够结合楼层高度标识室内三维空间的区域性位置。

3. 数据模型标准

数据模型标准规定室内地图数据所包含的要素、属性和关系，并说明如何进行数据分层、分类、编码与拓扑表达等。其中，在图层划分时，应着重考虑用于地图显示的图层（如房间格局）和用于数据分析的图层（如路径分布）的结合与区分。在编码体系方面，室内地图数据的基本对象是房间、走廊、关注点等，可采用从楼宇到楼层再到房间、走廊或关注点的层级编码方法对数据进行分类和编码，由上往下、由主到次形成系统的有机整体。

4. 地图符号标准

地图符号包括图形符号和注记符号，地图符号标准通过对室内地图的图形符号和注记符号的具体规定，实现地图表达风格的统一，便于室内地图理解。由于建筑用途类型多样，其室内空间的属性差异较大，应在建筑大类的基础上，对其内部空间的地图符号进行归类设置，避免符号太过庞杂。

5. 数据质量控制标准

数据质量控制标准从图形精度、属性精度、图形属性逻辑一致性等方面对室内地图数据进行质量控制规定。这与室外地图类似，但其精度（尤其是图形精度）要求更高，以便更好地支撑室内定位。

6. 数据交换标准

数据交换标准应该包括数据描述标准、权限描述标准、信息采集标准、信息发布标准及数据交换接口标准等，从而实现数据生产单位与应用单位之间进行数据层面的互访互通，便于数据交换与共享。

7. 数据制作实用作业规范

室内地图数据制作实用作业规范需明确基于不同来源的原始数据，室内地图制作所用的工具软件，以及数据准备、地图配准、数字化、质量检查、外业调查等步骤的操作流程。根据该实用作业规范，室内地图制作人员经过简单培训即可完成室内地图制作，数据成果应符合与室内地图数据相关的其他标准规范的要求。

室内地图数据标准是室内地图数据生产、交换与共享遵照的指标与原则。室内地图数据标准的编制是室内位置服务的基础与核心，是室内空间地理信息产业建设能否迈上一个新台阶的关键所在。

第7章 结论与展望

当今城市已经进入一个高度发达的阶段，智慧城市成为人们发展城市的目标。发展智慧城市势必要考虑室内空间信息，因此，人们越来越关注室内信息缺失问题，如何获得室内环境信息并充分利用这些信息将是日后研究的方向。若能将室内和室外信息完美融合，将对智慧城市的发展起到至关重要的作用。众所周知，室外信息可以通过卫星定位获得，给人们的生活带来很大的便利，很典型的民事应用就是汽车导航，让人们在未知的室外环境下能轻松地找到目的地。但卫星定位技术也有其缺点，它不能准确地获得室内信息，故寻求准确、高效、便捷的室内信息获取方法成为当今社会关注的焦点。在电子科技高度发达的当今，移动智能终端已经成为人们日常生活中必不可少的通信工具。智能终端不仅可以进行通信，其内置诸多传感器，是感知、分享、获取各方面信息的核心设备。而利用手机内置磁传感器进行地磁室内定位是当前流行的室内定位方法。

本书向读者介绍了有关室内定位技术的8种主要方法，即红外线、超声波、射频识别(RFID)、蓝牙、Wi-Fi、ZigBee、超宽带(UWB)和地磁场等定位方法，同时也归纳了各室内定位方法的主要技术特点及相关技术，还给出了这些技术的相关协议标准。由于室内定位的研究具有非常强的工程背景和现实意义，它吸引了信号处理领域很多国内外研究者的广泛关注，也取得了许多重要的研究成果。从现有的研究成果来看，非参数化定位方法是解决室内定位问题的一种有效途径，也是定位领域研究的重要发展方向。目前，室内定位是定位领域中一个十分活跃的研究方向，但从总体来看，发展还是比较缓慢。与相对成熟的较空旷环境下(室外、宏小区等)的定位相比，它还缺乏能够应用于实际环境的有效解决方案。在我国，室内定位的研究相对较晚，为缩小与国外研究水平的差距，还需要长期、持续的科研投入和艰苦努力。

本书部分内容还对地磁场特性进行了研究，向读者展现出地磁室内定位的方法和步骤。实现室内定位，一个重要的因素是不同位置所测磁场强度不同。如果不同位置的磁场强度变化不明显，就没有足够的信息克服室内定位的累积误差，室内定位也就无法实现。在走廊仿真实验中，对各种固定或可移动设施所产生的磁场进行相关分析可知，在走廊中影响地磁场强度的固定干扰要素是地磁室内定位的关键，对这些地磁干扰要素而言，不同固定干扰要素产生的干扰磁场也是不同的；在研究可移动干扰要素对生成的地磁图有何干扰时发现，可移动的干扰要素对地磁室内定位是有害的，故在建立室内地磁基准图过程中，应尽量避开自由移动的室内地磁干扰要素，如音箱、电视等可移动的大型铁磁性设备。本书还介绍了一套完整的“地磁室内定位基准图数据采集系统”，包括硬件及软件研发。首先，研究硬件也就是智能移动平台。该智能移动平台是由多个模块组合而成，如航迹推算模块、地磁数据采集模块、无线通信模块、避障模块、主控模块等。其中：航迹推算模块能输出智能移动平台的轨迹坐标，在第3章有重点介绍；地磁数据采集模块能正常采集三维地磁数据，输出经过硬铁改正后的三维地磁数据；无线通信模块能正常输出三维地磁数据及惯性导航数据，并且通过蓝牙通信能够控制智能移动平台在室内环境下正常移动；避障模块中超声波避障传感器和红外避障传感器能够协同工作，共同完成不同距离上智能移动平台避障功能；主控模块能够协同各个传感器之间正常工作，有条不紊地进行智能平台控制、数据采集、数据传输等工作。其次，就是软件研发工作，简单来说就是对串口调试工具的研发。其实现功能大致分为三点：①在该调试工具中，可以通过蓝牙控制小车运动或停止；②将惯性导航传感器采集过来的数据进行计算整合，并在显示界面上显示当前移动平台的位置；③将采集过来的地磁场和经计算后的坐标数据保存到数据库中。虽然现在已经取得了很多可喜的进展，但研究成果仅仅局限于小范围的实验场地，还未能在大范围的场地进行地磁室内定位研究。接下来的研究应着重放在惯性导航装置上，如何在大测区中输出高精度的二维平面坐标是研究的重点和难点。总之，对地磁特性还需要进一步的研究，智能移动平台也还需要改善。随着传感技术、惯导技术、智能技术和计算技术等的不断提高，该室内地磁图数据采集平台一定能够在数据采集方面有突破性进展。

在整个地磁导航技术中，匹配算法是必不可少的核心部分，会直接影响导航的定位精度和定位效率。本书第4章大致叙述了地磁匹配算法的研究现状、常见匹配算法比较、匹配中关键技术问题研究和组合导航定位算法。地磁匹配算法从最初的借鉴地形匹配和图像处理的方法，发展到各种组合匹配算法的应用，成功实现了算法间的互补，解决了传统匹配过程中精度、效率及完备性不能兼顾的问题。不过关于地磁匹配算法的研究仍然处于仿真研究阶段，整体水平还待提高。随着导航理论、地磁场理论和磁场精确测量技术的不断进步，以及多学科知识交叉的应用，一个高效、高精度、计算简便的匹配算法会呈现在人们眼前，符合复杂导航工程应用的算法体系也会成为可能。

移动智能终端已经成为如今人们日常生活中必不可少的通信工具，其内置多种传感器，可全方位感知、分享、获取所处的环境。使用行为识别的辅助定位方法可以很好地解决在地磁定位中遇到的一些很棘手的问题，如野值点、缩减运算量提高运行效率等。行为识别方面的理论已逐渐完善，相信将行为识别融入室内定位将使算法效率和精度都得到很大的提升。KNN算法和HMM方法的识别准确率均在95%以上，其中前者为95.13%，后者为95.62%，略优于前者。其主要原因是 HMM 方法没有单纯地使用统计学度量信息,而是综合考虑了行为数据变化的历史过程信息,可以敏锐地感知在行为数据中包含的变化规律,以此来辅助地磁定位算法。为了行为识别更好地辅助地磁定位,未来可以从以下几个方面研究:①利用智能手机功能全面的传感器将行为识别过程集成到手机,加强与室内定位算法的融合,改进室内定位算法;②完善行为识别算法,改进特征提取算法,以获得更高的识别效率和精度;③需要利用多种传感器去感知环境信息,使行为识别面向的场景更加多元化,识别的行为方式更加细分。

第 6 章介绍了室内地图的发展现状,以及一些国内外商户的室内地图研究状况;介绍了室内地图的特点,以及室内地图的构建方法,包括二维和三维,并详细阐述了几种三维室内地图的制作方法;总结了室内地图的数据标准,并分析了室内地图当下遇到的问题及可能会出现的问题,包括建模与标准方面的问题,提出了需要构建一个针对室内地图应用规范的框架。室内地图可以表示为二维的,也可以表示为三维的,但是从目前二维室内地图的应用来看,已经满足不了人们日益增长的对室内空间信息方面的需求了,三维室内地图的出现更符合公众需求及商业方面的利益。现在大多数的研究也都倾向于三维室内地图这一方面。虽然现在室内地图的呼声很高,但是作为一个刚刚形成的产业,室内地图还有很多不足的地方,包括整个室内地图产业运作的连贯性、室内地图的具体应用场景等。目前室内地图都是各家各户自己在经营摸索,全国并没有统一适用的规范,将来各种室内地图不同运作方式的同化也会是一个问题。尽管室内地图现在的发展比较艰辛,但是随着技术难题的攻克,相应规范政策的出台,以及各种需求的不断出现,室内地图会发挥出人们期望的价值。室内地图的应用前景广阔:如商场的购物指南、虚拟现实类游戏的亲身体验;又如大型的停车场若使用三维室内地图,可以完美解决找车困难的问题;再如在建筑物火灾的抢险救援中,救援人员可以使用室内地图来定位被困人员的位置,同时,可以快速规划出救人的最佳路线;等等。室内地图的发展顺应时代的需求,可以预见在不久的将来,室内地图会像室外地图一样为人们提供各种便捷生活的服务。

综上,随着地磁学、测绘学、空间物理学等众多学科交叉应用的发展,地磁导航技术还有极大的发展潜力,已经成为国内外研究的热点,再与其他相关辅助定位方式相结合,可以适应更复杂的导航环境。现代生活中,人们大部分活动都停留在室内空间中,地磁导航技术在室内定位、室内地图模型快速构建等方面的应用将得到快速的发展,不过我国的相关研究整体起步较晚,目前尚未出现很成熟的解决方案,与国外研究水平还有一定的差距,需要众多学者专家持续研究。相信不久的将来,地磁导航技术和室内外地图模型将为推动军事、社会、经济及民生领域的发展做出极大贡献。

参考文献

[1] 徐文耀. 地磁学[M]. 北京:地震出版社,2003.

[2] 侯红明. 环境磁学的进展与展望[J]. 南海研究与开发,1996(4):36-42.

[3] 崔秋文,陈英方,陈长林. 地磁场研究与应用[J]. 国际地震动态,2001(6):8-12.

[4] 韩锋. 地磁场的起源问题[J]. 河池学院学报,2008,28(2):26-30.

[5] 徐文耀. 地球磁场的物理问题[J]. 物理,2004,33(8):551-557.

[6] 梅里尔. 地球磁场:历史起源以及其他行星的磁场[M]. 北京:中国科学技术出版社,1986.

[7] 张兵芳,田兰香. 动物地磁导航机制研究进展[C]//中国科学院地质与地球物理研究所2015年度(第15届)学术论文汇编. 北京:2016:84-102.

[8] 王毅男,潘永信,田兰香,等. 生物磁学在鸟类定向研究中的进展[J]. 动物学杂志,2005,40(5):119-123.

[9] 张丽娜. 地磁场对某些生物活动中的定向作用[J]. 现代生物医学进展,2002(4):25-25.

[10] RITZ T, ADEM S, SCHULTEN K. A model for photoreceptor-based magnetoreception in birds[J]. Biophysical Journal,2000,78(2):707.

[11] RITZ T. Resonance effects indicate radical pair mechanism for avian magnetic compass[J]. Nature,2004,429(6988):177.

[12] BOLES L C, LOHMANN K J. True navigation and magnetic maps in spiny lobsters[J]. Nature,2003,421(6918):60-63.

[13] JANNIKA E. BOSTROM, AKESSON S, et al. Where on earth can animals use a geomagnetic bi-coordinate map for navigation[J]. Ecography,2012,35(11):1039-1047.

[14] 杨云涛,石志勇,关贞珍,等. 地磁场在导航定位系统中的应用[J]. 中国惯性技术学报2007,15(6):686-692.

[15] 黄佳田. 地磁场在导航定位系统中的应用分析[J]. 数字通信世界,2015(11):10-12.

[16] 熊明亮,刁梦雯,赵国梁. 基于地球磁场的室内定位系统的研究[J]. 无线互联科技,2015(18):14-15.

[17] 徐亮. 基于地磁导航的室内定位算法研究与实现[D]. 南京:南京邮电大学,2015.

[18] 谢宏伟. 基于智能手机平台的地磁室内定位系统[D]. 南京:南京大学,2015.

[19] 康瑞清. 建筑物内复杂环境下的地磁场定位导航研究[D]. 北京:北京科技大学,2016.

[20] 徐文耀,朱岗昆. 我国及邻近地区地磁场的矩谐分析[J]. 地球物理学报,1984(6):11-22.

[21] YUNTIAN BRIAN BAI, SUQIN WU, HONGREN WU, et al. Overview of RFID-based indoor positioning technology [J]. Geospatial Science Research,2012(10):12-14.

[22] SARDROUD J M. Influence of RFID technology on automated management of construction materials and components[J]. Scientia Iranica,2012,19(3):381-392.

[23] O'CONNOR M. Students to develop RFID-enabled robotic guide dog[J]. RFID Journal,2012(20):42-44.

[24] KOYUNCU H, YANG S H. A survey of indoor positioning and object locating systems

[J]. Engineering,2010(56):102-106.

[25] WANT R. An introduction to RFID technology [J]. IEEE Pervasive Computing,2006,5(1):25-33.

[26] 刘宗元. 基于射频识别(RFID)的室内定位系统研究[D]. 广州:中山大学,2009.

[27] 孙瑜. 射频识别(RFID)的室内定位系统研究[D]. 成都:西南交通大学,2005.

[28] 孙瑜,范平志. 射频识别技术及其在室内定位中的应用[J]. 计算机应用 2005,25(5):1205-1208.

[29] 姚秋红. 一维激光三角法位移测量技术研究[D]. 哈尔滨:哈尔滨工业大学,2014.

[30] 张萍. 激光三角法测量关键技术的研究[D]. 哈尔滨:哈尔滨工业大学,2005.

[31] 祝杰,戴立铭. 激光三角法测量位移[J]. 仪表技术与传感器,1992(1):18-20.

[32] 丁少文,王林. 基于连续三角测量法的机器人定位方法[J]. 微型电脑应用,2013,30(5):9-12.

[33] FONT-LLAGUNES J M, BATLLE J A. Consistent triangulation for mobile robot localization using discontinuous angular measurements [J]. Robotics & Autonomous Systems,2009,57(9):931-942.

[34] 宋广平,伍青云. 数字摄影测量系统及其应用[J]. 中国煤炭地质,2005,17(6):106-107.

[35] 张雪萍. POS辅助航空摄影测量直接对地目标定位的关键技术研究[D]. 武汉:武汉大学, 2010.

[36] 王永旺. 室内运动目标姿态测量系统的研究与实现[D]. 西安:中国科学院研究生院(西安光学精密机械研究所),2013.

[37] LIU H,YU Y,SCHELL M C,et al. Optimal marker placement in photogrammetry patient positioning system[J]. Medical Physics,2003,30(2):103-110.

[38] ROGUS R D,STERN R L,KUBO H D. Accuracy of a photogrammetry-based patient positioning and monitoring system for radiation therapy[J]. Medical Physics,1999,26(5):721-728.

[39] BOONE R,SOLBERG T. Initial experience with a system for automated patient positioning [M]//Anon. The Use of Computers in Radiation Therapy. Berlin: Springer Press,2000:569-571.

[40] ELASHMAWY K L A. A comparison between analytical aerial photogrammetry, laser scanning, total station and global positioning system surveys for generation of digital terrain model[J]. Geocarto International,2015,30(2):154-162.

[41] CAMBRA S,PEREIRA L,KEIZER J J. Effect of the resolution and accuracy of DTM produced with aerial photogrammetry and terrestrial laser scanning on slope-and catchment-scale erosion assessment in a recently burnt forest area: a case study [J]. Environmental Science,2010(4):36-3.

[42] YOUSSEF M,AGRAWALA A. Handling samples correlation in the Horus system[C]//Joint Conference of the IEEE Computer and Communications Societies. Hong Kong:IEEE, 2004:1023-1031.

[43] TING S L,KWOK S K,TSANG A H C,et al. The study on using passive RFID tags for indoor positioning[J]. International Journal of Engineering Business Management,2011,3(1):9-15.

[44] HASANI M,LOHAN E S,SYDANHEIMO L,et al. Path-loss model of embroidered passive RFID tag on human body for indoor positioning applications [C]//RFID Technology and Applications Conference. Finland:IEEE,2014:170-174.

[45] YAN D,ZHAO Z,NG W. Leveraging read rates of passive RFID tags for real-time indoor location tracking [C]//ACM International Conference on Information and Knowledge Management. New York:ACM,2012:375-384.

[46] COSTIN A M. Integration of passive RFID location tracking for real-time visualization in building information models (BIM)[J]. Georgia Institute of Technology,2013(36):70-72.

[47] COSTIN A M,TEIZER J. Fusing passive RFID and BIM for increased accuracy in indoor localization[J]. Visualization in Engineering,2015,3(1):17-20.

[48] 吴健.一种基于 RFID 标签的室内移动物体定位方法[J].中国科技论文在线,2013(9):22-26.

[49] 周俊儒.基于 RFID 的室内定位技术研究[D].杭州:浙江大学,2014.

[50] BEKKELIEN A,DERIAZ M. Bluetooth indoor positioning master of computer science[D]. Geneva: University of Geneva,2012.

[51] FARAGHER R,HARLE R. An analysis of the accuracy of bluetooth low energy for indoor positioning applications[J]. Physical Review A,2014,84(1):8049-8054.

[52] 曹喆.基于低功耗蓝牙和位置指纹的室内定位系统的研究与实现[D].昆明:云南大学,2014.

[53] 方诗虹,陈浩.基于蓝牙 4.0 的室内定位及信息服务应用模型研究[J].西南民族大学学报(自然科学版),2015,41(6):727-730.

[54] ALHMIEDAT T,SAMARA G,SALEM A A. An indoor fingerprinting localization approach for ZigBee wireless sensor networks[J]. Computer Science,2013(13):18-19.

[55] 刘玉峰.基于 ZigBee 无线传感器网络的室内定位系统研究与设计[D].沈阳:东北大学,2010.

[56] 倪瑛,戴娟. ZigBee 定位技术的研究[J].南京工业职业技术学院学报,2013,13(2):43-46.

[57] 孙忠武,周泳. ZigBee 定位技术在消防通信指挥中的应用[J]. 广东公安科技,2010,18(1):54-58.

[58] 王嘉楠,边天剑,李瀚霖. 基于 ZigBee 的定位技术[J]. 科技致富向导,2011(24):96-96.

[59] CORRAL P,PENA E,GARCIA R,et al. Distance estimation system based on ZigBee [C]//IEEE,International Symposium on Spread Spectrum Techniques and Applications. Italy,2008:IEEE:817-820.

[60] BENEDETTO M G D,GIANCOLA G. Understanding ultra wide band radio fundamentals [M]. Upper saddle River,NJ:Prentice Hall PTR,2004.

[61] HOYOS S,SADLER B M,ARCE G R. Monobit digital receivers for ultra wide band

communications[J]. IEEE Transactions on Wireless Communications, 2005, 4(4): 1337-1344.

[62] 吴绍华,张乃通. 室内信道环境下UWB精确测距研究[J]. 通信学报,2007,28(4):65-71.

[63] CHING J C, DOMINGO C, IGLESIA K, et al. Mobile indoor positioning using Wi-Fi localization and image processing[C]//Theory and Practice of Computation. Tokyo: Springer,2013:242-256.

[64] KASHEVNIK A. SHCHEKOTOV M. Comparative analysis of indoor positioning systems based on communications supportedby smartphones[C]//Proc. FRUCT Conf. Finland: IEEE,2012:43-48.

[65] BOSE A,FOH C H. A practical path loss model for indoor WiFi positioning enhancement [C]//International Conference on Information, Communications & Signal Processing. Singapore:IEEE,2008:1-5.

[66] 姜莉. 基于WiFi室内定位关键技术的研究[D]. 大连:大连理工大学,2010.

[67] JEKABSONS G, KAIRISH V, ZURAVLYOV V. An analysis of Wi-Fi based indoor positioning accuracy[J]. Scientific Journal of Riga Technical University Computer Sciences,2011,44(1):131-137.

[68] YAN Junjie. Research on indoor localization technology based on Wi-Fi [D]. Guangzhou: South China University of Technology,2013.

[69] 宋昌宁. 基于WiFi-Sensor技术的室内定位系统研究与实现[D]. 北京:北京邮电大学,2015.

[70] 罗莉. 基于Android的WiFi室内定位技术研究[D]. 成都:西南交通大学,2014.

[71] 刘意. 开放停车场数据采集系统的设计与实现[D]. 北京:北京邮电大学,2015.

[72] SUBBU K P,GOZICK B,DANTU R. LocateMe: magnetic-fields-based indoor localization using smartphones[J]. Acm Transactions on Intelligent Systems & Technology,2013,4(4):1-27.

[73] 蒋贤志. 数字电子罗盘误差分析及校正技术研究[J]. 现代雷达,2005,27(6):39-41.

[74] LI B. Using geomagnetic field for indoor positioning[J]. Journal of Applied Geodesy, 2013,7(4):299-308.

[75] VALLIVAARA I,HAVERINEN J,KEMPPAINEN A,et al. Magnetic field-based SLAM method for solving the localization problem in mobile robot floor-cleaning task[C]// International Conference on Advanced Robotics. Tallinn:IEEE Xplore,2011:198-203.

[76] 赵玉新,邢文,赵玉新,等. 基于多重分形克里金的逐步插值校正法构建局部地磁基准图[J]. 应用科技,2015,42(6):1-5.

[77] GOZICK B,SUBBU K P,DANTU R,et al. Magnetic maps for indoor navigation[J]. IEEE Transactions on Instrumentation & Measurement,2011,60(12):3883-3891.

[78] 张荣辉,贾宏光,陈涛,等. 基于四元数法的捷联式惯性导航系统的姿态解算[J]. 光学精密工程,2008,16(10):1963-1970.

[79] 潘承毅. 室内轮式服务机器人混合定位研究[D]. 合肥:合肥工业大学,2010.

[80] 陈伟.基于四元数和卡尔曼滤波的姿态角估计算法研究与应用[D].秦皇岛:燕山大学,2015.

[81] 杨丹.卡尔曼滤波器设计及其应用研究[D].长沙:湘潭大学,2014.

[82] COLLIN J,MEZENTSEV O,LACHAPELLE G,et al. Indoor positioning system using accelerometry and high accuracy heading sensors[J]. Engineering,2003(2):7-16.

[83] 刘南君,毛培宏.基于 Arduino Mega 2560 单片机的简易智能割草机器人的设计与实现[J].安徽农业科学,2012(36):17899-17901.

[84] 孔繁云川,王娜.基于太阳能智能蓝牙小车的设计[J].科技资讯,2014(27):8-10.

[85] 邵泽军,张秋菊.基于单片机的智能小车[J].今日科苑,2011(16):75-76.

[86] 张晓明,赵剡.基于克里金插值的局部地磁图的构建[J].电子测量技术,2009,32(4):122-125.

[87] 王欣,张亚君,陈龙.一种基于环境磁场的室内移动人员定位方法[J].杭州电子科技大学学报,2013,33(3):1-4.

[88] GRAND E L,THRUN S. 3-Axis magnetic field mapping and fusion for indoor localization[C]//Multisensor Fusion and Integration for Intelligent Systems. Germany:IEEE,2012:358-364.

[89] ANGERMANN M,FRASSL M,DONIEC M,et al. Characterization of the indoor magnetic field for applications in localization and mapping[C]//International Conference on Indoor Positioning and Indoor Navigation. Sydney:IEEE,2012:1-9.

[90] LI B,GALLAGHER T,DEMPSTER A G,et al. How feasible is the use of magnetic field alone for indoor positioning[C]//International Conference on Indoor Positioning and Indoor Navigation. Anstralia:IEEE,2013:1-9.

[91] FRASSL M,ANGERMANN M,LICHTENSTERN M,et al. Magnetic maps of indoor environments for precise localization of legged and non-legged locomotion[C]//IEEE/RSJ International Conference on Intelligent Robots and Systems. Japan:IEEE,2013:913-920.

[92] GALVANTEJADA C E,GARCIAVAZQUEZ J P,BRENA R F. Magnetic field feature extraction and selection for indoor location estimation[J]. Sensors,2014,14(6):11001-11004.

[93] MAUTZ R. Indoor positioning technologies[J]. Computer Science,2012(7):24-26.

[94] ZHANG H,MARTIN F. Robotic mapping assisted by local magnetic field anomalies[C]//Technologies for Practical Robot Applications. USA:IEEE,2011:25-30.

[95] CHUNG J,DONAHOE M,SCHMANDT C,et al. Indoor location sensing using geo-magnetism[C]//International Conference on Mobile Systems,Applications,and Services. USA:DBLP,2011:141-154.

[96] 赵慧,宋兴.无线通信技术的现状与发展趋势探究[J].黑龙江科技信息,2011(35):112-112.

[97] 贾宏元,赵光平,孙银川,等.基于 Surfer Automation 对象技术的等值线自动绘图方法研究与应用[J].计算机系统应用,2006,15(7):21-24.

[98] 蔡兆云,魏海平,任治新.水下地磁导航技术研究综述[J].国防科技,2007(3):28-29.

[99] CHO S, BAE J, CHUN J. A low-cost orbit determination method for mobile communication satellites[J]. Transactions of the Japan Society for Aeronautical & Space Sciences,2004,46(154):271-274.

[100] TYREN C. Magnetic terrain navigation[C]//International Symposium on Unmanned Untethered Submersible Technology. USA:IEEE,1987:245-256.

[101] GOLDENBERG F. Geomagnetic navigation beyond magnetic compass[J]. Plans,2006(60):33-36.

[102] PSIAKI M L,HUANG L,FOX S M. Ground tests of magnetometer-based autonomous navigation (MAGNAV) for low-earth-orbiting spacecraft [J]. Journal of Guidance Control & Dynamics,1993,1(1):395-407.

[103] PSIAKI M L. Autonomous low-earth-orbit determination from magnetometer and sun sensor data[J]. Journal of Guidance Control & Dynamics,2012,22(2):296-304.

[104] JUNG H,PSIAKI M L. Tests of magnetometer/sun-sensor orbit determination using flight data[J]. Journal of Guidance Control & Dynamics,2007,25(3):582-590.

[105] 高金田,安振昌,顾左文,等.地磁正常场的选取与地磁异常场的计算[J].地球物理学报,2005,48(1):56-62.

[106] 安振昌.中国地磁测量、地磁图和地磁场模型的回顾[J].地球物理学报,2002,45(S1):189-196.

[107] 董昆,周军,葛致磊.基于地磁场的新型导航方法研究[J].火力与指挥控制,2009,34(3):153-155.

[108] 赵敏华,吴斌,石萌,等.基于 GPS 与三轴磁强计的联合导航算法[J].天文学报,2006,47(1):93-99.

[109] 赵敏华,吴斌,石萌,等.基于三轴磁强计与雷达高度计的融合导航算法[J].宇航学报,2004,25(4):411-415.

[110] 郭庆,魏瑞轩,胡明朗,等.基于投影寻踪的自适应地磁/地形匹配导航[J].仪器仪表学报,2008,29(12):2663-2667.

[111] 李素敏,张万清.地磁场资源在匹配制导中的应用研究[J].制导与引信,2004,25(3):19-21.

[112] 晏登洋,任建新,宋永军.惯性/地磁组合导航技术研究[J].机械与电子,2007(1):19-22.

[113] 朱鹏磊,方立恭,慎龙.地磁匹配技术应用于巡航导弹的研究[J].飞航导弹,2010(4):61-65.

[114] 吴美平,刘颖,胡小平.ICP 算法在地磁辅助导航中的应用[J].航天控制,2007,25(6):17-21.

[115] CASINOVI G,GERI A,VECA G M. Magnetic field map around a wall with a complete lightning protection system [J]. Magnetics IEEE Transactions on, 1989, 25 (4): 2980-2982.

[116] CHUNG J,DONAHOE M,SCHMANDT C,et al. Indoor location sensing using geo-

magnetism[C]//International Conference on Mobile Systems, Applications, and Services. USA: ACM, 2011: 141-154.

[117] 徐遵义，晏磊，宁书年，等. 基于 Hausdorff 距离的海底地形匹配算法仿真研究[J]. 计算机工程，2007，35(9)：7-9.

[118] 吕云霄，陈庆作，张维娜，等. 基于地磁信号特征的频域相关地磁匹配算法[J]. 中国惯性技术学报，2010，18(5)：580-584.

[119] 张红梅. 水下导航定位技术[M]. 武汉：武汉大学出版社，2010.

[120] 寇义民. 地磁导航关键技术研究[D]. 哈尔滨：哈尔滨工业大学，2010.

[121] TROCHU F. A contouring program based on dual Kriging interpolation[J]. Engineering with Computers, 1993, 9(3): 160-177.

[122] 郭庆，魏瑞轩，胡明朗，等. 地磁匹配双等值线算法仿真研究[J]. 系统仿真学报，2010，22(7)：1576-1579.

[123] 石志勇，许杨，王毅，等. 基于熵的地磁匹配定位算法[J]. 火力与指挥控制，2010，35(10)：8-10.

[124] 王向磊. 地磁匹配导航算法及其相关技术研究[D]. 郑州：信息工程大学，2010.

[125] JULIER B S J, UHLMANN J K. A general method for approximating nonlinear transformations of probability distributions [J]. Mathematics Computer Science, 1996 (24): 58-60.

[126] 谢仕民，李邦清，李文耀，等. 地磁匹配技术及其基本匹配算法仿真研究[J]. 航天控制，2008，26(5)：55-59.

[127] 孔亚男，鲁浩，徐剑芸. 基于 Hausdorff 距离的地磁匹配导航算法[J]. 航空兵器，2011(4)：26-29.

[128] ZHU Y. The Research of correlation matching algorithm based on correlation coefficient [J]. Signal Processing, 2003(8): 77-80.

[129] KONG Y N, HAO L U, JIAN-YUN X U. Study on geomagnetic matching algorithm based on hausdorff distance[J]. Aero Weaponry, 2011(9): 107-110.

[130] LI Y, TAN J, YANG Y, et al. A method of globally optimal registration for multi-view point clouds constrained by closed-loop conditions[J]. Acta Geodaetica et Cartographica Sinica, 2016, 45(4): 418-424.

[131] EJAZ M, IQBAL J, AHSAN N, et al. Robust geomagnetic aided inertial navigation of underwater vehicles using the ICP algorithm [C]// Computational Intelligence and Industrial Applications, 2009: PACIIA 2009 Asia-Pacific Conference. Wuhan: IEEE, 2009: 257-262.

[132] LUO S, WANG Y, LIU Y, et al. Research on geomagnetic-matching technology based on improved ICP algorithm[C]//International Conference on Information and Automation. Changsha: IEEE, 2008: 815-819.

[133] LUO S, WANG Y, LIU Y, et al. Research on geomagnetic-matching technology based on improved ICP algorithm[C]//International Conference on Information and Automation.

Changsha:IEEE,2008:815-819.

[134] WANG K, YAN L, DENG W, et al. Research on iterative closest contour point for underwater terrain-aided navigation[M]. Berlin:Springer Press,2006.

[135] 李豫泽,石志勇,杨云涛,等. 基于 ICCP 算法的地磁匹配定位方法[J]. 现代电子技术,2008,31(20):122-124.

[136] LIU Y X, ZHOU J, ZHI-LEI G E. Geomagnetic matching algorithm based on hidden Markov model[J]. Journal of Chinese Inertial Technology,2011,19(2):224-228.

[137] 刘颖,吴美平,胡小平,等. 基于等值线约束的地磁匹配方法[J]. 空间科学学报,2007,27(6):505-511.

[138] LIU Y, WU M, HU X, et al. Geomagnetism aided inertial navigation system[C]// International Symposium on Systems and Control in Aerospace and Astronautics. Shenzhen:IEEE,2008:1-5.

[139] 杨功流,李士心,姜朝宇. 地磁辅助惯性导航系统的数据融合算法[J]. 中国惯性技术学报,2007,15(1):47-50.

[140] CHORIN A J, TU X. A tutorial on particle filters for online nonlinear/nongaussian Bayesia tracking[J]. Esaim Mathematical Modelling & Numerical Analysis,2012,46(3):535-543.

[141] KIM S E, YONG K, YOON J, et al. Indoor positioning system using geomagnetic anomalies for smartphones[C]//International Conference on Indoor Positioning and Indoor Navigation. Sydney:IEEE,2012:1-5.

[142] HAVERINEN J, KEMPPAINEN A. Global indoor self-localization based on the ambient magnetic field[J]. Robotics & Autonomous Systems,2009,57(10):1028-1035.

[143] 楼中望,姚明海,瞿心昱,等. 基于 W2KPCA-KNN 算法的人体异常行为识别[J]. 计算机系统应用,2011,20(2):157-160.

[144] 刘相滨,向坚持,王胜春. 人行为识别与理解研究探讨[J]. 计算机与现代化,2004(12):1-5.

[145] 印勇,张毅,刘丹平. 基于改进 Hu 矩的异常行为识别[J]. 计算机技术与发展,2009,19(9):90-92.

[146] CANDAMO J, SHREVE M, GOLDGOF D B, et al. Understanding transit scenes: a survey on human behavior-recognition algorithms[J]. IEEE Transactions on Intelligent Transportation Systems,2010,11(1):206-224.

[147] NATALIA DIAZ RODRIGUEZ, LILIUS J, CALVO-FLORES M D. A survey on ontologies for human behavior recognition[J]. ACM Computing Surveys,2014,46(4):1-33.

[148] RIGOLL G. On the possible role of acoustics for multimodal analysis and recognition of human behavior in smart environments[J]. European Neuropsychopharmacology, 2004(15):219-220.

[149] TAO D, JIN L, WANG Y, et al. Rank preserving discriminant analysis for human behavior recognition on wireless sensor networks[J]. IEEE Transactions on Industrial Informatics,

2013,10(1):813-823.

[150] ROSANI A. Human behavior recognition using a context-free grammar[J]. Journal of Electronic Imaging,2014,23(3):572-579.

[151] LING P, ROBERT G, CHEN R, et al. Human behavior cognition using smartphone sensors[J]. Sensors,2013,13(2):1402-1406.

[152] SHEN C,CHEN Y,YANG G. On motion-sensor behavior analysis for human-activity recognition via smartphones[C]//IEEE International Conference on Identity,Security and Behavior Analysis. Japan:IEEE,2016:1-6.

[153] GUIRY J J,VAN D V P,NELSON J,et al. Activity recognition with smartphone support [J]. Medical Engineering & Physics,2014,36(6):670-675.

[154] CHETTY G,WHITE M,AKTHER F. Smart phone based data mining for human activity recognition [J]. Procedia Computer Science,2015(46):1181-1187.

[155] ZLATANOVA S,SITHOLE G,NAKAGAWA M,et al. Problems in indoor mapping and modelling[J]. ISPRS International Journal of Geo-Information,2013(4):2-4.

[156] AFYOUNI I, RAY C, CLARAMUNT C. Spatial models for context-aware indoor navigation systems: a survey[J]. Journal of Spatial Information Science, 2012(4): 85-123.

[157] AGHAMOHAMMADI A A,TAGHIRAD H D,TAMJIDI A H,et al. Feature-based laser scan matching for accurate and high speed mobile robot localization[C]//European Conference on Mobile Robots. Germany:ACM,2007:19-21.

[158] ALEXANDER S N. Indoor tubes a novel design for indoor maps[J]. Cartography & Geographic Information Science,2011,38(2):192-200.

[159] 张兰,王光霞,袁田,等.室内地图研究初探[J].测绘与空间地理信息,2013(9):43-47.

[160] 王富强,薛志伟,齐晓飞,等.室内地图研究综述[J].地矿测绘,2012,28(2):1-3.

[161] 张聪聪,王新珩,董育宁.基于地磁场的室内定位和地图构建[J].仪器仪表学报,2015,36(1):181-186.

[162] 游天,周成虎,陈曦.室内地图表示方法研究与实践[J].测绘科学技术学报,2014,31(6):635-640.

[163] 齐晓飞,崔秀飞,李怀树.室内地图设计现状分析[J].测绘与空间地理信息,2013,36(2):10-14.

[164] 任玉环,刘亚岚,彭玲,等.室内地图数据标准体系探讨[J].测绘通报,2015(7):50-53.

[165] 王家耀.地图学原理与方法[M].北京:科学出版社,2014.

[166] 应申,朱利平,李霖,等.基于室内空间特征的室内地图表达[J].导航定位学报,2015,3(4):74-78.

[167] 张愚.基于可见性的空间及其构形分析[D].南京:东南大学,2004.

[168] 吴燕凌.谈现代室内设计中空间的分隔[J].大众文艺,2013(24):139-140.

[169] 鲁学军,秦承志,张洪岩,等.空间认知模式及其应用[J].遥感学报,2005,9(3):277-285.

[170] 张利,秦海春,王文彬,等.超声波与航迹推算融合的智能轮椅定位方法[J].电子测量与仪

器学报,2014,28(1):62-68.

[171] 詹梅香.专题地图符号表示方法的探讨[J].现代测绘,2010,33(1):57-58.

[172] 王忠立,赵杰,蔡鹤皋.大规模环境下基于图优化 SLAM 的图构建方法[J].哈尔滨工业大学学报,2015,47(1):20-25.